全国高等职业教育规划教材

单片机应用技术

主　编　徐江海

副主编　刘　陈

参　编　卓树峰　韦龙新　曾　春
　　　　王海燕　高之圣　胡玉忠

主　审　聂开俊

机械工业出版社

本书根据高职高专教育注重培养学生实践动手能力的要求，以 AT89S51 单片机为例，详细讲解了单片机原理和应用。内容包括：单片机基础知识、单片机应用仿真软件、AT89S51 单片机原理与基本应用系统、汇编语言程序设计、C 语言程序设计、AT89S51 单片机中断系统和定时/计数器、串行扩展技术和单片机常用测控电路、串行通信、单片机综合应用。

本书可作为高职高专电子、通信、电气、机电专业单片机课程教材，也可供从事单片机应用的工程技术人员参考。

本书配套授课电子教案，需要的教师可登录 www.cmpedu.com 免费注册、审核通过后下载，或联系编辑索取（QQ：1239258369，电话：010-88379739）。

图书在版编目（CIP）数据

单片机应用技术 / 徐江海主编. —北京：机械工业出版社，2011.10
全国高等职业教育规划教材
ISBN 978-7-111-35853-4

Ⅰ. ①单… Ⅱ. ①徐… Ⅲ. ①单片微型计算机－高等职业教育－教材
Ⅳ. ①TP368.1

中国版本图书馆 CIP 数据核字（2011）第 186936 号

机械工业出版社（北京市百万庄大街 22 号　邮政编码 100037）
责任编辑：王　颖
责任印制：乔　宇

三河市国英印务有限公司印刷

2012 年 1 月第 1 版·第 1 次印刷
184mm×260mm·17.5 印张·431 千字
0001－3000 册
标准书号：ISBN 978-7-111-35853-4
定价：34.00 元

全国高等职业教育规划教材
电子类专业编委会成员名单

出 版 说 明

根据《教育部关于以就业为导向深化高等职业教育改革的若干意见》中提出的高等职业院校必须把培养学生动手能力、实践能力和可持续发展能力放在突出的地位，促进学生技能的培养，以及教材内容要紧密结合生产实际，并注意及时跟踪先进技术的发展等指导精神，机械工业出版社组织全国近60所高等职业院校的骨干教师对在2001年出版的"面向21世纪高职高专系列教材"进行了全面的修订和增补，并更名为"全国高等职业教育规划教材"。

本系列教材是由高职高专计算机专业、电子技术专业和机电专业教材编委会分别会同各高职高专院校的一线骨干教师，针对相关专业的课程设置，融合教学中的实践经验，同时吸收高等职业教育改革的成果而编写完成的，具有"定位准确、注重能力、内容创新、结构合理和叙述通俗"的编写特色。在几年的教学实践中，本系列教材获得了较高的评价，并有多个品种被评为普通高等教育"十一五"国家级规划教材。在修订和增补过程中，除了保持原有特色外，针对课程的不同性质采取了不同的优化措施。其中，核心基础课的教材在保持扎实的理论基础的同时，增加实训和习题；实践性较强的课程强调理论与实训紧密结合；涉及实用技术的课程则在教材中引入了最新的知识、技术、工艺和方法。同时，根据实际教学的需要对部分课程进行了整合。

归纳起来，本系列教材具有以下特点：

1) 围绕培养学生的职业技能这条主线来设计教材的结构、内容和形式。

2) 合理安排基础知识和实践知识的比例。基础知识以"必需、够用"为度，强调专业技术应用能力的训练，适当增加实训环节。

3) 符合高职学生的学习特点和认知规律。对基本理论和方法的论述要容易理解、清晰简洁，多用图表来表达信息；增加相关技术在生产中的应用实例，引导学生主动学习。

4) 教材内容紧随技术和经济的发展而更新，及时将新知识、新技术、新工艺和新案例等引入教材。同时注重吸收最新的教学理念，并积极支持新专业的教材建设。

5) 注重立体化教材建设。通过主教材、电子教案、配套素材光盘、实训指导和习题及解答等教学资源的有机结合，提高教学服务水平，为高素质技能型人才的培养创造良好的条件。

由于我国高等职业教育改革和发展的速度很快，加之我们的水平和经验有限，因此在教材的编写和出版过程中难免出现问题和错误。我们恳请使用这套教材的师生及时向我们反馈质量信息，以利于我们今后不断提高教材的出版质量，为广大师生提供更多、更适用的教材。

机械工业出版社

前　言

51 系列单片机作为一种嵌入式芯片，广泛应用于智能化产品的设计中。单片机课程是一门实践性很强的课程，为从事单片机应用产品开发岗位培养技能型人才，很适合开展工作过程行动导向教学，为便于工学结合教学实施，结合高职高专教学的特点，以单片机电子产品设计开发过程为载体编写本书。

本书主要有以下特点：

1）以单片机资源的应用为主线，把单片机的知识点与单片机产品的设计开发过程有机联系起来，全书以"温度测量报警系统"的设计制作作为贯穿教学全过程的实例。

2）加强对单片机应用开发工具的使用。专门安排一章介绍应用 51 单片机开发产品过程中常用的工具软件：Keil C51 和 Proteus ISIS。

3）强化程序设计能力的培养。在学习的初始阶段先以汇编语言入门，并辅以 C 语言，通过相互对照加深对单片机内部结构原理的理解，随着学习的深入，逐步过渡到以 C 语言为主，因为 C 语言的逻辑性强，比较直观，适合处理逐步复杂的逻辑程序。在汇编语言程序设计中，将汇编指令与程序设计结合起来讲解，注重对指令功能的理解。另外强调程序结构的重要性，先结构后内容，保证编程过程中程序结构的正确。

4）简化单片机应用接口电路，书中提供了一些有实用价值的接口电路和驱动程序。如用分立元件构成的 LED 显示、键盘接口电路等，这种电路简单灵活，成本又低；A/D、D/A 等接口电路直接采用 I/O 口控制，改变了传统的用外部 I/O 口操作的方法，使电路更直观，更简便。

5）把串行扩展技术当做单片机外围扩展的重点。串行扩展更能充分地利用单片机自身的资源，降低产品的硬件成本，是单片机发展的趋势。重点介绍了 I^2C 总线、SPI 总线，以及将单片机的串行口扩展为并行的输入/输出口。

本书由徐江海主编，并编写了其中的第 1、4 章；第 2 章由王海燕编写，刘陈任副主编并编写了第 3、8 章；第 5 章由曾春编写；第 6 章由韦龙新编写；第 7 章由高之圣编写；第 9 章由卓树峰编写；第 10 章由胡玉忠编写。全书由徐江海负责统稿，

聂开俊审阅了书稿，并提出了许多宝贵意见，在此表示诚挚的感谢。

江苏瑞特电子设备有限公司胡玉忠高级工程师，参与了本书的策划编写工作，并对书中的实例进行了审阅和验证，提出了许多修改意见，在此表示诚挚的感谢。

限于编者水平，书中错误和疏漏之处在所难免，敬请读者批评指正。

编　者

目 录

第1章　单片机基础知识

1.1　单片机概述

1.1.1　单片机的概念

单片微型计算机（Single Chip Microcomputer）简称单片机，是近代计算机技术发展的一个分支——嵌入式计算机系统。它是将计算机的主要部件：CPU、RAM、ROM、定时器/计数器、输入/输出接口电路等集成在一块大规模集成电路中，形成芯片级的微型计算机。单片机自问世以来，就在控制领域得到广泛应用，特别是近年来，许多功能电路都被集成在单片机内部，如 A-D、D-A、PWM、WDT、I^2C 总线接口等，极大地提高了单片机的测量和控制能力。我们现在所说的单片机已突破了微型计算机的传统内容，更准确的名称应为微控制器（Microcontroller），虽然我们仍称其为单片机，但应把它看做一个单片形态的微控制器。

1.1.2　单片机的发展概况

单片机以功能强、可靠性高、体积小、功耗低、使用灵活方便等优点得到了广泛应用，特别是在过程控制、智能仪表、集散控制系统等方面的应用。单片机的发展速度很快，每隔两三年就更新换代一次，其发展的过程可分为以下几个阶段。

1）第一代：单片机发展的起步阶段。最早期的单片机只有 4 位，功能简单，只能用于简单的控制。1974 年出现了 8 位单片机，单片机的性能有了较大提高，典型的产品有 Intel 公司的 MCS-48 系列，Zilog 公司的 Z-8 系列，Motorola 公司的 MC6800 等，并正式命名为 Single Chip Microcomputer。

2）第二代：单片机发展的成熟阶段。1979～1982 年，单片机发展进入成熟阶段，单片机内部的体系结构得到进一步完善，面向对象、突出了控制功能，寻址的空间范围扩大，规范了数据线、地址线的总线结构，有了多功能的异步串行接口（UART），提供了位寻址、位操作和大量的控制转移指令等，形成了单片机标准结构。当时最典型的产品是 Intel 公司的 MCS-51 系列单片机。

3）第三代：微控制器形成阶段。1982～1990 年，单片机完成了向微控制器的转换。为进一步满足测控要求，将许多测控对象的接口电路集成到单片机内部，如 A/D、D/A、PWM 等。形成了不同于 Single Chip Microcomputer 特点的微控制器——MCU，同时出现了 16 位的单片机，运算处理的速度更快。

4）第四代：微控制器百花齐放阶段。进入 20 世纪 90 年代，随着半导体集成电路技术、微电子技术的发展，以及电气制造商和半导体厂商的广泛参与，微控制器进入百花齐放的发展时期。有的生产厂商推出适合不同领域，面向不同对象的，（从简单的玩具、小家电到机器人、智能仪表、过程控制等）单片机系列。

目前高校使用的单片机教材主要有两类：MCS-51 系列（CISC 结构）单片机，另一类介绍 PIC 系列（RISC 结构）单片机。本书以 AT89S51（与 MCS-51 兼容）单片机为例，以单片机的应用为主线，以应用单片机产品的设计过程贯穿全书，详细介绍单片机的原理与应用。

1.1.3 单片机的特点

单片机之所以在各个领域得到广泛应用，是因为它具有以下特点。

1）小巧灵活、成本低，易于产品化，有优异的性能价格比。

2）集成度高，有很高的可靠性，能在恶劣的环境下工作。单片机把功能部件集成在一块芯片内部，缩短和减少了功能部件之间的连线，提高了单片机的可靠性和抗干扰能力。

3）控制功能强，特别是因集成了功能接口电路，使用更方便、有效，指令面向控制对象，可以直接对功能部件操作，易于实现从简单到复杂的各类控制任务。

4）低功耗、低电压，便于生产便携式产品。

由于单片机具有以上显著特点，使它在各个领域得到了广泛应用。从日常的智能化家用电器产品到专业的智能仪表，从单个的实时测控系统到分布式多机系统，再到嵌入式系统。使用单片机已经成为各个层次、各个行业提高产品性能，降低生产成本，提高生产效率的重要手段。例如，我们经常看到的交通灯、霓虹灯，广场上的计时牌等装置中有单片机的身影。

1.1.4 单片机应用的环节和电子产品的开发步骤

单片机课程是一门综合性、实践性很强的课程，学习的目的是为了应用，只有通过应用才能巩固知识点，提高使用技巧。单片机的应用和以前学过的模拟电路、数字电路的设计应用不同，模拟电路或数字电路只要工作原理正确，电子元器件正确完好，功能就能实现。而单片机的应用除了要电路正确、元器件完好外，还需要适当的软件程序，只有硬件和软件的协调才能实现相应的功能。单片机应用过程包括两个方面：硬件电路设计和应用程序设计，具体包括以下 4 个环节：

1）设计硬件电路。设计单片机的外围电路，首先要设计单片机正常工作的必要电路（复位电路、时钟电路等），其次要设计外围的功能电路，并选择适当的引脚作为外电路的控制或输入引脚。

2）设计程序。早期开发程序都是在开发系统上进行，现在一般在计算机上完成。在计算机上开发程序需要有编写程序的软件环境，如使用汇编语言或 C 语言（51 系列单片机 C 语言又叫 C51）编写程序，所编写的程序叫源程序文件，它们不能直接在单片机上运行，而是需要通过编译系统将其转换为单片机能执行的程序文件，即目标文件，也叫机器语言文件。汇编语言程序文件的扩展名为".ASM"；C 语言程序文件的扩展名为".C"；目标文件的扩展名为".HEX"或".BIN"，一般都使用".HEX"，即十六进制文件形式。

3）程序下载。目标文件需要通过一个叫"编程器"的设备下载到单片机内部，这一过程也叫编程。（要注意和在计算机上编写程序的"编程"的区别），行业内也常称其为"烧片子"。现在的单片机芯片上一般都有 SPI 总线的编程口线，利用 SPI 口线在单片机产品的系统板上设计 ISP（In System Program）或 IAP（In Application Programming）接口，可以和计算机相连，通过它们直接将程序下载到系统板的芯片中，而不必再使用专用设备下载程序。编译完成的目标文件下载之前，也可以在编程环境中模拟仿真调试，进行初步检验。

4）通电运行和检查。含有程序的芯片装载到系统板上，就可以通电运行。如果程序正确，硬件电路完好，系统就能正常运行。如果系统不能正常运行，就需要根据单片机系统的工作状况，判断是硬件电路问题，还是软件程序问题。如是硬件问题，只要检查相应的电路并修改好即可。如是软件问题就需要回到第 2）步，重复第 2）～4）步过程，直到程序正确。程序是否正确可以直接在第 2）步用仿真或模拟仿真来判断。

对初学单片机的读者来说，以上 4 步中的重点是 2）、4）两步。

单片机主要是用于电子产品或控制装置（电子控制的机电一体化产品），单片机应用产品的开发步骤如图 1-1 所示。

图 1-1　单片机应用产品的开发步骤

① 明确产品功能。首先根据产品的功能要求和技术指标，确定实施的方案，主要包括确定系统硬件模块，选择合适的键盘、显示等人机对话方式，选取软件编程环境和仪器设备，规划实施的步骤等。

② 元器件资料准备。根据系统方案各模块的功能和技术参数，选择合适的电子元器件以及这些元器件的技术资料，为具体实施做准备，同时要准备必要的仪器设备，熟悉相关的应用软件。

③ 功能电路设计。按照由简单到复杂的原则设计各模块电路，合理分配单片机资源，一般先设计显示电路，然后是键盘电路，最后是其他模块电路的设计。

④ 功能程序设计。与硬件功能电路对应，每设计一个模块电路，要同步编写相应的驱动程序，逐步构成系统软件模块。尽可能用软件实现所需的功能，减少硬件成本。

⑤ 系统功能联调。主要是系统软件调试，根据确定的产品功能和技术指标要求，调试和完善软件，做好软件各模块间的功能协调，软件接口的衔接。

⑥ 产品制作。对硬件电路设计规范的 PCB 版，编写产品的生产调试流程和检测标准，焊接、装配硬件电路，最后将程序下载到单片机芯片，并安装到硬件系统中。

⑦ 产品测试。按照系统的功能和技术指标要求，依据检测标准对产品进行测试，若不符合要求由技术人员维修。

其中的③、④步可以同步实施，每一功能的设计、实现过程都包含硬件设计、程序设计、程序下载和通电运行检查 4 个环节。

1.2 单片机中数的表示方法

1.2.1 位、字节、字的概念

单片机作为微型计算机的一个分支，其基本功能就是对数据进行大量的算术运算和逻辑操作。计算机只能识别二进制数，因此二进制数及其编码是所有计算机的基本语言。对于本书讲解的 8 位单片机，数的存在方式主要有位、字节和字。所谓"位"就是 1 位二进制数，其只能存放"1"或"0"，可以用来表示两种不同状态信息，如开关的"通"和"断"，电平的"高"和"低"等。8 位二进制数组成 1 字节，既可以表示实际的数，也可以表示多个状态的组合信息，8 位单片机处理的数据绝大部分都是 8 位的二进制数，也就是以字节为单位，包括单片机执行的程序都是以字节形式存放在存储器中。2 字节组成一个字，也即 16 位的二进制数。

1.2.2 数制与数制转换

十进制数是我们熟悉和常用的，但计算机能识别的只是二进制数。二进制数位数较多，书写和识读不便，因而在计算机中又常用到十六进制数，了解十进制数、二进制数、十六进制数之间的关系、相互转换和运算方法，是学习单片机的基础。

1. 十进制数、二进制数和十六进制数

（1）十进制数（Decimal）

十进制数的主要特点：

1）基数为 10，由 0、1、2、3、4、5、6、7、8、9 十个数码构成。

2）进位规则是"逢十进一"。

所谓基数是指计数制中所用到的数码个数，如十进制数共有 0～9 十个数码，所以基数是 10。当某一位数计满基数时就向它邻近的高位进一，十进制数的计数规则是"逢十进一"。在汇编语言中，书写十进制数时在数码的后面加符号 D，但 D 可以省略。

任何一个十进制数都可以展开成幂级数形式。例如：

$123.45D=1\times10^2+2\times10^1+3\times10^0+4\times10^{-1}+5\times10^{-2}$

其中，10^2、10^1、10^0、10^{-1}、10^{-2} 为十进制数各位数的权。

（2）二进制数（Binary）

二进制数的主要特点：

1）基数为 2，由 0、1 两个数码构成。

2）进位规则是"逢二进一"。

在汇编语言中书写二进制数时，在数码的后面加符号 B，B 不可省略。二进制数也可以展开成幂级数形式，如：

$1011.01B=1\times2^3+0\times2^2+1\times2^1+1\times2^0+0\times2^{-1}+1\times2^{-2}=11.25D$

其中，2^3、2^2、2^1、2^0、2^{-1}、2^{-2} 称为二进制数各位数的权。

（3）十六进制数（Hexadecimal）

十六进制数的主要特点：

1）基数为 16，由 0、1、2、3、4、5、6、7、8、9、A、B、C、D、E、F 十六个数码构成，其中 A、B、C、D、E、F 分别代表十进制数的 10、11、12、13、14、15。

2）进位规则是"逢十六进一"。

在汇编语言中书写十六进制数时，在数的后面加符号 H，H 不可省略。十六进制数也可以展开成幂级数形式，如：

$123.45H=1\times16^2+2\times16^1+3\times16^0+4\times16^{-1}+5\times16^{-2}=291.26953125D$

其中，16^2、16^1、16^0、16^{-1}、16^{-2} 称为十六进制数各位数的权。

十六进制数与二进制数相比，大大缩短了数的位数，4 位二进制数可以用 1 位的十六进制数表示，计算机中普遍用十六进制数表示数据，表 1-1 为十进制数、二进制数、十六进制数的对应关系。

表 1-1　十进制数、二进制数、十六进制数的对应关系

十 进 制 数	十六进制数	二 进 制 数	十 进 制 数	十六进制数	二 进 制 数
0	0H	0000B	8	8H	1000B
1	1H	0001B	9	9H	1001B
2	2H	0010B	10	AH	1010B
3	3H	0011B	11	BH	1011B
4	4H	0100B	12	CH	1100B
5	5H	0101B	13	DH	1101B
6	6H	0110B	14	EH	1110B
7	7H	0111B	15	FH	1111B

在 C51 中，数据通常采用十进制和十六进制，由于 51 单片机是 8 位单片机，所有的数在单片机内部都是以 8 位二进制形式存在的，因此 C51 中一般不用八进制数。注意 C51 中没有二进制数，需要二进制数时通常用十六进制数表示，从表 1-1 可知 1 位十六进制数相当于 4 位二进制数，它们本质上是一致的。在 C51 中书写十六进制数时，在数码前面加"0x"，如 0x0A，为 2 位十六进制数，数据大小为 10。

不管是汇编语言还是 C 语言，涉及数据都不能超出范围。如在汇编语言中，数据大小必须是字节或字能存放的范围，超过范围时可以通过扩充字节的方式来存放。在 C 语言中，数据必须满足变量定义的范围，否则会丢失信息。

2. 数制转换

（1）二进制数与十六进制数间的转换

1）二进制数转换为十六进制数。

采用 4 位二进制数合成为 1 位十六进制数的方法，以小数点为界分成左侧整数部分和右侧小数部分，整数部分从小数点开始，向左每 4 位二进制数一组，不足 4 位在数的前面补 0，小数部分从小数点开始，向右每 4 位二进制数一组，不足 4 位在数的后面补 0，然后每组用十六进制数码表示，并按序相连即可。

【例 1-1】　把 111010.011110B 转换为十六进制数。

0011　1010.0111　1000B=3A.78H
　3　　 A　　7　　 8

2）十六进制数转换为二进制数。

将十六进制数的每位分别用 4 位二进制数码表示，然后把它们按序连在一起即为对应的二进制数。

【例 1-2】 把 2BD4H 和 20.5H 转化为二进制数。

$$2BD4H=0010\ 1011\ 1101\ 0100B$$

$$20.5H=0010\ 0000.0101B$$

（2）二进制数与十进制数间的转换

1）二进制数转换成十进制数。

将二进制数按权展开后求和即得到十进制数。

【例 1-3】 把 1001.01B 转换成十进制数。

$$1001.01B=1\times2^3+0\times2^2+0\times2^1+1\times2^0+0\times2^{-1}+1\times2^{-2}=9.25$$

2）十进制数转换成二进制数。

十进制数转换为二进制数一般分为两步，整数部分和小数部分分别转换成二进制数的整数和小数。

整数部分转换通常采用"除 2 取余法"，即用 2 连续去除十进制数，每次把余数拿出，直到商为 0，依次记下每次除的余数，然后按先得到的余数为低位，最后得到的余数为最高位依次排列，就得到转换后的二进制数。

【例 1-4】 将十进制数 47 转换为二进制数。

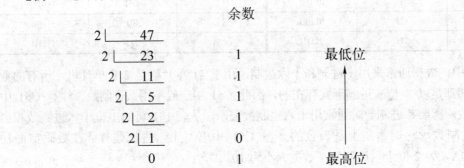

则　47=101111B

小数部分转换通常采用"乘 2 取整法"。即依次用 2 乘小数部分，记下每次得到的整数，直到积的小数为 0，最先得到的整数为小数的最高位，最后得到的整数为最低位。积的小数有可能连续乘 2 达不到 0，这时转换出的二进制小数为无穷小数，根据精度要求保留适当的有效位数即可。

【例 1-5】 将十进制数 0.8125 转换成二进制数。

	0.8125	整数	
	× 2		
	1.6250	1	最高位
	0.6250		
	× 2		
	1.2500	1	
	0.2500		

  则 0.8125=0.1101B

（3）十六进制数与十进制数间的转换

1）十六进制数转换成十进制数。

将十六进制数按权展开后求和即得到十进制数。

【例1-6】 将十六进制数 3DF2H 转换成十进制数。

$$3DF2H=3\times16^3+13\times16^2+15\times16^1+2\times16^0=15858$$

2）十进制数转换成十六进制数。

  十进制数转换成十六进制数的方法与十进制数转换成二进制数的方法类似，整数和小数部分分别转换。整数部分采用"除16取余法"，小数部分采用"乘16取整法"。

【例1-7】 将十进制数 47 转换为十六进制数。

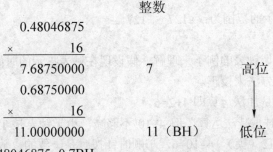

  则 47=2FH

【例1-8】 将十进制数 0.48046875 转换成十六进制数。

整数

    0.48046875
   ×   16
   7.68750000   7   高位
   0.68750000
   ×   16
   11.00000000   11（BH） 低位

  则 0.48046875=0.7BH

  从上面的例子可以看出十进制数转换成二进制数的步数较多，而十进制数转换成十六进制数的步数较少，以后我们将十进制数转换成二进制数，可先将其转换为十六进制数，再由十六进制数转换为二进制数，可以减少许多计算。如：

    47=2FH=101111B

1.2.3 单片机中数的表示方法

  前面已经提到，在 8 位单片机中数是以字节为单位，即 8 位二进制数的形式存在，一个字节存放数的范围为 0～255，这样的数也可以称为无符号数，而现实中的数是有符号的。那么单片机（包括微型计算机）中是怎样表示有符号数的呢？用最高位表示数的符号，并且规定 0 表示"+"，1 表示"-"。其余位为数值位，表示数的大小，如图 1-2 所示。

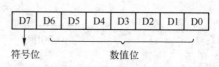

图 1-2　8 位机器数的结构

例如，+1 表示为 00000001B，-1 表示为 10000001B，为区别实际的数和它在单片机中的表示形式，我们把数码化了的带符号位的数称为机器数，把实际的数称为机器数的真值。00000001B 和 10000001B 为机器数，+1 和-1 分别为它们的真值。双字节和多字节数有类似的结构，最高位为符号位，其余的位为数值位。单片机中机器数的表示方法有 3 种形式：原码、反码和补码。

1．原码

符号位用 0 表示+，用 1 表示-，数值位与该数的绝对值一样，这种表示机器数的方法称为原码表示法。

正数的原码与原来的数相同，负数的原码符号位为 1，数值位与对应的正数数值位相同。[+1]原=00000001B，[-1]原=10000001B，显然 8 位二进制数原码表示的范围为：-127～+127。

0 的原码有两种表示方法，+0 和-0。[+0]原=00000000B，[-0]原=10000000B

2．反码

一个数的反码可以由它的原码求得，正数的反码与正数原码相同，负数的反码符号位为 1，数值位为对应原码的数值位按位取反。例如：

[+1]反=[+1]原=00000001B

[-1]反=11111110B

[+0]反=[+0]原=00000000B

[-0]反=11111111B

8 位二进制数反码表示的范围为：-127～+127。

3．补码

补码的概念可以通过调钟表的例子来理解。假设现在钟表指示的时间是 4 点，而实际的时间是 6 点，我们有两种方法来校正。

一是顺时针拨 2 小时是加法运算即 4+2=6。

二是逆时针拨 10 小时是减法运算，但 4-10 不够减，由于钟表是 12 小时循环的，这种拨时方法可由下式表示：12（模）+4-10=6，与顺时针拨时是一致的，数学上称为按模 12 的减法。可见 4+2 的加法运算和 4-10 按模 12 的减法是等价的。类似的还有按模的加法运算，两个数的和超过模，只保留超过的部分，模丢失。这里的 2 和 10 是互补的。数学上的关系为：[X]补=模+X

8 位二进制数满 256 向高位进位，256 自动丢失，因此 8 位二进制数的模为 2^8=256。

一个数的补码可由该数的反码求得。正数的补码与正数的反码和原码一致，负数的补码等于该数的反码加 1。例如：

[+1]补=[+1]原=[+1]反=00000001B

[-1]补=11111111B

[-0]反=11111111B，加 1 得 00000000B=[+0]补，所以：0 的补码只有一种表示方法。

8 位二进制数补码的表示范围为-128～+127。8 位二进制数的原码、反码、补码的对照表如表 1-2 所示。

表 1-2　8 位二进制数的原码、反码、补码对应关系

二 进 制 数	原 　 码	反 　 码	补 　 码
00000000	+0	+0	0
00000001	+1	+1	+1
00000010	+2	+2	+2
…	…	…	…
01111101	+125	+125	+125
01111110	+126	+126	+126
01111111	+127	+127	+127
10000000	−0	−127	−128
10000001	−1	−126	−127
10000010	−2	−125	−126
…	…	…	…
11111101	−125	−2	−3
11111110	−126	−1	−2
11111111	−127	−0	−1

单片机指令处理数据的运算都是对机器数进行运算。请注意观察下面的例子。

【例 1-9】　单片机处理 1-2 的过程。

```
    00000001    （+1 的补码）         00000001    （+1 的补码）
 −  00000010    （+2 的补码）      +  11111110    （−2 的补码）
    11111111    （−1 的补码）         11111111    （−1 的补码）
```

从该例可以看出，对于加减运算，数据是补码表示的，运算的结果也是补码表示的数。单片机（或微型计算机）处理数据时，加减法用补码，乘除法用原码。

【例 1-10】　求 −5 的补码，再将结果作为原码，求其补码。

从该例可以看出，对一个负数进行两次求补过程，又得到这个数本身，正数的原码和补码又是一致的，可以得出结论：原码和补码是互补的。相互转换的方法和步骤也是一样的。在进行四则运算时经常需要进行原码和补码的相互转换。

1.3　常用编码

1.3.1　8421 BCD 码

单片机只能对二进制数进行运算处理，而我们习惯用十进制数，人和单片机交流时就需

要经常进行二进制数和十进制数的转换，既浪费时间，也会影响单片机的运行速度和效率，为避免上述情况，计算机和单片机中常采用 BCD 码（Binary Coded Decimal Code），用二进制数对每位的十进制数编码，数据形式为二进制数，但保留了十进制数的权，便于人们识别。BCD 码种类很多，最常用的是 8421 BCD 码，它用 4 位二进制数对十进制数的数码进行编码，8421 分别代表每位的权，用 0000B～1001B 分别代表十进制数的 0～9，表 1-3 为它们的对应关系。

表 1-3　BCD 码与十进制数的对应关系

十 进 制 数	BCD 码	十 进 制 数	BCD 码
0	0000	5	0101
1	0001	6	0110
2	0010	7	0111
3	0011	8	1000
4	0100	9	1001

BCD 码在书写时通常加方括号，并加 BCD 作为下标，如：52D=[0101 0010]$_{BCD}$。在 MCS-51 系列单片机中只有 BCD 码的加法运算，因此，本书只介绍 BCD 码的加法运算。

由于 8421 BCD 码是用 4 位二进制数表示的，4 位二进制数是"逢十六进一"，而 BCD 码高位和低位之间是"逢十进一"，单片机在运算时是把其作为二进制数处理的，因此，两个 BCD 码相加时，当低 4 位向高 4 位进位，或高 4 位向更高位进位时，需要对该 4 位加 6 调整。或者结果某 4 位出现非法码（即 1010～1111），对应 4 位也要加 6 调整。

【例 1-11】　BCD 码 X=23，Y=49，求 X+Y。

```
      0010 0011 =23
  +   0100 1001 =49
      0110 1100        低 4 位出现非法码
  +        0110
      0111 0010 =72
```

【例 1-12】　BCD 码 X=28，Y=49，求 X+Y。

```
      0010 1000 =28
  +   0100 1001 =49
      0111 0001        低 4 位向高 4 位进位
  +        0110
      0111 0111 =77
```

1.3.2　ASCII 码

在单片机中，除了要处理数字信息外，在某些应用场合也需处理一些字符信息。对这些字符信息进行二进制编码后，单片机才能识别和处理。表 1-4 为目前普遍采用的 ASCII 编码表（American Standard Code for Information Interchange，美国信息交换标准代码）。

表 1-4　ASCII 编码表

b4b3b2b1＼b7b6b5	000	001	010	011	100	101	110	111
0000	NUL	DLE	SP	0	@	P	、	p
0001	SOH	DC1	!	1	A	Q	a	q
0010	STX	DC2	"	2	B	R	b	r
0011	ETX	DC3	#	3	C	S	c	s
0100	EOT	DC4	$	4	D	T	d	t
0101	ENQ	NAK	%	5	E	U	e	u
0110	ACK	SYN	&	6	F	V	f	v
0111	BEL	ETB	'	7	G	W	g	w
1000	BS	CAN	(	8	H	X	h	x
1001	HT	EM	)	9	I	Y	i	y
1010	LF	SUB	*	:	J	Z	j	z
1011	VT	ESC	+	;	K	[	k	{
1100	FF	FS	,	<	L	\	l		
1101	CR	GS	—	=	M	]	m	}
1110	SO	RS	.	>	N	↑	n	~
1111	SI	US	/	?	O	←	o	DEL

　　ASCII 用 7 位二进制数表示，共有 128 个字符，其中包括数码 0～9、英文字母、标点符号和控制字符。数码 "0" 的编码为 0110000B，即 30H，字母 A 的编码为 1000001B，即 41H。

1.4　贯穿教学全过程的实例——温度测量报警系统之一

1.4.1　温度测量报警系统的功能分析和系统硬件框图

　　一个温度测量报警系统的功能和技术要求是：测量并显示 8 路温度，温度范围为 0～100℃，测量误差为±1℃。可以设定任意一路温度的范围，当测量温度超过设定范围时系统自动报警。测量温度可以传送到距离 1000m 远处的监控中心，参数可以远程设置。

　　根据温度测量报警系统功能和技术要求，系统应包括如图 1-3 所示的硬件模块。

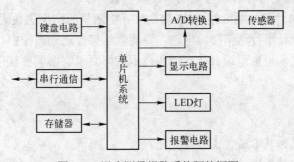

图 1-3　温度测量报警系统硬件框图

1）单片机系统。单片机芯片正常工作所必须具备的电源、时钟、复位等电路。单片机为温度测量控制系统的核心器件。

2）温度测量。温度信号经过传感器转换为电信号，送给 A/D 转换芯片测量，A/D 转换的过程受单片机控制。A/D 芯片选择 ADC0809，它是 8 路 8 位 A/D 芯片，可以满足课题要求。有些单片机内部本身包含 A/D 转换模块，选择这样的单片机可以简化单片机的外围电路。

3）显示电路。测量的结果由单片机送显示电路显示，显示器件可以根据产品的性能要求选择，高档的可以选择 LCD，一般可以选用 LED 数码管。温度的显示方式，以 LED 数码管为例，用 4 位数码管，其中最高位显示温度通道，后面 3 位显示该路温度的数值，显示 8 路温度由单片机控制每路温度显示一段时间（如 5s），循环切换，可以减少数码管的个数，节约成本。

4）键盘电路。参数设置通过键盘实现，和显示电路配合完成参数设置。

5）存储器电路。设置好的参数保存在存储器中，系统上电时从存储器中读出。测量的温度值和这些设置的数值进行比较，超过范围控制报警。

6）报警电路和 LED 状态指示。报警器件选择蜂鸣器，控制电路简单。用 8 个 LED 发光管作为每路温度超标的状态指示。

7）串行通信电路。用单片机的串行口设置通信接口，距离要求是 1000m，信息是双向的，采用全双工的 RS-485 总线，选取 MAX488E 专用通信接口芯片。

1.4.2 温度测量报警系统的设计制作步骤

单片机应用系统的设计制作过程，硬件一般由简单到复杂，软件采用逐步综合的方法，并且硬件、软件同步设计。有些功能模块之间是有内在联系的，设计制作要有一定的前后顺序，例如，键盘电路和显示电路，键盘的操作要通过显示体现出来，因此应该先设计显示电路，然后再设计键盘电路。通常情况下，一个单片机的应用系统应先设计显示和键盘电路，然后设计其他的功能电路。本例的温度测量报警系统可以按照以下步骤进行：

1）LED 灯与报警。LED 灯也是一种简单的显示电路，属于开关量的控制，电路、程序都很简单，报警用蜂鸣器的控制也属于开关量控制。

2）显示电路。

3）键盘电路。

4）存储器。在显示、键盘电路基础上设计存储器电路，设置好的参数，通过键盘的操作将参数写入到存储器中保存和从存储器中读取参数。

5）A-D 转换。单片机控制 8 路 A-D 转换，并将测量的结果送数码管显示。

6）串行通信。设计串行通信接口电路，将测量结果传送到监控中心。

7）系统综合调试。根据系统具体功能和技术指标要求，协调各软件模块的功能。

1.5 习题

1. 什么是单片机？其本质含义有何变化？
2. 单片机由哪些基本硬件构成？

3．单片机有什么特点？

4．举例说明单片机的应用领域。

5．简述单片机应用的环节，单片机应用产品的开发步骤。

6．单片机程序设计中常用的语言是什么？各种语言的文件名有何要求？

7．单片机应用中，位、字节、字的含义是什么？

8．在 51 系列单片机中数据存在的方式是什么？

9．二进制数、十进制数、十六进制数各用什么字母后缀作为标识符？无标识符表示什么进制数？

10．写出 0～15 的二进制数和十六进制数。

11．将下列十进制数转换为二进制数（小数取 8 位）

（1）83	（2）103	（3）0.64
（4）0.83	（5）4.66	（6）100.4

12．将下列二进制数转换为十进制数。

（1）10110111B	（2）01111001B	（3）11.101110B
（4）0.111011B	（5）11011011.01101101B	（6）11101110.001101B

13．将 11 题中的十进制数转换为十六进制数（取 2 位小数）

14．将 12 题中的二进制数转换为十六进制数。

15．将下列十六进制数转换为十进制数。

（1）3BH	（2）264H	（3）C.836H
（4）0.FBH	（5）12.34H	（6）68.86H

16．计算机中如何表示有符号数？

17．什么叫机器数？机器数的真值是什么？

18．计算机中机器数的表示方法有哪几种？

19．单字节有符号原码、反码和补码的范围是多少？

20．分别求出下列各数的原码、反码和补码。

（1）+100　　（2）-100　　（3）+89　　（4）-80

21．原码、补码分别用于什么场合？原码和补码间的关系如何？

22．什么是 BCD 码？

23．简述 BCD 码加法运算出错修正的条件。

24．将下列十进制数转换为 BCD 码？

（1）25　　　　（2）100　　　　（3）68　　　　（4）49

25．已知 BCD 码 X、Y，试求 X+Y。

X=[0011 0111]$_{BCD}$，Y=[0110 0110]$_{BCD}$；

X=[1001 0011]$_{BCD}$，Y=[0101 1001]$_{BCD}$。

26．什么是 ASCII 码？查表写出下列字符的 ASCII 码。

（1）B　　　（2）8　　　（3）a　　　（4）@

第2章　单片机应用仿真软件

仿真器是单片机应用产品开发的必要工具，仿真器都配有相应的软件，可以进行源程序的编辑、编译、链接以及调试，这些应用软件的编译系统多数采用 Keil C51 编译器，Keil C51 是使用最广的开发工具软件，可以脱离仿真器硬件使用。Proteus ISIS 是单片机硬件电路原理图的设计工具软件，它可以和 Keil C51 等软件开发系统配合，实现单片机应用系统的软、硬件联合仿真调试。本章将介绍 Keil C51、Proteus ISIS 在单片机开发中的应用。

2.1　单片机软件仿真集成开发环境——Keil C51

Keil C51 是德国 Keil Software 公司推出的软件开发系统，支持 C 语言和汇编语言，支持多种系列单片机，具有丰富的库函数和功能强大的集成开发调试工具，全 Windows 界面，可以完成从工程建立和管理、编译、链接、目标代码生成、软件仿真调试等完整的开发流程。Keil C51 是单片机 C 语言软件开发的理想工具。特别是在开发大型软件时更能体现其优势。

2.1.1　Keil C51 的工作环境

正确安装后，双击计算机桌面的 Keil μ Vision2 运行图标，即可进入到 Keil μ Vision2 集成开发环境，如图 2-1 所示。Keil μ Vision2 集成开发环境窗口中有菜单栏、按钮工具栏、源代码文件窗口、对话窗口、信息窗口。Keil μ Vision2 提供了多种命令执行方式，如文件操作、编辑操作、工程操作、程序调试、开发工具选项、窗口选择和操作、在线帮助等。

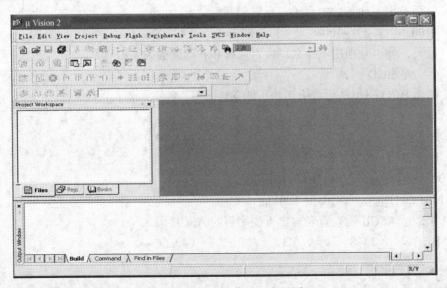

图 2-1　Keil C51 集成开发界面

用户打开的界面可能与该界面不同，多了工程文件，是用户最后一次使用的工程项目，用户可以通过工具栏的 Project 选项中的 Close Project 命令关闭该工程。

2.1.2 工程的创建

Keil C51 软件开发系统是用工程来管理所有文件的，开发应用软件的具体步骤如下：

1）创建一个工程文件，从设备库中选择目标设备（CPU 芯片），设置工程选项。

2）创建源程序文件。

3）将源程序添加到工程管理器中。

4）编译、链接源程序，并修改源程序中的错误。

5）生成可执行代码。

1. 建立工程文件

单片机种类繁多，在单片机应用项目的开发设计中，必须指定单片机的种类。启动 Keil Vision2 IDE 后，Keil Vision2 总是打开用户上一次处理的工程，要关闭它可以执行菜单命令 Project→Close Project。建立新工程可以通过执行菜单命令 Project→New Project 来实现，此时打开如图 2-2 所示的 "Create New Project" 对话框。

建立工程时需要做以下工作：

1）为新建的工程取个名字，如 My Project，保存文件类型选择默认值，即不用写扩展名。

2）选择新建工程存放的目录。建议为每个工程单独建立一个目录，并将工程中需要的所有文件都存放在这个目录下。

3）最后，单击 "保存" 按钮返回。

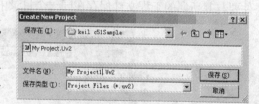

图 2-2　建立新工程

2. 为工程选择目标芯片

在工程建立完成后，Keil μ Vision2 会立即打开如图 2-3 所示的 "Select Device for Target" 对话框。下拉列表中列出了 μ Vision2 支持的以生产厂家分组的所有型号的 51 系列单片机。这里选择的是 Atmel 公司生产的 AT89S51 单片机。

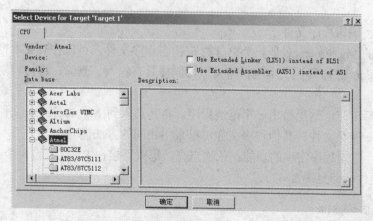

图 2-3　选择目标芯片

由于不同厂家不同型号的单片机的性能可能相同或相近，如果所需的目标芯片型号在 μ

Vision 2 中找不到，就可以选择其他公司生产的相近型号。

执行菜单命令 Project→Select Device for…，在随后出现的目标芯片选择对话框中重新加以选择。

3．建立/编辑源程序文件

工程文件建立并选择好目标芯片后，这是建立了一个空白的工程 Target 1，如图 2-4 所示，需要向工程中添加程序文件，程序文件的添加需要人工进行，如果程序文件在添加前还没有创建，要先创建它，然后添加。

图 2-4　空白工程

（1）建立程序文件

执行 File→New，打开名为 Text1 的新文件窗口，如果多次执行 File→New 操作，则会依次出现 Text2，Text3 等多个新文件窗口。执行 File→Save As…，保存文件并命名，将打开如图 2-5 所示的对话框。在"文件名"文本框中输入文件的全称，如 My Project.c。注意，文件的后缀不能默认，因为μ Vision 2 要根据后缀判断文件的类型，从而自动进行处理。My Project.c 是一个 C 语言的程序，如果要建立一个汇编语言程序，则输入文件的名称应该为 My Project.asm。另外文件要与其所属的工程文件保存在同一个目录中，否则容易导致工程管理混乱。

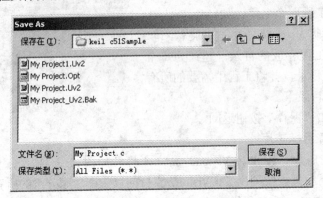

图 2-5　命名并保存新建文件

（2）录入、编辑程序文件

上面建立的 My Project.c 是一个空白的 C 语言程序文件，可以在其文本窗口中录入、编辑程序。μ Vision 2 与其他文本编辑器类似，同样具有输入、删除、选择、复制、剪切、粘贴等编辑功能。

为方便以后学习，这里给出一个范例程序。将其录入到 My Project.c 文件中，执行菜单命令 File→Save 保存文件。其他程序文件可以采用相同的方法建立。

【例 2-1】　下面程序实现的功能：依次点亮、熄灭连接在 P1 口上的 8 个 LED 彩灯，并无限循环。（硬件电路见图 2-47）。

```
#include <reg51.h>
void delay( )
{     unsigned int i ;
      for(i=0;i<20000;i++) ;
```

```
        }
        void main( void )
        {
        while(1)
                {
                    P1=0xfe ;                          // 点亮接在 P1.0 上的 LED
                    delay ( ) ;                         // 调用延时函数
                    P1=0xfd ;
                    delay ( ) ;
                    P1=0xfb ;
                    delay ( ) ;
                    P1=0Xf7 ;
                    delay ( ) ;
                    P1=0xef ;
                    delay ( ) ;
                    P1=0xdf ;
                    delay ( ) ;
                    P1=0xbf ;
                    delay ( ) ;
                    P1=0x7f ;
                    delay( ) ;
                }
        }
```

4．向工程添加程序文件

至此，我们建立了一个工程 My Project 和一个 C 语言源程序文件 My Project.c，但它们之间还没有建立任何关系。可以通过以下步骤将程序文件 My Project.c 添加到 My Project 工程中。

（1）提出添加文件要求

在图 2-4 所示的空白工程中，用鼠标右键单击 Source Group 1，弹出如图 2-6 所示的快捷菜单。

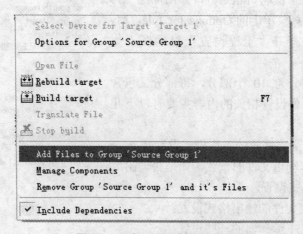

图 2-6　添加工程文件快捷菜单

（2）找到待添加的文件

在图 2-6 所示的菜单中，选择 Add Files to Group 'Source Group 1'，向当前工程的 Source Group 1 组中添加文件，弹出如图 2-7 所示的对话框。

（3）添加

在图 2-7 所示的对话框中，给出了所有符合添加条件的文件列表。选中要添加的文件（如 My Project.c），然后单击"Add"按钮（或双击选中的文件），即可将程序文件添加到当前工程的 Source Group 1 组中，如图 2-8 所示。如果要添加其他类型的程序文件（如汇编程序），可以通过图 2-7 中的"文件类型"文本框选择文件类型，找到文件后添加。

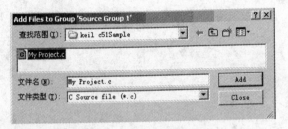

图 2-7　选择要添加的文件

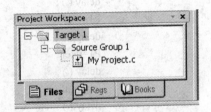

图 2-8　添加文件后的工程

（4）移去工程中的文件或组

如果想移去已经加入的文件，可以在图 2-8 所示的对话框中，用鼠标右键单击该文件，在弹出的快捷菜单中选择 Remove File 选项，即可将文件从工程中移去。注意移去的程序文件仍旧保留在磁盘上的原目录下，如果需要的话，还可以再将其添加到工程中。

2.1.3　工程的设置

在工程建立后，还需要对工程进行设置。工程的设置分为软件设置和硬件设置。硬件设置主要针对仿真器，在硬件仿真时使用；软件设置主要用于程序的编译、链接及仿真调试。本书重点介绍工程的软件设置。

在 μVision2 的工程管理器（Project Workspace）中，用鼠标右键单击工程名 Target 1，弹出如图 2-9 所示的快捷菜单。选择菜单上的 Options for File 'My Project.c' 选项后，打开"工程设置"对话框，如图 2-10 所示。

一个工程的设置分为 10 个部分，每部分又包含若干项目。与工程软件设置相关的内容主要有以下几个部分。

图 2-9　工程设置快捷菜单

1）Target：用户最终系统的工作模式设置。

2）Output：工程输出文件的设置，如是否输出最终的 Hex 文件以及格式设置。

3）Listing：列表文件的输出格式设置。

4）C51：有关 C51 编译器的一些设置。

5）Debug：有关仿真调试的一些设置。

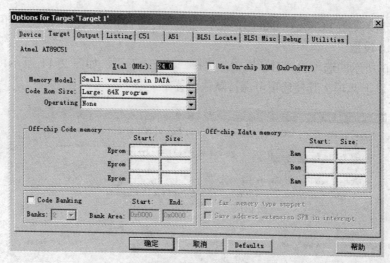

图 2-10　Target 设置对话框

1. Target 设置

在图 2-10 所示的 Target 选项卡中，从上到下主要包括以下几个部分。

1）已选择的目标芯片：在建立工程时选择的目标芯片型号，本例为 Atmel AT89S51。如果要修改，可以选择图 2-10 中的 "Device" 选项卡，弹出图 2-3 所示的窗口，重新选择。

2）晶振频率选择 Xtal（MHz）：晶振频率的选择主要是在软件仿真时起作用，μ Vision 2 将根据用户输入的频率来决定软件仿真时系统运行的时间和时序。

3）存储器模式选择（Memory Model）：有 3 种存储器模式可供选择。

① Small：没有指定存储区域的变量默认存放在 data 区域内。

② Compact：没有指定存储区域的变量默认存放在 pdata 区域内。

③ Large：没有指定存储区域的变量默认存放在 xdata 区域内。

例如，有一个变量说明：

　　　　unsigned char x;

根据所选择的存储器模式，编译器会在相应的数据空间为其分配存储单元。Data 表示内部可直接寻址的数据空间；pdata 表示外部的一个 256 字节的 xdata 页；xdata 表示外部的数据空间。但是，如果在声明变量时指定了数据空间类型，如：

　　　　data unsigned char y;

则存储器模式的选择对变量 y 没有约束作用，y 总是被安排在 data 数据空间。

4）程序空间选择（Code Rom Size）：选择用户程序空间的大小。

5）操作系统选择（Operating）：是否选用操作系统。

6）外部程序空间地址定义（Off-chip Code menory）：如果用户使用了外部程序空间，但是在物理空间上又不是连续的，则需要进行该项设置。

7）外部数据空间地址定义（Off-chip Xdata menory）：用于单片机外部非连续数据空间的定义，设置方法与 6）类似。

8）程序分段选择（Code Banking）：是否选用程序分段，该功能一般用户不会用到。

2．Output 设置

在图 2-10 所示的选项设置对话框中，选择"Output"页，如图 2-11 所示。该页中常用的设置主要有以下几项，其他选项可保持默认设置。

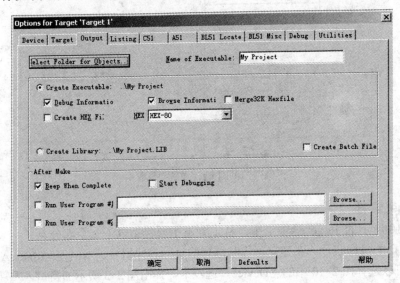

图 2-11　Output 设置

1）选择输出文件存放的目录（Select Folder for Objects…）：一般选用默认目录，即当前工程所在的目录。

2）输入目标文件的名称（Name of Executable）：默认为当前工程的名称。如果需要，可以修改。

3）选择生成可执行代码文件（Creat HEX File）：该项必须选中。可执行代码文件是最终写入单片机的运行文件，格式为 Intel HEX，扩展名为.HEX。值得注意的是，默认情况下该项未被选中。

3．Listing 设置

在图 2-10 所示的选项设置对话框中，选择"Listing"选项卡，如图 2-12 所示。在源程序编译完成后将产生".lst"列表文件，在链接完成后将产生".m51"列表文件。比较常用的选择是 C Compiler Listing 选项区中的"Assembly Code"复选框。选中该复选项，列表文件中生成 C 语言源程序所对应的汇编代码。其他选择可保持默认设置。

4．C51 设置

C51 设置界面如图 2-13 所示。对 C51 的设置主要有两项。

1）代码优化等级（Code Optimization/Level）。

C51 在处理用户的 C 语言程序时能自动对源程序做出优化，以便减少编译后的代码量或提高运行速度。C51 编译器提供了 0～9 共 10 种选择，默认使用第 8 级。

2）优化侧重（Code Optimization/Emphasis）。

用户优化的侧重有以下 3 种选择。

① Favor speed：优化时侧重优化速度。

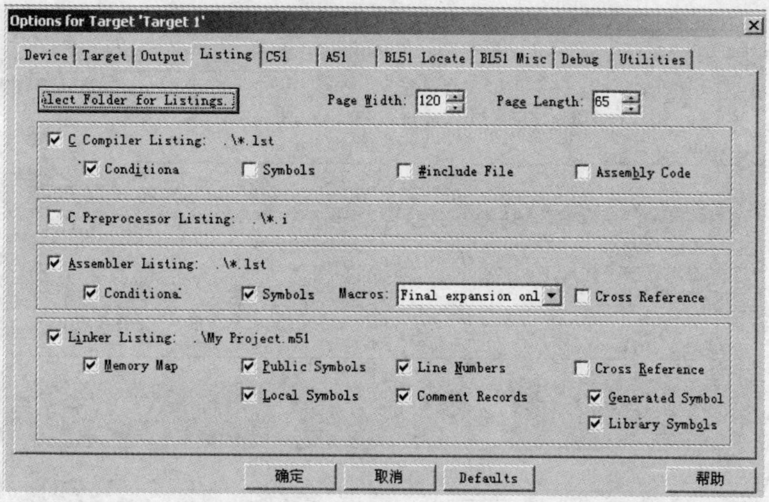

图 2-12 Listing 设置

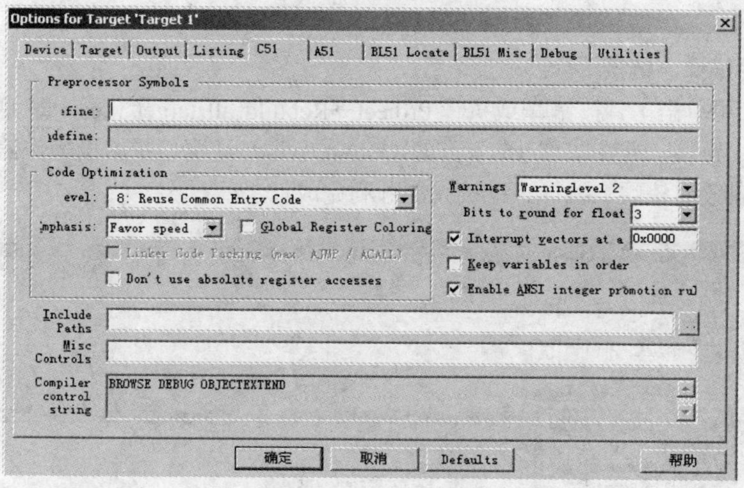

图 2-13 C51 设置

② Favor size：优化时侧重优化代码大小。

③ Default：不规定，使用默认优化。

5．Debug 设置

Debug 设置界面如图 2-14 所示，分成两部分：软件仿真设置（左边）和硬件仿真设置（右边）。

软件仿真和硬件仿真的设置基本一样，只是硬件仿真设置增加了仿真器参数设置。在此只选中软件仿真 Use Simulator 单选项，其他选项保持默认设置。

2.1.4 工程的调试运行

在 Keil μ Vision 2 IDE 中，源程序编写完毕后还需要编译和链接才能够进行软件和硬件仿真。在程序的编译、链接中，如果用户程序文件出现错误，还需要修正错误后重新编译、链接。

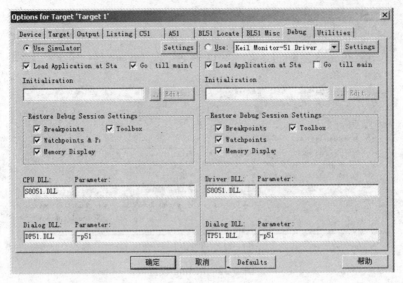

图 2-14 Debug 设置

1. 程序的编译、链接

在图 2-15 中单击工具按钮▦或执行 Project→Rebuild all target files，即可完成对 C 语言源程序的编译、链接，并在图 2-15 下方的 Output Window 窗口中给出操作信息。如果源程序和工程设置都没有错误，编译、链接就能顺利完成。

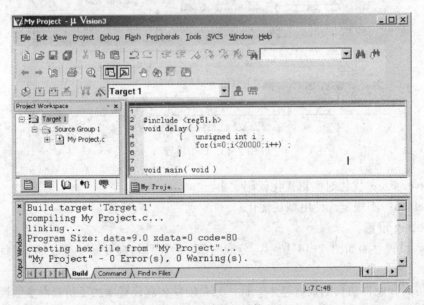

图 2-15 编译、链接

2. 程序的排错

如果源程序有错误，C51 编译器会在 Output Window 窗口中给出错误所在的行、错误代码以及错误的原因。例如，将 My Project.c 中第 17 行的 delay 改成 Delay，再重新编译、链接，结果如图 2-16 所示。

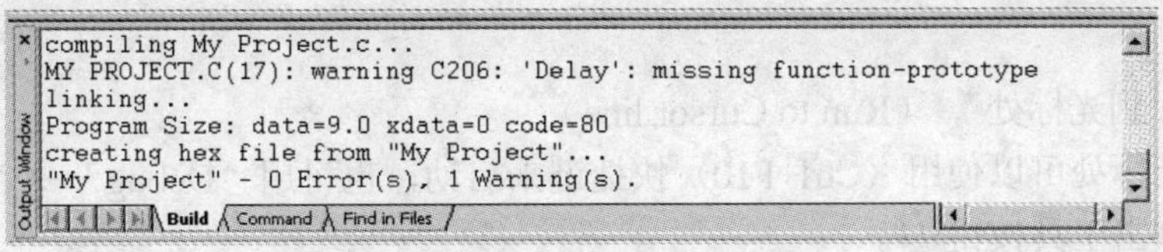

```
× compiling My Project.c...
  MY PROJECT.C(17): warning C206: 'Delay': missing function-prototype
  linking...
  Program Size: data=9.0 xdata=0 code=80
  creating hex file from "My Project"...
  "My Project" - 0 Error(s), 1 Warning(s).
  ◄│ ► ►│ Build ∧ Command ∧ Find in Files /        ◄│              ►
```

图 2-16 编译、链接错误的结果

经过排错后，要对源程序重新进行编译和链接，直到编译、链接成功为止。

3．运行程序

编译、链接成功后，执行"Debug"→"Start/Stop Debug Session"命令，或单击工具按钮<img>（启动/停止调试模式），便进入软件仿真调试运行模式，如图 2-17 所示。图中上部为调试工具条（Debug Toolbar），下部为范例程序 My Project.c，箭头为程序运行光标，指向当前等待运行的程序行。

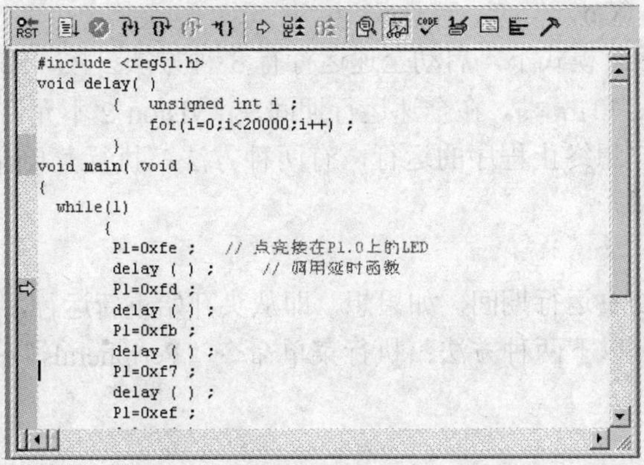

图 2-17 源程序的软件仿真运行

在μ Vision 2 中，程序运行方式有 4 种：单步跟踪（Step Into）、单步运行（Step Over）、运行到光标处（Run to Cursor line）、全速运行（Go）。

（1）单步跟踪 <img>（Step Into）

单步跟踪可以使用〈F11〉快捷键来启动，也可以使用菜单命令 Debug→Step into，或单击工具按钮<img>。单步跟踪的功能是进入 C 语言程序函数的内部或汇编语言子程序内部运行。对于一般 C 语言语句和汇编语言指令，它的功能与单步运行一样，对 C 语言的函数调用语句会进入到对应的被调用函数内部，对汇编语言的子程序调用指令则进入对应的子程序内部。

（2）单步运行 <img>（Step Over）

单步运行可以使用〈F10〉快捷键来启动，也可以使用 Debug→Step Over，或者单击工具按钮<img>。为了叙述方便，这里一律使用〈F10〉快捷键。

单步运行的功能是尽最大的可能执行完当前的程序行。单步运行不会跟踪到被调用函数的内部，而是把被调用函数作为一条 C 语句来执行，每次执行一行 C 语句。对汇编语言指令每次执行一条指令，对子程序调用指令也是一样，不进入子程序内部。在图 2-17 所示的状态下，每按一次〈F10〉快捷键，箭头就会向下移动一行，但不包括被调用函数内部的程

23

序行。

（3）运行到光标处 ✱{} （Run to Cursor line）

运行到光标处可以使用〈Ctrl+F10〉快捷键来启动，也可用"Debug"→"Run to Cursor line"，或者单击工具按钮 ✱{}。

在图2-17所示的状态下，程序指针在程序行

  P1=0Xfe;　　// ①

如果想程序一次运行到程序行

  P1=0Xf7;　　// ②

则可以单击程序行，当闪烁光标停留在该行后。单击工具按钮 ✱{}，运行停止后，发现程序运行光标已经停留在程序行②的左边。

（4）全速运行 ▤↓ （Go）

在软件仿真调试运行模式下，启动全速运行有3种方法：按〈F5〉快捷键、执行菜单命令"Debug"→"Go"、单击 ▤↓。在全速运行期间，μVision 2不允许查看任何资源，也不接受其他命令。如果用户想终止程序的运行，有两种方法：执行菜单命令"Debug"→"Stop Running"、单击图标 ⊗。

4．程序复位

在C语言源程序仿真运行期间，如果想，即从头开始重新运行，则可以对源程序进行复位。程序的复位主要有以下两种方法：执行菜单命令"Peripherals"→"Reset CPU"、单击图标 ♥RST。

5．断点操作

当需要程序全速运行到某个程序位置停止时，可以使用断点。断点操作与运行到光标处的作用类似，其区别是断点可以设置多个，而光标只有一个。

（1）断点的设置、取消

在μVision 2的C语言源程序窗口中，可以在任何有效位置设置断点。断点的设置、取消操作也非常简单，如果想在某一行设置断点，双击该行，即可设置断点标志，如图2-18所示。取消断点的操作相同，如果该行已经设置为断点行，双击该行将取消断点。

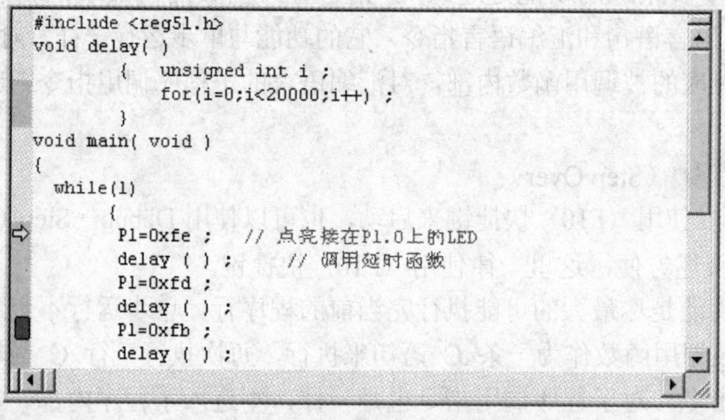

```
#include <reg51.h>
void delay( )
        {   unsigned int i ;
            for(i=0;i<20000;i++) ;
        }
void main( void )
{
  while(1)
      {
      P1=0xfe ;    // 点亮接在P1.0上的LED
      delay ( ) ;      // 倜用延时函数
      P1=0xfd ;
      delay ( ) ;
      P1=0xfb ;
      delay ( ) ;
```

图2-18　断点设置与断点标志

（2）断点的管理

如果设置了很多断点，就可能存在断点管理的问题。例如，通过逐个地取消全部断点来使程序全速运行将是非常烦琐的事情。为此，μ Vision 2 提供了断点管理器。执行菜单命令"Debug"→"Breakpoints"，出现如图 2-19 所示的断点管理器，如单击"Kill All"（取消所有断点）按钮，可以一次取消所有已经设置的断点。

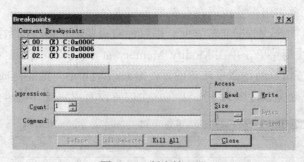

图 2-19 断点管理器

6. 退出软件仿真模式

如果想退出μ Vision 2 的软件仿真环境，可以使用下列方法：单击图标、执行菜单命令"Debug"→"Start/Stop Debug Session"。

2.1.5 存储空间资源的查看和修改

在μ Vision 2 的软件仿真环境中，标准 80C51 的所有有效存储空间资源都可以查看和修改。μ Vision 2 把存储空间资源分成以下 4 种类型加以管理。

1. 内部可直接寻址 RAM（类型 data，简称 d）

在标准 80C51 中，可直接寻址空间为 0～0x7F 范围内的 RAM 和 0x80～0xFF 范围内的 SFR（特殊功能寄存器）。在μ Vision 2 中把它们组合成空间连续的可直接寻址的 data 空间。data 存储空间可以使用存储器对话框（Memory）进行查看和修改。

在如图 2-17 所示的状态下，执行"View"→"Memory Windows"可以打开存储器对话框，如图 2-20 所示。如果该对话框已打开，执行"View"→"Memory Windows"则会关闭该对话框。

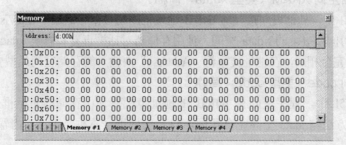

图 2-20 存储器对话框

从存储器对话框中可以看到以下内容。

1）存储器地址文本框（Address）：用于输入存储空间类型和起始地址。图中，d 表示

data 区域，00h 表示显示起始地址。

2）存储器地址栏：显示每一行的起始地址，便于观察和修改，如 D：0x00 和 D：0x10 等。data 区域的最大地址为 0xFF。

3）存储器数据区域：数据显示区域，显示格式可以改变。

4）存储器窗口组：分成独立的 4 个组（Memory #1 #2 #3 #4），每个组可以单独定义空间类型和起始地址。单击组标签可以在存储器窗口组之间切换。

在存储器对话框中修改数据非常方便：用鼠标右键单击待修改的数据（如 D:0x30），弹出如图 2-21 所示的快捷菜单。单击 Modify Memory at D：0x31 选项，在输入栏中输入新的数值后单击"OK"按钮返回。需要注意的是，有时改动并不一定能完成。例如，0xFF 位置的内容改动就不能正确完成，因为 80C51 在这个位置没有可以操作的单元。

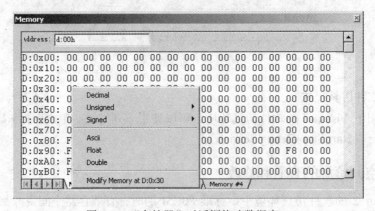

图 2-21 "存储器"对话框修改数据窗口

2. 内部可间接寻址 RAM（类型 idata，简称 i）

在标准 80C51 中，可间接寻址空间为 0x00～0xFF 范围内的 RAM。其中，0x00～0x7F 内的 RAM 和 0x80～0xFF 内的 SFR 既可以间接寻址，也可以直接寻址；0x80～0xFF 的 RAM 只能间接寻址。在 μVision2 中把它们组合成空间连续的可间接寻址的 idata 空间。

使用存储器对话框同样可以查看和修改 idata 存储空间，操作方法与 data 空间完全相同，只是在地址文本框 Address 中输入的存储空间类型要变为"i"。

3. 外部数据空间 XRAM（类型 xdata，简称 x）

在标准 80C51 中，外部可间接寻址 64KB 地址范围的数据存储器，在 μVision 2 中把它们组合成空间连续的可间接寻址的 xdata 空间。使用存储器对话框查看和修改 xdata 存储空间的操作方法与 idata 空间完全相同，在地址文本框"Address"内输入的存储空间类型要变为"x"。

4. 程序空间 code（类型 code，简称 c）

在标准 80C51 中，程序空间有 64KB 的地址范围。使用存储器对话框查看和修改 code 存储空间的操作方法与 idata 空间完全相同，只是在地址文本框 Address 内输入的存储空间类型要变为"c"。

2.1.6 变量的查看和修改

在工程 MyProject 中，定义了一些变量，例如：

data unsingned char i ;

该程序行告诉编译器 i 是一个无符号的字节变量，要求放在 data 空间内。至于存放在 data 空间的位置一般不关心，只关心它的数值。在μVision 2 中，使用"观察"对话框（Watches）可以直接观察和修改变量。0

在如图 2-17 所示的状态下，执行菜单命令"View"→"Watch & Call Stack Windows"可以打开"观察"对话框，如图 2-22 所示。如果对话框已经打开，执行菜单命令"View"→"Watch & Call Stack Windows"则会关闭该对话框。其中，Name 栏用于输入变量的名称，Value 栏用于显示变量的数值。

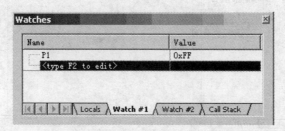

图 2-22 "观察"对话框

在观察对话框底部有 4 个选项卡，其作用如下。

1）Locals：显示局部变量观察对话框，自动显示当前正在使用的局部变量，不需要用户自己添加。

2）Watch #1、Watch #2：变量观察对话框，可以根据分类把变量添加到 Watch #1 或 Watch #2 观察对话框中。

3）Call Stack：堆栈观察对话框。

1．变量名称的输入

单击准备添加行（选择该行）的 Name 栏，然后按〈F2〉键，出现文本输入栏后输入变量的名称，确认后按〈Enter〉键。输入的变量名称必须是程序中已经定义的。在图 2-22 中，Pl 是头文件 REG51.H 定义的。

2．变量数值的显示

在 Value 栏，除显示变量的数值外，用户还可修改变量的数值，方法是：单击该行的 Value 栏，然后按〈F2〉键，出现文本输入栏后输入修改的数据，按〈Enter〉键确认。

2.2 单片机硬件仿真集成开发环境——Proteus ISIS

Proteus 是英国 Lab Center Electronics 公司推出的用于仿真单片机及其外围设备的 EDA 工具软件。Proteus 可以和 Keil C51 等配合使用，可以实现软件、硬件系统的仿真开发，从而缩短研发周期，降低开发成本。Proteus 具有高级原理布图（ISIS）、混合模式仿真（PROSPICE）、PCB 设计以及自动布线（ARES）等功能。Proteus 的虚拟仿真技术（VSM）实现了在物理原型出来之前对单片机应用系统进行设计开发和测试。本节以 Proteus 7 Professional 为例，简要介绍 Proteus ISIS 的使用方法。

2.2.1 Proteus ISIS 的用户界面

启动 Proteus ISIS 后，可以看到如图 2-23 所示的 ISIS 用户界面，与其他常用的窗口软件一样，也有菜单栏、按钮工具栏和各种窗口（如原理图编辑窗口、原理图预览窗口、对象选择窗口等）。

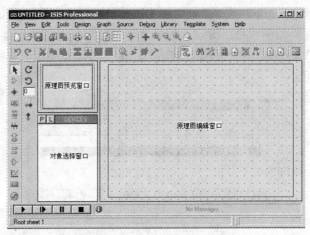

图 2-23　Proteus ISIS 用户界面

1．主菜单与主工具栏

在图 2-23 中，Proteus ISIS 提供的主菜单从左到右依次是 File（文件）、View（视图）、Edit（编辑）、Tools（工具）、Design（设计）、Graph（图形）、Source（源）、Debug（调试）、Library（库）、Template（模板）、System（系统）、Help（帮助）。利用主菜单中的命令可以完成 ISIS 所有功能。

Proteus ISIS 主工具栏如图 2-24 所示。主工具栏由 4 个部分组成：File Toolbar（文件工具栏）、View Toolbar（视图工具栏）、Edit Toolbar（编辑工具栏）、Design Toolbar（调试工具栏）。通过执行菜单"View"→"Toolbars…"可以打开或关闭上述 4 个主工具栏。

图 2-24　Proteus ISIS 主工具栏

主工具栏的每一个按钮都对应一个具体的主菜单命令，菜单命令在后面章节中讲述，读者也可以参考有关的专业书籍。

2．Mode 工具箱

除了主菜单与主工具栏外，Proteus ISIS 在用户界面的左侧还提供了一个非常实用的 Mode 工具箱，如图 2-25 所示。正确、熟练地使用它们，对单片机应用系统电路原理图的绘制及仿真调试均非常重要。

图 2-25　Mode 工具箱

选择 Mode 工具箱中不同的图标按钮，系统将提供不同的操作工具，并在对象选择窗口中显示不同的内容。从左到右，Mode 工具箱中各图标按钮对应的操作如下。

1）"Selection Mode"按钮 ▶：对象选择。可以单击任意对象并编辑其属性。

2）"Component Mode"按钮 ▷：元器件选择。

3）"Junction dot Mode"按钮 ✚：在原理图中添加连接点。

4）"Wire label Mode"按钮 LBL：为连线添加网络标号。

5）"Text script Mode"按钮 ▤：在原理图中添加脚本。

6）"Bus Mode"按钮 ╪：在原理图中绘制总线。

7）"Subcircuit Mode"按钮 ▯：绘制子电路。

8）"Terminals Mode"按钮 ▤：在对象选择窗口列出各种终端（如输入、输出、电源和地等）供选择。

9）"Device Pinsl Mode"按钮 ▷：在对象选择窗口列出各种引脚（如普通引脚、时钟引脚、反电压引脚和短路引脚等）供选择。

10）"Graph Mode"按钮 ⬙：在对象选择窗口中列出各种仿真分析所需的图表（如模拟图表、数字图表、噪声图表、混合图表和 A/C 图表等）供选择。

11）"Tape Recorder Mode"按钮 ▭：录音机，当对设计电路分割仿真时采用此模式。

12）"Generator Mode"按钮 ⟳：在对象选择窗口列出各种激励源（如正弦激励源、脉冲激励源和 FILE 激励源等）供选择。

13）"Voltage Probe Mode"按钮 ⬈：在原理图中添加电压探针。电路进入仿真模式时，可显示各探针处的电压值。

14）"Current Probe Mode"按钮 ⬈：在原理图中添加电流探针。电路进入仿真模式时，可显示各探针处的电流值。

15）"Virtual Instruments Mode"按钮 ▭：在对象选择窗口列出各种虚拟仪器（如示波器、逻辑分析仪、定时器/计数器和模式发生器等）供选择。

16）"2D Graphics Line Mode"按钮 ╱：直线按钮，用于创建元器件或表示图表时绘制线。

17）"2D Graphics Box Mode"按钮 ▪：方框按钮，用于创建元器件或表示图表时绘制方框。

18）"2D Graphics Circle Mode"按钮 ⬤：圆按钮，用于创建元器件或表示图表时绘制圆。

19）"2D Graphics Arc Mode"按钮 ⌒：弧线按钮，用于创建元器件或表示图表时绘制弧线。

20）"2D Graphics Path Mode"按钮 ∞：任意形状按钮，用于创建元器件或表示图表时绘制任意形状的图标。

21）"2D Graphics Text Mode"按钮 **A**：文本编辑按钮，用于插入各种文字说明。

22）"2D Graphics Symbols Mode"按钮 **S**：符号按钮，用于选择各种符号元器件。

23）"2D Graphics Markers Mode"按钮 ✚：标记按钮，用于产生各种标记图表。

3. 方向工具栏

对于具有方向性的对象，Proteus ISIS 还提供了方向工具栏，如图 2-26 所示。方向工栏中、各图标按钮对应的操作如下。

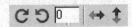

1）"Rotate Clockwise"按钮 ⟳：顺时针方向旋转按钮，
以 90° 偏置改变元器件的放置方向。

图 2-26　方向工具栏

2）"Rotate Anti-Clockwise"按钮 ⟲：逆时针方向旋转按钮，以 –90° 偏置改变元器件的
放置方向。

3）"X-M irror"按钮 ↔：水平镜像旋转按钮，以 Y 轴为对称轴，以 180° 偏置旋转元
器件。

4）"Y-M irror"按钮 ↕：垂直镜像旋转按钮，以 X 轴为对称轴，以 180° 偏置旋转元
器件。

5）角度显示窗口 0：用于显示旋转/镜像的角度。

4. 仿真运行工具栏

为方便用户对设计对象进行仿真运行，Proteus ISIS 还提供了如图 2-27 所示的运行工具

栏，从左到右分别是："Play"（运行）按钮，"Step"（单步
运行）按钮，"Pause"（暂停运行）按钮，"Stop"（停止运
行）按钮。

图 2-27　运行工具栏

2.2.2　设置 Proteus ISIS 的工作环境

Proteus ISIS 的工作环境设置包括编辑环境设置和系统环境设置两个方面。编辑环境设
置主要是指模板的选择、图纸的选择、图纸的设置和格点的设置等。系统环境设置主要是指
BOM 格式的选择、仿真运行环境的选择、各种文件路径的选择、键盘快捷方式的设置等。

1. 模板设置

绘制电路原理图首先要选择模板，电路原理图的外观信息受模板的控制。用户既可以选
择系统提供模板，也可以自定义模板。

执行"File"→"New Design..."命令时，会弹出如图 2-28 所示的对话框，从中可以选
择合适的模板，通常选择 DEFAULT 模板。

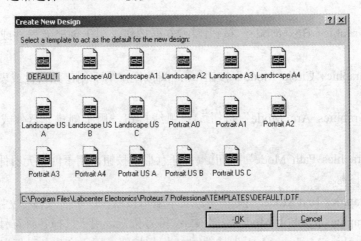

图 2-28　"新建设计文件"对话框

选择好原理图模板后，可以通过 Template 菜单的 6 个 Set 命令对其风格进行修改设置。

（1）设置模板的默认选项

执行菜单命令"Template"→"Set Design Defaults…"，打开如图 2-29 所示的对话框。通过该对话框可以设置模板的纸张、格点等项目的颜色；设置电路仿真时正、负、地、逻辑高/低等项目的颜色；设置隐藏对象的显示与否及颜色；设置编辑环境的默认字体等。

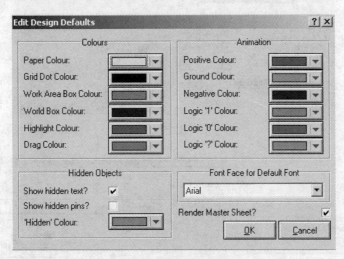

图 2-29　设置模板的默认选项

（2）配置图形颜色

执行菜单命令"Template"→"Set Graph Colours…"，打开如图 2-30 所示的对话框。通过该对话框可以配置模板的图形轮廓线（Graph Outline）、底色（Background）、图形标题（Graph Title）、图形文本（Graph Text）等；同时也可以对模拟跟踪曲线（Analogue Traces）和不同类型的数字跟踪曲线（Digital Traces）进行设置。

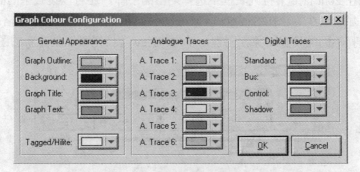

图 2-30　配置图形颜色

（3）编辑图形风格

执行菜单命令"Template"→"Set Graphics Styles…"，打开如图 2-31 所示的对话框。通过该对话框，可以编辑图形的风格，如线型、线宽、线的颜色及图形的填充色等。在 Style 下拉列表框中可以选择不同的系统图形风格。在该对话框中，单击"New"按钮，可以自定义图形的风格，如颜色、线型等。

单击"New"按钮，打开如图 2-32 所示的对话框。在"New style's name"文本框中输入新图形风格的名称，如：mystyle，单击"OK"按钮确定，将打开如图 2-33 所示的对话框。在该对话框中，可以自定义图形的风格，如颜色、线条等。

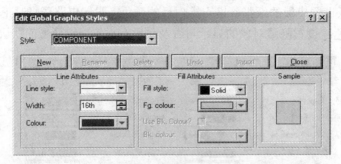

图 2-31　编辑图形风格

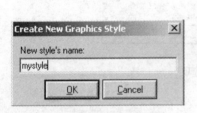

图 2-32　创建新的图形风格

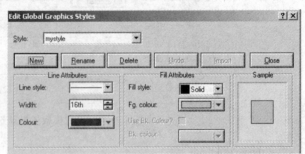

图 2-33　设置新图形的风格

（4）设置全局文字风格

执行菜单命令"Template"→"Set Text Styles…"，打开如图 2-34 所示的对话框。通过该对话框，可以在 Font face 下拉列表框中选择期望的字体，还可以设置字的高度、颜色及是否加粗、倾斜、加下划线等。在 Sample 区域可以预览更改设置后文字的风格。在 Style 下拉列表框中可以选择不同的设置对象。同理，单击"New"按钮可以创建新的图形文本风格。

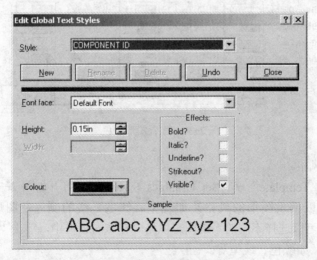

图 2-34　设置全局文字风格

（5）设置图形文字格式

执行菜单命令"Template"→"Set Graphics Text…"，打开如图 2-35 所示的对话框。通过该对话框可以在"Font face"列表框中选择图形文本的字体类型，在 Text Justification 选项区域可以选择文字在文本框中的水平位置、垂直位置，通过"Effects"选项区域可以选择文字的效果，如加粗、倾斜、加下划线等，而在"Character Sizes"选项区域可以设置文字的高度和宽度。

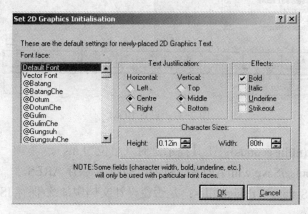

图 2-35 设置图形文字格式

（6）设置交点

执行菜单命令"Template"→"Set Junction Dots…"，打开如图 2-36 所示的对话框。通过该对话框可以设置交点的大小、形状。

☞注意：

模板设置的内容只对当前编辑的原理图有效，每次新建设计时都必须根据需要对所选择的模板进行设置。

图 2-36 编辑图形字体格式

2. 系统设置

通过 Protues ISIS 的"System"菜单栏，可以对 Protues ISIS 进行系统的设置。

（1）设置 BOM（Bill Of Materials）

执行菜单命令"System"→"Set BOM Scripts…"，打开如图 2-37 所示的对话框。通过该对话框，可以设置 BOM 的输出格式。BOM 用于列出当前设计中所使用的所有元器件。Protues ISIS 可以生成 4 种格式的 BOM：HTML 格式、ASCⅡ格式、Compact CSV 格式和 Full CSV 格式。在"Bill Of Materials Output Format"下拉列表框中，可以对它们进行选择。另外，执行菜单命令 Tools/Bill Of Materials 也可以对 BOM 的输出格式进行快速选择。

（2）设置系统环境

执行菜单命令"System"→"Set Environment…"，打开如图 2-38 所示的对话框，通过该对话框，可以对系统环境进行设置。

1）Autosave Time(minutes)：系统自动保存时间设置（单位为 min）。

2）Number of Undo Levels：可撤销操作的层数设置。

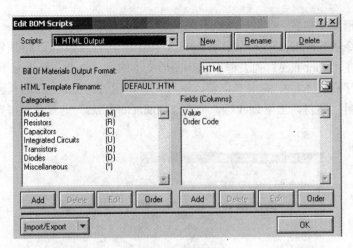

图 2-37 设置 BOM

3）Tooltip Delay(milliseconds)：工具提示延时（单位为 ms）。

4）Auto Synchronise/Save with ARES：是否自动同步/保存 ARES。

5）Save/load ISIS state In design files：是否在设计文档中加载/保存 ISIS 状态。

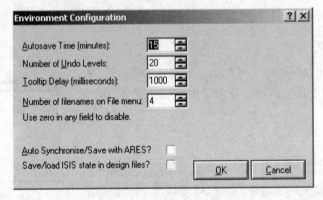

图 2-38 设置系统环境

（3）设置路径

执行菜单命令"System"→"Set Path…"，打开如图 2-39 所示的对话框。通过该对话框，可以对所涉及的文件路径进行设置。

1）Initial folder is taken from Windows：从窗口中选择初始文件夹。

2）Initial folder is always the same one that was used last：初始文件夹为最后一次所使用过的文件。

3）Initial folder is always the following：初始文件夹路径为下面文本框中输入的路径。

4）Template folder：模板文件夹路径。

5）Simulation Model and Module Folder：库文件夹路径。

6）Path to folder for simulation results：存放仿真结果的文件夹路径。

7）Limit maximum disk space used for simulation result(Kilobytes)：仿真结果占用的最大磁盘空间（KB）。

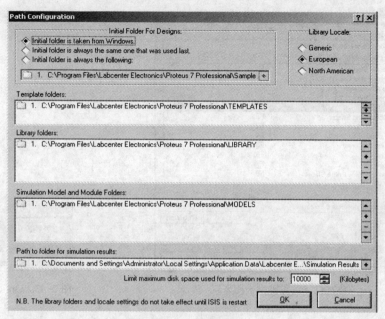

图 2-39　设置路径

（4）设置图纸尺寸

执行菜单命令"System"→"Set Sheet Sizes…"，打开如图 2-40 所示的对话框。通过该对话框，可以选择 Protues ISIS 所提供的图纸尺寸 A4～A0，也可以选择 User 自己定义图纸的大小。

（5）设置文本编辑器

执行菜单命令"System"→"Set Text Editor…"，打开如图 2-41 所示的对话框。通过该对话框，可以对文本的字体、字形、大小、效果和颜色等进行设置。

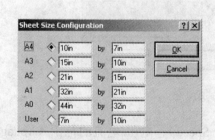

图 2-40　设置图纸尺寸

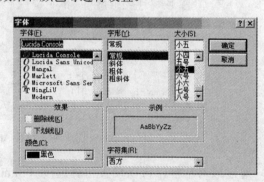

图 2-41　设置文本编辑器

（6）设置键盘快捷方式

执行菜单命令"System"→"Set Keyboard Mapping…"，打开如图 2-42 所示的对话框。通过该对话框，可以修改系统所定义的菜单命令的快捷方式。

在"Command Group"下拉列表框中有 3 个选项，如图 2-43 所示。选择"Reset to default map"选项，即可恢复系统的默认设置，选择"Export to file"选项可将上述键盘快捷方式导出到文件中，选择"Import from file"选项则为从文件导入。

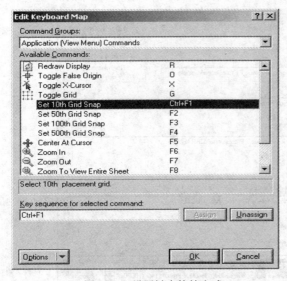

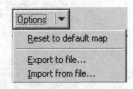

图 2-42　设置键盘快捷方式　　　　　　　　图 2-43　Option 选项卡

（7）设置仿真画面

执行菜单命令"System"→"Set Animation Options…"，打开如图 2-44 所示的对话框。

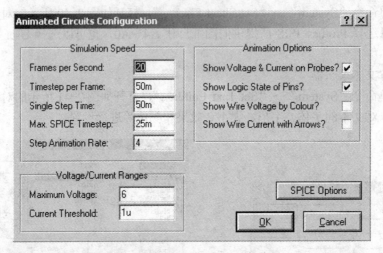

图 2-44　设置 Animation 选项

通过该对话框，可以设置仿真速度（Simulation Speed）、电压/电流的范围（Voltage/Current Ranges），以及仿真电路的其他画面选项（Animation Options）。

1）Show Voltage & Current on Probes?：是否在探测点显示电压值与电流值。

2）Show Logic State of Pins?：是否显示引脚的逻辑状态。

3）Show Wire Voltage by Colour?：是否用不同颜色表示线的电压。

4）Show Wire Current with Arrows?：是否用箭头表示线的电流方向。

此外，单击"SPICE Option"按钮或执行菜单命令"System"→"Set Simulator Options…"打开如图 2-45 所示的对话框。通过该对话框，可以选择不同的选项卡来进一步对仿真电路进行设置。

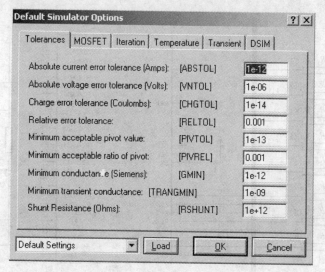

图 2-45　设置交互仿真选项

2.2.3　电路原理图的设计与编辑

在 Proteus ISIS 中，电路原理图的设计与编辑非常方便，具体流程如图 2-46 所示。

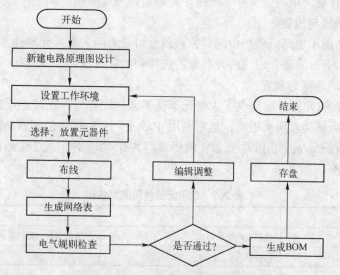

图 2-46　设计编辑原理图的流程

下面通过一个实例介绍电路原理图的绘制、编辑修改的基本方法。

【例 2-2】　用 Proteus ISIS 绘制如图 2-47 所示的电路原理图。该电路的功能是用 AT89S51 单片机的 P1 口控制 8 个发光二极管，控制其亮灭。

1. 新建设计文件

执行"File"→"New Design…"，弹出"新建模板"对话框，选择 DEFAULT 模板，单击"OK"按钮，即可进入如图 2-23 所示的 ISIS 用户界面。此时，对象选择窗口、原理图编辑窗口、原理图预览窗口均是空白的。

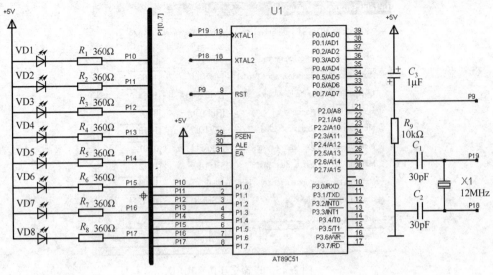

图 2-47 例 2-2 电路原理图

单击主工具栏中的"保存"按钮，在打开的"Save ISIS Design File"对话框中，可以选择新建设计文件的保存目录，输入新建设计文件的名称，如 MyDesign，保存类型采用默认值。完成上述工作后，单击"保存"按钮，开始电路原理图的绘制工作。

2. 对象的选择与放置

在如图 2-47 所示电路原理图中的对象按属性可分为两大类：元器件（Component）和终端（Terminals）。下面简要介绍这两类对象的选择和放置方法。

（1）元器件的选择与放置

Proteus ISIS 的元器件库提供了大量元器件的原理图符号，在绘制原理图之前，必须知道每个元器件的所属类及所属子类，然后利用 Proteus ISIS 提供的搜索功能可以方便地查找到所需元器件。在 Proteus ISIS 中元器件的所属类共有 40 多种，表 2-1 给出了本书涉及的部分元器件的所属类。

表 2-1 常用元器件所属类名称

所属类名称	对应的中文名称	说　明
Analog Ics	模拟电路集成芯片	电源调节器、定时器、运算放大器等
Capacitors	电容器	
CMOS 4000 series	4000 系列数字电路	
Connectors	排座，排插	
Data Converters	模-数、数-模转换集成电路	
Diodes	二极管	
Electromechanical	机电器件	风扇、各种电动机等
Inductors	电感器	
Memory ICs	存储器	
Microprocessor ICs	微控制器	51 系列单片机、ARM7 等
Miscellaneous	各种器件	电池、晶振、熔丝等

所属类名称	对应的中文名称	说　明
Optoelectronics	光电器件	LED、LCD、数码管、光耦合器等
Resistors	电阻	
Speakers & Sounders	扬声器	
Switches & Relays	开关与继电器	键盘、开关、继电器等
Switching Devices	晶闸管	单向、双向晶闸管等
Transducers	传感器	压力传感器、温度传感器等
Transistors	晶体管	晶体管、场效应晶体管等
TTL 74 series	74 系列数字电路	
TTL 74LS series	74 系列低功耗数字电路	

　　单击对象选择窗口左上角的按钮 P 或执行 "Library" → "Pick Device" → "Symbol…"，都会打开 "Pick Devices" 对话框。如图 2-48 所示，Pick Devices 对话框共分成 3 列，左侧为查询条件，中间为查找结果，右侧为器件的原理图、PCB 图预览。

　　1）"Keywords" 文本输入框：在此可以输入待查找的元器件的全称或关键字，其下面的 "Match Whole Words" 选项表示是否全字匹配。在不知道待查找元器件的所属类型时，可以采用此法搜索。

　　2）"Category" 窗口：在此给出了 Proteus ISIS 中元器件的所属类。

　　3）"Sub-category" 窗口：在此给出了 Proteus ISIS 中元器件的所属子类。

　　4）"Manufacturer" 窗口：在此给出了元器件的生产厂家分类。

　　5）"Results" 窗口：在此给出了符合要求的元器件名称、所属库以及描述。

　　6）"PCB Preview" 窗口：在此给出了所选元器件的电路原理图预览、PCB 预览及其封装类型。

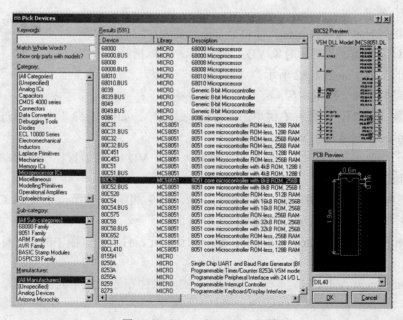

图 2-48 · "Pick Devices" 对话框

在如图 2-48 所示的"Pick Devices"对话框中，按要求选好元器件后，如 AT89C51，所选元器件的名称就会出现在对象选择窗口中，如图 2-49 所示。在对象选择窗口中单击 AT89C51 后，AT89C51 的电路原理图就会出现在预览窗口中，如图 2-50 所示。此时还可以通过方向工具中的旋转、镜像按钮改变原理图的方向，然后按鼠标指向编辑窗口的合适位置（鼠标指针变为笔形）单击，就会看到 AT89C51 的电路图被放置到编辑窗口中。

按同样步骤，完成其他元器件的选择和放置。

（2）终端的选择与放置

单击 Mode 工具箱中的终端按钮 ，Proteus ISIS 会在对象选择窗口中给出所有可供选择的终端类型，如图 2-51 所示。其中，DEFAULT 为默认终端，INPUT 为输入终端，OUTPUT 为输出终端，BIDIR 为双向（输入/输出）终端，POWER 为电源终端，GROUND 为地线终端，BUS 为总线终端。

| 图 2-49 选择元器件 | 图 2-50 预览窗口 | 图 2-51 终端选择窗口 |

终端的预览、放置方法与元器件类似。Mode 工具箱中其他按钮的操作方法又与终端按钮类似。

3．对象的编辑

在放置好绘制原理图所需的所有对象后，可以编辑对象的图形或文本属性。下面以图 2-52 中的 LED 器件 VD_1 为例，简要介绍对象的编辑步骤。

（1）选中对象

将鼠标指向对象 VD_1，鼠标指针由空心箭头变成手形后，单击即可选中对象 VD_1。此时，对象 VD_1 高亮显示，鼠标指针为带有十字箭头的手形，如图 2-52 所示。

图 2-52 选中对象

（2）移动、编辑、删除对象

选中对象 VD_1 后，用鼠标右键单击，弹出快捷菜单，如图 2-53 所示。通过该快捷菜单可以移动、编辑、删除对象 VD_1。

1）Drag Object：移动对象。选择该选项后，对象 VD_1 会随着鼠标一起移动，确定位置后，单击即可停止移动。

2）Edit Properties：编辑对象。选择该选项后，出现如图 2-54 所示的"Edit Component"对话框。选中对象 VD_1 后，单击也会弹出这个对话框。

① "Component Reference"文本框：显示默认的元器件在原理图中的参考标识，该标识是可以修改的。

② "Component Value"文本框：显示默认的元器件在原理图中的参考值，该值是可以修改的。

③ "Hidden"选择框：是否在原理图中显示对象的参考标识、参考值。

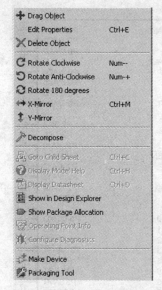

图 2-53　编辑对象的快捷菜单

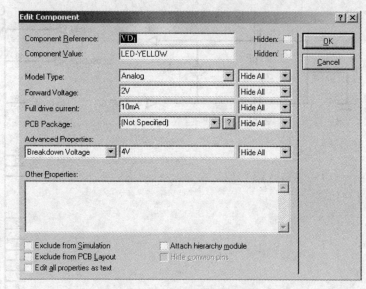

图 2-54　编辑对象文本属性

④ "Other Properties" 文本框：用于输入所选对象的其他属性。输入的内容将在图 2-52 中的<TEXT>位置显示。

3）Delete Object：删除对象。

在如图 2-53 所示的快捷菜单中，还可以改变对象 VD_1 的放置方向。其中 Rotate Clockwise 表示顺时针旋转 90°；Rotate Anti-Clockwise 表示逆时针旋转 90°；Rotate 180 degrees 表示旋转 180°；X-Mirror 表示 X 轴镜像；Y-Mirror 表示 Y 轴镜像。

4．布线

完成上述步骤后，可以开始在对象之间布线。按照连接的方式，布线可分为 3 种：两个对象之间的普通连接，使用输入、输出终端的无线连接，多个对象之间的总线连接。

（1）普通连接

在第一个对象的连接点处单击，拖动鼠标到另一个对象的连接点处再单击。在拖动鼠标的过程中，可以在希望拐弯的地方单击。也可以用鼠标右键单击放弃此次画线。图 2-55 为 C_1、C_2、X_1 和地间的普通连接电路图。

（2）无线连接

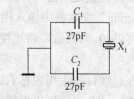

图 2-55　两个对象之间的普通连接

在绘制电路原理图时，为了整体布局的合理、简洁，可以使用输入、输出终端进行无线连接，如时钟电路与 AT89C51 之间的连接。无线连接的步骤如下。

1）在第一个连接点处连接一个输入终端。

2）在另一个连接点处连接一个输出终端。

3）利用对象的编辑方法对上面两个终端进行标识，两个终端的标识（Label）必须一致。

按照上述步骤，X_1 的两端分别与 AT89C51 的 XTAL1、XTAL2 引脚连接后的电路如图 2-56 所示。

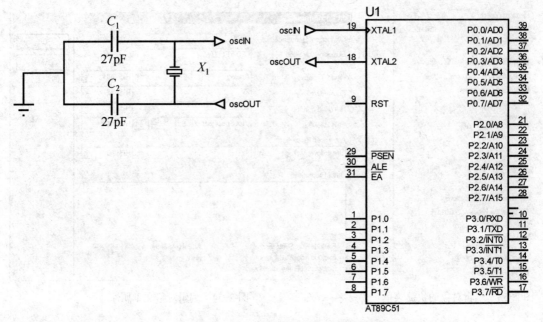

图 2-56　两个对象之间的无线连接

（3）总线连接

总线连接的步骤如下：

1）放置总线。单击 Mode 工具箱中的"Bus"按钮![icon]，在期望总线起始端（一条已存在的总线或空白处）出现的位置单击；在期望总线路径的拐点处单击；若总线的终点为一条已存在的总线，则在总线的终点处用鼠标右键单击，可结束总线放置；若总线的终点为空白处，则先单击，后用鼠标右键单击结束总线的放置。

2）放置或编辑总线标签。单击"Mode"工具箱中的"Wire Label"按钮![icon]，在期望放置标签的位置处单击，打开"Edit Wire Label"对话框，如图 2-57 所示。在"Label"选项卡的"String"文本框中输入相应的文本，如：P10～P17 或 A8～15A 等。如果忽略指定范围，系统将以 0 为底数，将连接到其总线的范围设置为默认范围。单击"OK"按钮，结束文本的输入。

在总线标签上用鼠标右键单击，弹出如图 2-58 所示的快捷菜单。在此可以移动线或总线（Drag Wire），可以编辑线或总线的风格（Edit Wire Style），可以删除线或总线（Delete Wire），也可以放置线或总线标签（Place Wire Label）。

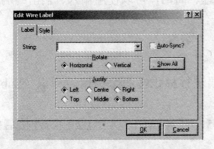

图 2-57　编辑连线标签

图 2-58　连线标签编辑快捷菜单

不可将线标签（Wire Label）放置到除线和总线之外的其他对象上。总线的某一部分只能有一个线标签。ISIS 将自动根据线或总线的走向调整线标签的方位。线标签的方位可以采用默认值，也可以通过"Edit Wire Label"对话框中的 Rotate 选项和 Justify 选项进行调整。

（4）单线与总线的连接

由对象连接点引出的单线与总线的连接方法与普通连接类似。在建立连接之后，必须对进出总线的同一信号的单线进行同名标注，如图 2-59 所示，以保证信号连接的有效性。在图 2-59 中通过总线将 AT89C51 的 P1.0 引脚与 R_1 的一端连接在一起，与总线相连的两条单线的标签均为 P10。

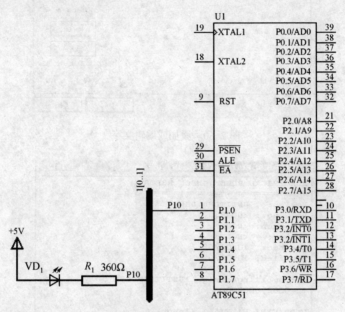

图 2-59　单线与总线的连接

5．添加或编辑文字描述

单击 Mode 工具箱中的"Text Script"按钮▤，在希望放置文字描述的位置处单击，打开"Edit Script Block"对话框，如图 2-60 所示。

在"Script"选项卡的"Text"文本框中可以输入相应的描述文字。通过 Rotation 选项和 Justification 选项可以对描述文字的放置方位进行调整。

通过"Style"选项卡，还可以对文字描述的风格做进一步的设置。

6．电气规则检查

原理图绘制完毕后，必须进行电气规则检查（ERC）。执行菜单命令"Tools"→"Electrical Rule Check…"，打开如图 2-61 所示的电气规则检查报告单窗口。

在 ERC 报告单中，系统提示网络表（Netlist）已生成，并且无 ERC 错误，即用户可执行下一步操作。

所谓的网络表，是对一个设计中有电气性连接的对象引脚的描述。在 Proteus ISIS 中，彼此互连的一组元件引脚称为一个网络（Net）。执行菜单命令"Tools"→"Netlist

Compiler…",可以设置网络表的输出形式、模式、范围、深度及格式等。

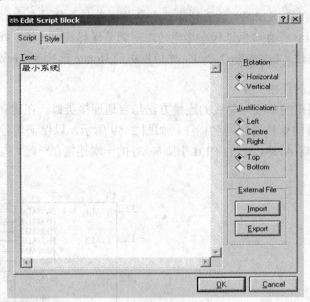

图 2-60 添加或编辑文字

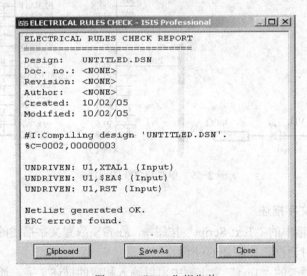

图 2-61 "ERC"报告单

如果电路设计存在 ERC 错误,必须排除,否则不能进行仿真。

将设计好的原理图文件存盘。同时,可以使用"Tools"→"Bill of Materials"菜单命令输出 BOM 文档。至此,一个简单的原理图就设计完成了。

2.2.4 Proteus ISIS 与 Keil C51 联合使用

Proteus ISIS 与 Keil C51 的联合使用可以实现单片机应用系统的软、硬件调试,其中 Keil C51 作为软件调试工具,Proteus ISIS 作为硬件仿真和调试工具。下面介绍如何在 Proteus ISIS 中调用 Keil C51 生成的应用(HEX 文件)进行单片机应用系统的仿真调试。

1. 准备工作

首先，在 Keil C51 中完成 C51 应用程序的编译、链接，并生成单片机可执行的 HEX 文件；然后，在 Proteus ISIS 中绘制电路原理图，并通过电气规则检查。

2. 装入 HEX 文件

在 Proteus ISIS 中，双击原理图中的 AT89C51，打开如图 2-62 所示的对话框。

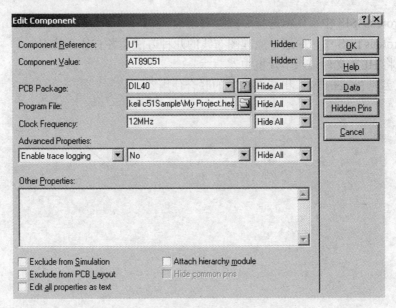

图 2-62 "Edit Component" 对话框

单击 "Program File" 的 按钮，在打开的 "Select File Name" 对话框中，选择好要装入的 HEX 文件后单击 "打开" 按钮返回图 2-62，此时在 Program File 的文本框中显示 HEX 文件的名称及存放路径。单击 "OK" 按钮，即完成 HEX 文件的装入过程。

3. 仿真调试

装入 HEX 文件后，单击仿真运行工具栏上的 "运行" 按钮 ▶ ，在 Proteus ISIS 的编辑窗口中可以看到单片机应用系统的仿真运行效果。其中，红色方块代表高电平，蓝色方块代表低电平。

如果发现仿真运行效果不符合设计要求，应该单击仿真运行工具栏上的 ■ 按钮停止运行，然后从软件、硬件两个方面分析原因。完成软、硬件修改后，按照上述步骤重新开始仿真调试，直到仿真运行效果符合设计要求为止。

2.3 习题

1. 在 Keil Vision2 中，如何创建一个项目文件和源程序文件？
2. 在 Keil Vision2 中，如何生成 HEX 文件？
3. 将下面的程序作为源程序，在 Keil Vision2 中编译并产生目标文件。

```
#include <reg51.h>
```

```
        void main( void )
        {
           while(1)
              {
              }
        }
```

4. 在 Proteus ISIS 中，如何选择、放置对象？

5. 在 Proteus ISIS 中，简述电原理图布线的几种方法，各有什么特点？

6. 如何将 HEX 文件装入单片机中？

7. 如何实现 Proteus ISIS 和 Keil C51 的联合使用？

第3章 AT89S51单片机原理与基本应用系统

城市夜晚道路两旁的霓虹灯各式各样，非常好看，其中变化复杂一些的都是由单片机控制。本章以LED（发光二极管）代替霓虹灯作为控制对象，设计制作一个循环流水灯，从而实现类似霓虹灯工作的控制。通过本章的学习，从硬件和软件两个方面，一步一步地实现循环流水灯设计制作，将读者带入单片机应用的大门。

3.1 AT89S51单片机的内部结构与引脚功能

3.1.1 内部结构

单片机内部有CPU、RAM、ROM、I/O口、定时器/计数器等，这些部件是通过内部的总线联系起来的。AT89S51单片机的内部结构框图如图3-1所示。

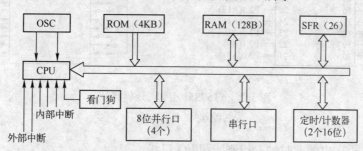

图3-1 AT89S51单片机的内部结构框图

从内部结构框图上可以看出AT89S51单片机包括以下资源：

1）一个8位的CPU。

2）一个片内振荡器及时钟电路。

3）4KB的Flash ROM。

4）128B的内部RAM。

5）可扩展64KB外部ROM和外部RAM的控制电路。

6）两个十六位的定时器/计数器。

7）26个特殊功能寄存器（双数据指针）。

8）4个8位的并行口。

9）一个全双工的串行口。

10）5个中断源，两个外部中断，3个内部中断。

11）内部硬件看门狗电路。

12）一个SPI串行接口，用于芯片的在系统编程（ISP）。

CPU 是单片机的核心，所有的运算和控制都由其实现，它包括两部分：运算部件和控制部件。运算部件包括算术逻辑单元 ALU、累加器 ACC、B 寄存器、状态寄存器和暂存寄存器，实现 8 位算术运算和逻辑运算以及一位逻辑运算。控制部件包括指令寄存器等定时控制逻辑电路，产生运算部件所需要的工作时序。

3.1.2 引脚功能

AT89S51 单片机有 40 个引脚，与其他 51 系列单片机的引脚是兼容的，其 DIP 封装形式如图 3-2a 所示，逻辑符号如图 3-2b 所示。

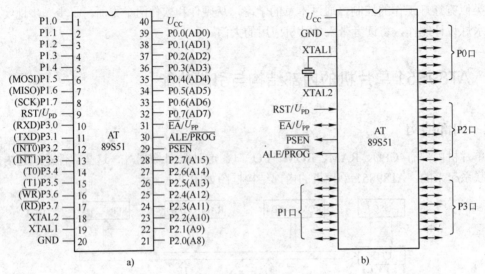

图 3-2　AT89S51 引脚与逻辑符号

a) 引脚排列　b) 逻辑符号

引脚分为 4 类：电源、时钟、控制线和 I/O 口线。

1. 电源

1）U_{CC}——芯片电源，接 +5V。

2）GND——接电源地。

2. 时钟

XTAL1、XTAL2——晶体振荡电路的反相器输入端和输出端。使用内部振荡电路时，该引脚外接石英晶体和补偿电容。使用外部振荡输入时从 XTAL1 输入，此时 XTAL2 悬空。

3. 控制线

控制引脚有 4 个，其中 ALE/$\overline{PROG}$ 和 $\overline{PSEN}$ 与外部 ROM、RAM 的并行扩展有关，目前单片机应用趋势中，已经很少采用外部 ROM、RAM 的并行扩展，因此，相关内容本书略去，读者可以参考以前的单片机教材。

（1）RST/U_{PD}——复位/备用电源

复位操作是单片机正常工作必不可少的，复位可以使单片机从程序的开头运行，使单片机按照人们设计的程序运行。当单片机系统上电开始工作，或单片机系统由于外界干扰偏离正常运行时，都需要复位。AT89S51 单片机是高电平复位，只要在该引脚加上一段时间（两个机器周期以上）的高电平，单片机就复位。在正常运行程序时该引脚为低电平。U_{PD}功能是在U_{CC}掉电情况下，该引脚接备用电源，向片内的RAM供电，使RAM中的数据不丢失。

（2）$\overline{EA}/U_{PP}$——内外ROM选择/EPROM编程电源

在通常的应用中$\overline{EA}$功能是作为内部和外部ROM的选择端。当$\overline{EA}$=1，CPU从芯片内部的ROM中取指令运行，但超过4KB范围的程序，也从外部扩展的ROM中取得。反之当$\overline{EA}$=0时，只从芯片外部扩展的ROM中取指令运行。在绝大多数的应用中，4KB空间范围足够存放程序，一般都选择内部ROM，将$\overline{EA}$接高电平。

U_{PP}功能是要把程序下载到内部ROM中时，才用到的功能，一般情况用不到。

4. I/O口线

AT89S51单片机有4个8位的并行口，分别称为P0口、P1口、P2口和P3口，共32个引脚。单片机就是通过这些口线对外部电路进行控制和检测。它们的详细结构原理和功能在本章第4节中介绍。

3.2 AT89S51单片机存储器空间配置与功能

AT89S51单片机存储器结构采用的是哈佛型结构，程序存储器（ROM）和数据存储器（RAM）是分开的，有各自的寻址系统和控制信号，分别用不同的指令操作。ROM用来存放编写的程序和常数表格。数据存储器用来存放程序运行的数据和结果。AT89S51存储器空间配置图，如图3-3所示。

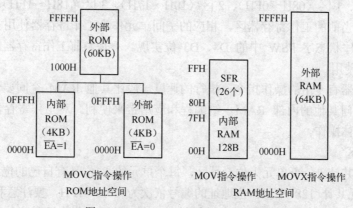

图3-3 AT89S51存储器空间配置图

3.2.1 程序存储器

不管是内部的还是外部的ROM，开头的0003H～002BH空间地址是中断源的入口地址区，是专用单元，一般情况下用户不能用来存放其他程序。CPU是根据PC（程序计数器）值从ROM中取指令来执行。PC是一个十六位的地址寄存器，CPU每从ROM中读取一个字节，自动执行（PC）+1→PC，即PC指向下一个地址空间，因此一般情况下CPU

是按 ROM 地址空间顺序从小到大依次执行。只有执行的指令是转移类指令，才根据转移类指令所指示的新地址，调整 PC 值，然后根据新的 PC 值从对应的地址空间中取指令来执行。当调用子程序或中断发生时，PC 值也会改变，有关内容在"AT89S51 的堆栈及其操作指令"中讲解。

3.2.2 内部数据存储器（内 RAM）

AT89S51 单片机内部有 128B 字节 RAM 空间，地址范围为 00H～7FH。根据用途上的区别又可划分为 3 部分：工作寄存器区、位寻址区和数据缓冲区，如表 3-1 所示。

表 3-1 AT89S51 内部 RAM 地址空间、功能与数据操作方式

地 址 空 间		功 能 用 途	数据操作方式
00～1FH	00～07H	工作寄存器 0 区	8 位整体操作
	08～0FH	工作寄存器 1 区	
	10H～17H	工作寄存器 2 区	
	18H～1FH	工作寄存器 3 区	
20H～2FH		位寻址区	8 位整体操作或位操作
30H～7FH		堆栈与数据缓冲区	8 位整体操作

1. 工作寄存器区

从 00H～1FH 共 32 个单元为工作寄存器区，每 8 个单元一组，分为 4 个区，依次为 0 区（00H～07H）、1 区（08H～0FH）、2 区（10H～17H）、3 区（18H～1FH）。但在每一时刻只有一个区作为当前的工作寄存器区，相应的空间单元作为工作寄存器使用。工作寄存器区的选择可通过程序状态字 PSW 中的 D4、D3 位实现。不是当前工作寄存器区的可以作为一般的 RAM 空间使用。

对工作寄存器有专用的操作指令，执行的速度一般比其他 RAM 空间要快，并可以通过工作寄存器来访问其他的内部 RAM，给编程和应用带来便利。对工作寄存器的操作都是 8 位二进制数的整体操作。

2. 位寻址区

20H～2FH 共计 16 个单元为位寻址区，每个单元的 8 位又有自己的位地址，如表 3-2 所示。16 个单元共计 128 个位，位地址的编号依次为 00H～7FH，要注意和内部 RAM128 个空间单元地址（字节地址）的区别。对位寻址区空间单元操作有两种方法，既可以像其他 RAM 空间一样进行 8 位整体操作，也可以通过位地址对这些空间单元的某一位操作，有位的置 1、清 0、取反以及判断操作。这些位地址的表示形式有两种：一是表 3-2 中的位地址，二是位编号表示。如 20H 单元 8 位的位地址依次为 00H～07H，也可以记为 20H.0～20H.7，其他单元依此类推。位寻址区一般用来存放位信息（0 和 1）。

3. 数据缓冲区

30H～7FH 为数据缓冲区，用于存放数据和中间结果，起到数据缓冲的作用，这些空间数据的操作是 8 位的整体操作。

表 3-2　位寻址区的位地址映像表

字节地址	位　地　址							
	D7	D6	D5	D4	D3	D2	D1	D0
2FH	7FH	7EH	7DH	7CH	7BH	7AH	79H	78H
2EH	77H	76H	75H	74H	73H	72H	71H	70H
2DH	6FH	6EH	6DH	6CH	6BH	6AH	69H	68H
2CH	67H	66H	65H	64H	63H	62H	61H	60H
2BH	5FH	5EH	5DH	5CH	5BH	5AH	59H	58H
2AH	57H	56H	55H	54H	53H	52H	51H	50H
29H	4FH	4EH	4DH	4CH	4BH	4AH	49H	48H
28H	47H	46H	45H	44H	43H	42H	41H	40H
27H	3FH	3EH	3DH	3CH	3BH	3AH	39H	38H
26H	37H	36H	35H	34H	33H	32H	31H	30H
25H	2FH	2EH	2DH	2CH	2BH	2AH	29H	28H
24H	27H	26H	25H	24H	23H	22H	21H	20H
23H	1FH	1EH	1DH	1CH	1BH	1AH	19H	18H
22H	17H	16H	15H	14H	13H	12H	11H	10H
21H	0FH	0EH	0DH	0CH	0BH	0AH	09H	08H
20H	07H	06H	05H	04H	03H	02H	01H	00H

3.2.3　特殊功能寄存器

特殊功能寄存器（SFR），如 51 系列单片机的状态字、并行口、串行口、定时器和中断系统的寄存器等，是一些有专门用途的寄存器，它们离散地分布在 80H～FFH 地址范围内，表 3-3 为特殊功能寄存器地址映像表。

表 3-3　特殊功能寄存器地址映像表

SFR 名称	符　号	位地址/位编号/位定义名称								字节地址
		D7	D6	D5	D4	D3	D2	D1	D0	
B 寄存器	B	F7H	F6H	F5H	F4H	F3H	F2H	F1H	F0H	(F0H)
累加器 A	ACC	E7H	E6H	E5H	E4H	E3H	E2H	E1H	E0H	(E0H)
		Acc.7	Acc.6	Acc.5	Acc.4	Acc.3	Acc.2	Acc.1	Acc.0	
程序状态字寄存器	PSW	D7H	D6H	D5H	D4H	D3H	D2H	D1H	D0H	(D0H)
		PSW.7	PSW.6	PSW.5	PSW.4	PSW.3	PSW.2	PSW.1	PSW.0	
		Cy	AC	F0	RS1	RS0	OV	F1	P	
中断优先级控制寄存器	IP	BFH	BEH	BDH	BCH	BBH	BAH	B9H	B8H	(B8H)
		—	—	—	PS	PT1	PX1	PT0	PX0	
I/O 端口 3	P3	B7H	B6H	B5H	B4H	B3H	B2H	B1H	B0H	(B0H)
		P3.7	P3.6	P3.5	P3.4	P3.3	P3.2	P3.1	P3.0	
中断允许控制寄存器	IE	AFH	AEH	ADH	ACH	ABH	AAH	A9H	A8H	(A8H)
		EA	—	—	ES	ET1	EX1	ET0	EX0	

SFR 名称	符 号	位地址/位编号/位定义名称								字节地址
		D7	D6	D5	D4	D3	D2	D1	D0	
看门狗控制寄存器	WDTRST									（A6H）
辅助寄存器 1	AUXR1	—	—	—	—	—	—	—	DPS	（A2H）
I/O 端口 2	P2	A7H	A6H	A5H	A4H	A3H	A2H	A1H	A0H	（A0H）
		P2.7	P3.6	P3.5	P3.4	P3.3	P3.2	P3.1	P2.0	
串行数据缓冲器	SBUF									（99H）
串行口控制寄存器	SCON	9FH	9EH	9DH	9CH	9BH	9AH	99H	98H	（98H）
		SM0	SM1	SM2	EN	TB8	RB8	TI	RI	
I/O 端口 1	P1	97H	96H	95H	94H	93H	92H	91H	90H	（90H）
		P1.7	P1.6	P1.5	P1.4	P1.3	P1.2	P1.1	P1.0	
辅助寄存器	AUXR	—	—	—	WDIDLE	DISRTO	—	—	DISALE	（8EH）
定时器/计数器 1（高字节）	TH1									（8DH）
定时器/计数器 0（高字节）	TH0									（8CH）
定时器/计数器 1（低字节）	TL1									（8BH）
定时器/计数器 0（低字节）	TL0									（8AH）
定时器/计数器方式寄存器	TMOD	GATE	C/$\overline{T}$	M1	M0	GATE	C/$\overline{T}$	M1	M0	（89H）
定时器/计数器控制寄存器	TCON	8FH	8EH	8DH	8CH	8BH	8AH	89H	88H	（88H）
		TF1	TR1	TF0	TR0	IE1	IT1	IE0	IT0	
电源控制寄存器	PCON	SMOD	—	—	—	GF1	GF0	PD	IDE	（87H）
数据指针 1（高字节）	DP1H									（85H）
数据指针 1（低字节）	DP1L									（84H）
数据指针 0（高字节）	DP0H									（83H）
数据指针 0（低字节）	DP0L									（82H）
堆栈指针	SP									（81H）
I/O 端口 0	P0	87H	86H	85H	84H	83H	82H	81H	80H	（80H）
		P0.7	P0.6	P0.5	P0.4	P0.3	P0.2	P0.1	P0.0	

这些特殊功能寄存器不是连续分布的，没有命名的空间，操作的结果是随机数。特殊功能寄存器也可以看作内部 RAM 的一部分，有些教材把这部分称作内部 RAM 的第四区——特殊功能寄存器区。它们的操作同内部 RAM 的操作类似，其中字节地址能被 8 整除的特殊功能器，它们的每一位也有自己的位地址，也可以进行位操作。字节地址不能被 8 整除的特殊功能寄存器，只能 8 位整体操作。8 位整体操作既可以对它们的字节地址操作，也可以对

它们的符号（名称）操作。可位寻址的 SFR 的位地址表示形式除了位地址外，有的还有位的编号和位的定义（见下面介绍的具体 SFR），位操作可以对其任一形式操作。

下面介绍几个常用的特殊功能寄存器，其余在后面的有关章节中介绍。

1）累加器 A_{CC}。累加器 A_{CC} 是 51 系列单片机最常用的寄存器，许多指令都用到累加器，特别是算术运算都需要用到，在指令中 A_{CC} 简写为 A。

2）寄存器 B。乘除法指令都要用到寄存器 B，B 也可以作为一般的寄存器使用。

3）程序状态字寄存器 PSW。PSW 反映的程序运行的状态，其结构和含义如表 3-4 所示。

表 3-4　PSW 结构和含义

位编号	PSW.7	PSW.6	PSW.5	PSW.4	PSW.3	PSW.2	PSW.1	PSW.0
位地址	D7H	D6H	D5H	D4H	D3H	D2H	D1H	D0H
位定义	Cy	AC	F0	RS1	RS0	OV	F1	P

各位的意义如下：

Cy——进位标志。累加器 A 在执行加减法运算中，如果最高位有进位或借位，Cy 置 1，否则清 0，用于无符号数运算。另 Cy 还是位操作累加器，在指令中简写为 C。

OV——溢出标志。累加器 A 在执行加减法运算中，如果最高位和次高位只有一个进位或借位，OV 置 1，否则清 0，用于有符号数的运算，当 OV=1 时表示有符号数的加减运算已超出+127～ –128 的范围。OV 可用下式求得：

$$OV=C7'\oplus C6'$$

其中，C6'在次高位向最高位进位或借位时为 1，否则清 0；C7' 在最高位向更高位进位或借位时为 1，否则清 0。

AC——进位标志辅助。累加器执行加法运算时，低 4 位向高 4 位进位时置 1，否则清 0。BCD 码加法运算调整标志。

P——奇偶标志。表示累加器 A 中"1"的个数的奇偶性。如果 A 中"1"的个数为奇数，则 P 置 1，否则清 0。

F0、F1——用户标志。与位寻址区的位地址功能相同。

RS1、RS0——工作寄存器区选择位。工作寄存器区有 4 个，每次只有一个区当做工作寄存器用，通过 RS1、RS0 可以选择它们中的一个。

RS1、RS0=00——0 区（00H～07H）

RS1、RS0=01——1 区（08H～0FH）

RS1、RS0=10——2 区（10H～17H）

RS1、RS0=11——3 区（18H～1FH）

【例 3-1】 设 A 中有下面的加法运算，分析 PSW 中有关位的值，及其表示的含义。

$$
\begin{array}{r}
0 1 1 0 0 1 1 1 \\
+\quad 0 0 1 0 1 0 0 1 \\
\hline
1 0 0 1 0 0 0 0
\end{array}
$$

最高位没有向更高位进位，因此 Cy=0，表明如果我们把这两个数看作无符号数，它们的和没有超过 255。

次高位向最高位进位，由上面知最高位没有进位，因此 OV=1，表明如果把这两个数看作有符号数，它们的和超出了+127～–128 的范围，显然两个正数相加，不可能得到负数，而是超出了单字节有符号数的范围。

低 4 位向高 4 位进位，AC=1，表明如果把这两个数看做是 BCD 码表示的数，需要在低 4 位加 6 调整才能得到结果仍是 BCD 码的正确结果。显然看做 BCD 码，两个分别是 67 和 29，相加后得到 96，低 4 位加 6 可得 96 的 BCD 码。

加法运算的结果是放在 A 中的，8 位中共有 2 个 "1"，因此 P=0，表明此时累加器中的数据满足偶校验。

对 PSW 的某一位进行位操作，可以通过表 3-1 所给 3 种形式：位地址、位编号或位的定义。例如：如果想选择 3 区作为当前的工作寄存器，PSW.4、PSW.3（位编号）与 D4H、D3H（位地址）以及 RS1、RS0（位定义）三者是等同的，只要置为 1 即可。

4）数据指针 DPTR0、DPTR1。AT89S51 单片机内部有两个数据指针（都是 16 位），但在某一时刻只能使用其中一个作为数据指针 DPTR，由辅助寄存器 1（AUXR1）的 DPS 位控制，DPS=0，选择 DPTR0 的两个 8 位的寄存器构成数据指针，DPS=1，选择 DPTR1 的两个 8 位的寄存器构成数据指针。统一用 DPH 表示 DPTR 的高 8 位，DPL 表示低 8 位。可以十六位整体操作，也可以分开按 8 位操作，在实际的应用中 DPTR 一般用来存放 ROM 空间或外部 RAM 空间的地址。

3.3　汇编语言指令格式与内部 RAM 的操作指令

上节介绍了 AT89S51 内部 RAM 分区、作用以及各区数据的操作方式，以及特殊功能寄存器的操作方式，这些数据操作统称为对内部 RAM 的操作，本节学习对它们操作的指令。

单片机的应用系统需要硬件电路和软件的配合才能工作。软件主要指各种程序和指令系统。所有指令的结合称为单片机（计算机）的指令系统，指令的有序结合构成程序。能被单片机执行的语言是机器语言，机器语言书写、阅读都很不便，一般很少采用，现在一般使用汇编语言和高级语言，再转换为机器语言。对初学单片机的读者，使用汇编语言便于对单片机内部结构原理的理解。

3.3.1　汇编语言指令的基本格式和指令中常用的符号

1. 51 系列单片机汇编语言指令基本格式

51 系列单片机汇编语言指令格式由 4 部分构成：

[标号：]操作码　[目的操作数，源操作数] [；注释]

标号：为该指令的符号地址，可以根据需要设置。

标号是以字母开头，由字母、数字和下画线组成的字符串，字符串的最后必须有 "："，但系统的保留字不能作为标号，如程序状态字 PSW 等不能作为标号使用，而 PSW1 不是系统的保留字，可以作为标号使用，由于标号是该指令的符号地址，它的实质是反映该指令在 ROM 中的地址（存放位置），因此在同一个程序中标号不可重复。标号在程序中主要是作为其他转移类指令的目的地址或子程序的名称。

操作码：是每条汇编语言指令都必须有的，它是 51 系列单片机指令系统规定的助记符，规定某条指令的操作功能。

操作数：参与操作的数据或地址。对不同功能的指令，操作数的个数是不同的，在 0～3 个之间。在书写时操作数和操作码之间要留有空格，当有多个操作数时，操作数之间要用“，”隔开，前面的操作数称为目的操作数，后面的称为源操作数。操作数就是下面要讲的指令中的常用符号。

注释：是对该条指令的说明，便于阅读和理解程序功能。必须以“；”开始。

2．51 系列单片机汇编语言指令中常用符号

51 系列单片机指令系统中常用符号，包括操作数和注释中表示数据传送方向等符号，说明如下：

1）Rn：当前工作寄存器区的 8 个工作寄存器 R0～R7，n=0～7。

2）Ri：当前工作寄存器 R0 和 R1，i=0，1。

3）direct：8 位的直接地址，代表内部 RAM 00H～7FH 单元，以及特殊功能寄存器的字节地址或名称。

4）@Ri：8 位的间接地址，也代表内部 RAM 00H～7FH 的某一单元，此时工作寄存器 Ri 的内容是多少，就代表相应的单元。（注意：AT89S51 单片机间接寻址的范围是 00H～7FH，AT89S52 间接寻址范围为 00H～FFH）

5）#data：8 位的立即数，所谓立即数就是指令中直接参与操作的数据。

6）#data16：16 位的立即数。

7）bit：位地址。代表内部 RAM 位寻址区（20H～2FH）中可寻址位以及 SFR 中的可寻址位。具体的形式可以是位地址、位编号以及位定义。

8）addr16：十六位的目的地址。

9）addr11：11 位的目的地址。

10）rel：带符号的 8 位偏移地址。范围是+127～–128。正的从下一条指令的第一个字节向下转移，负的从下一条指令的第一个字节向上转移。

上面这些符号是指令中常用操作数的一般符号，在具体程序中是数字形式或标号，direct、data、bit 可以用二进制数、十进制数或十六进制数书写，用十六进制数时，如果高位是 A、B、C、D、E、F 时，必须在数的前面加 0，以便和标号区别开来。addr16、addr11、rel 在程序中的形式就是编程者所起的标号名称。

X：某寄存器或某单元。

(X)：某寄存器或某单元中的内容。

←：指令执行后数据传送的方向。

☞注意：

direct、@Ri 都是指示内部 RAM 的某一单元，是两种不同的方法。direct 直接给出这个单元的编号（直接地址），@Ri 通过 Ri 中的内容指示该单元（间接地址），在后面的指令学习和程序设计中请注意把握。

3.3.2　内部 RAM 的操作指令

我们已经学习了汇编语言的基本格式和指令中常用的符号，并已知道内部 RAM 数据的操作形式，本节学习具体的内部 RAM 的操作指令。

1. 内部 RAM 间的数据传送指令

内部 RAM 间传送指令的格式为：

MOV　‹目的操作数›，‹源操作数›

"MOV"是操作码（英语 MOVE 的简写），其功能是把源操作数传送到目的操作数，源操作数保持不变，操作数就是我们前面讲的 A、Rn、direct、@Ri、#data。

（1）以累加器 A 为目的地址传送指令

MOV　A，Rn　　　；A←Rn，将工作寄存器 Rn 里的数据送到累加器 A
MOV　A，direct　；A←（direct），将内部 RAM direct 单元里的数据送到累加器 A
MOV　A，@Ri　　 ；A←（Ri），与上条指令功能类似，将内部 RAM 某一单元里
　　　　　　　　　；（以 Ri 里内容为地址的单元）的数据送到累加器 A。@Ri 和
　　　　　　　　　；direct 是指示内部 RAM 单元的两种途径，在一定条件下可以互换
MOV　A，#data　 ；A←data，8 位的立即数送到累加器 A

例如：

MOV　A，R7　　　；将 R7 中的数据送入 A 中，即 A←R7
MOV　A，30H　　 ；将 30H 单元里的数据送入 A
MOV　A，@R0　　 ；将以 R0 中的数据为地址的 RAM 单元中的内容送入 A
MOV　A，#40H　　；将立即数 40H 送入 A

（2）以 Rn 为目的地址传送指令

MOV　Rn，A　　　；Rn←A
MOV　Rn，direct　；Rn←（direct）
MOV　Rn，#data　 ；Rn←data

☞注意：

工作寄存器相互之间、Rn 与@Ri 之间、@R0 与@R1 之间没有传送指令。

（3）以 direct 为目的地址传送指令

MOV　direct，A　　　　 ；（direct）←A
MOV　direct，Rn　　　　；（direct）←Rn
MOV　direct1，direct2　 ；（direct1）←（direct2）
MOV　direct，@Ri　　　 ；（direct）←（Ri）
MOV　direct，#data　　 ；（direct）←data

（4）以@Ri 为目的地址传送指令

MOV　@Ri，A　　　　 ；（Ri）←A
MOV　@Ri，direct　　；（Ri）←（direct）
MOV　@Ri，#data　　；（Ri）←data

【例3-2】 分析下面程序运行的结果。

```
MOV  A，#30H          ; A←30H，即 A=30H
MOV  R0, A            ; R0←A，即 R0=30H
MOV  70H, R0          ;（70H）←R0，即（70H）=30H
MOV  @R0,#55H         ;（R0）←55H，即（30H）=55H
MOV  R1, 30H          ; R1←（30H），即 R1=（30H）=55H
MOV  55H, #0AAH       ;（55H）←AAH，即（55H）=AAH
MOV  40H, @R1         ;（40H）←（R1），即（40H）=（55H）=AAH
```

2. 累加器 A 的清零与取反指令

```
CLR  A           ; A←0，将累加器 A 的数据清为 0
CPL  A           ; 将累加器 A 的数据按位取反（二进制）
```

3. 16 位数据传送指令

```
MOV  DPTR, #data16    ; data16→DPTR
```

这是一条 16 位的数据传送指令，将 16 位的立即数送给数据指针 DPTR，其中数据的高 8 位送入 DPH，低 8 位送入 DPL。DPTR 一般用来指示 ROM 空间或外 RAM 空间的地址。

4. 位操作指令

（1）位置 1 指令

```
SETB  bit      ; bit←1
SETB  C        ; C←1
```

（2）位清 0 指令

```
CLR  bit       ; bit←0
CLR  C         ; C←0
```

（3）位取反指令

```
CPL  bit       ; bit←$\overline{\text{bit}}$
CPL  C         ; C←$\overline{\text{C}}$
```

（4）位传送指令

```
MOV  bit, C      ; bit←C
MOV  C, bit      ; C←bit
```

位操作指令中 bit 的形式可以是位地址、位编号和位定义，例如：

```
CLR 0D4H          ⟷      CLR  PWS.4      ⟷      CLR  RS1
SETB 0D3H                 SETB  PWS.3             SETB  RS0
```

这 3 组指令的功能是一致的，都是选择工作寄存器 1 区作为当前工作寄存器。

【例3-3】 分析下面程序运行的结果。

```
MOV  20H, #0FH          ;（20H）←0FH，即（20H）=0FH=00001111B
```

```
CLR   C              ; C←0
MOV   00H, C         ; C 里的信息送入位地址 00H, 即 (20H) =00001110B
CPL   01H            ; 位地址 01H 里的信息取反, 即 (20H) =00001100B
CLR   02H            ; 清位地址 02H 里的信息, 即 (20H) =00001000B
SETB  07H            ; 置位地址 07H 里的信息, 即 (20H) =10001000B
```

这段程序运行后内部 RAM 20H 单元内容为 88H。

3.4　AT89S51 单片机 I/O 端口的结构及工作原理

AT89S51 单片机有 4 个 8 位的并行口, 本节只讨论它们作为基本输入和基本输出口使用时的原理。

3.4.1　P0 口

P0 口的每一位的结构如图 3-4 所示。在作为基本输入/输出使用时, CPU 有关指令执行产生的时序信号使这时的"控制"为 0, 使电子开关接通 B 端, "地址/数据"信号与后面的电路联系被切断, 同时使与门输出 0, V_1 截止, 使输出级为开漏输出电路。

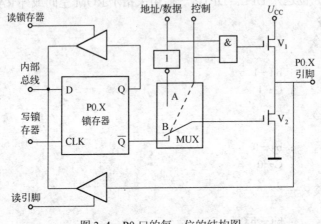

图 3-4　P0 口的每一位的结构图

1. 作为输出口

因为此时输出级是开漏状态, 所以要外接上拉电阻。CPU 时序写信号加在锁存器的时钟端 CLK 上, 通过 D 触发器将内部总线上的信息送到 D 触发器的输出端。如内部总线为 "0", 则 Q 端为 "0", $\overline{Q}$ 端为 "1", 使 V_2 导通, 引脚输出低电平 "0"; 如内部总线为 "1", 则 $\overline{Q}$ 端为 "1", $\overline{Q}$ 端为 "0", 使 V_2 截止, 引脚输出高电平 "1"。(P0 口作为输出口使用时, 如果仅是低电平作为有效输出信号, 此时也可不接上拉电阻)。P0 口的带负载能力为 8 个 LSTTL 门电路。

2. 作为输入口

作为输入口使用, 将引脚上的电平信号读到内部总线。输入操作的指令时序信号使"读引脚"有效, 此时, V_2 必须截止, 使引脚信号通过缓冲器传递到内部总线。如果 V_2 导通, 则引脚加的高电平被其嵌位短路, 从而使高电平不能被读到内部, 为了使 V_2 截止, 必须先向该端口的锁存器写入"1"。

　　3．读—修改—写

　　与 I/O 口的输入/输出操作不同，"读—修改—写"操作是对 I/O 的逻辑运算操作，该类指令操作时，CPU 时序使"读锁存器"信号有效，将锁存器的状态读入单片机内部，与指令中的操作数进行逻辑运算，再将运算结果写入锁存器，在引脚上输出。在需要改变 8 位口部分位的输出状态，而其他位口的状态需要保持不变，可采用对口的逻辑运算操作——"读—修改—写"实现。

3.4.2　P1 口

　　P1 口的位结构图如图 3-5 所示。P1 口内部有上拉电阻，作为输出口使用时不需外接上拉电阻，每位的带负载能力为 4 个 LSTTL 门电路。其他的操作同 P0 口，作为输入口使用时，也要向对应的锁存器先写入"1"。（P1.5～P1.7 的 SPI 接口功能见第 7.1.2 节）

3.4.3　P2 口

　　P2 口的位结构图如图 3-6 所示。与 P0 口类似，在作为基本输入/输出口使用时，电子开关接通 B 端。操作使用的方法同 P1 口。作为输出口使用不需外接上拉电阻，每位的带负载能力为 4 个 LSTTL 门电路。作为输入口使用时，也要向对应的锁存器先写入"1"。

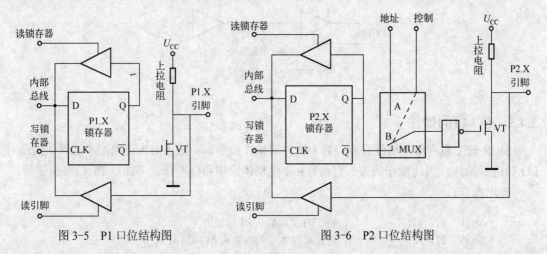

图 3-5　P1 口位结构图　　　　　　　图 3-6　P2 口位结构图

3.4.4　P3 口

　　P3 口的位结构图如图 3-7 所示。P3 口的每一位既可作为基本输入/输出口使用，而且 P3 口的每一位还具有第二功能。作为基本输入/输出口使用时，"第二功能输出"为高电平，与非门的输出受锁存器 Q 端控制，P3 口的性能和使用方法与 P1 口相同。

　　P3 口的第二功能如下。

　　P3.0——RXD：串行口输入端。

　　P3.1——TXD：串行口输出端。

　　P3.2——$\overline{\text{INT0}}$：外部中断 0 中断请求信号输入端。

　　P3.3——$\overline{\text{INT1}}$：外部中断 1 中断请求信号输入端。

P3.4——T0：定时/计数器 0 外部信号输入端。

P3.5——T1：定时/计数器 1 外部信号输入端。

P3.6——$\overline{WR}$：外 RAM 写选通信号输出端。

P3.7——$\overline{RD}$：外 RAM 读选通信号输出端。

P3 口的某位在作为第二功能输出使用时，需向该位的锁存器写入"1"，使与非门的输出只受"第二功能输出"控制，第二功能输出信号通过与非门和输出级电路到该位的引脚上；P3 口的某位作为第二功能输入使用时，该位的锁存器和"第二功能输出"端会自行置"1"，该位引脚上的信号通过缓冲器送入"第二功能输入"。P3 口第二功能的详细使用方法和步骤在后面的章节中介绍。

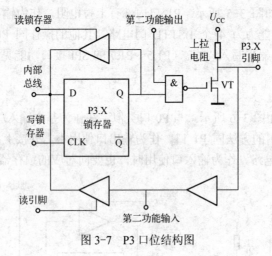

图 3-7　P3 口位结构图

3.4.5　I/O 口的操作

MCS—51 系列单片机没有专门对 I/O 口的操作指令，而是用对内部 RAM 的操作指令对 I/O 口进行操作，因此操作的方式有两种：8 位整体操作和位操作，下面以 P1 口为例讲解。

输出操作：

```
MOV  P1, #55H      ; 将 55H 立即数从 P1 口输出
MOV  P1, A         ; 将累加器 A 中的内容从 P1 口输出
SETB P1.0          ; 在 P1.0 引脚输出高电平
CLR  P1.1          ; 在 P1.1 引脚输出低电平
```

输入操作：

```
MOV  P1, #0FFH     ; 向 P1 口的 8 位锁存器都写入"1"
MOV  A, P1         ; 将 P1 口 8 个引脚上的信号送入累加器 A
MOV  P1, #0FFH     ; 向 P1 口的 8 位锁存器都写入"1"
MOV  R0, P1        ; 将 P1 口 8 个引脚上的信号送入 R0 中
SETB P1.0          ; 向 P1.0 的锁存器写入"1"
MOV  C, P1.0       ; 将 P1.0 引脚的信号读到 Cy 中
```

上面的输入操作不能简单地看做向 P1 口送 FFH 立即数，再把 P1 口的内容送到 A 或

R0 中，送的内容仍然是 FFH。而要看作：P1 此时作为输入口使用，操作时要先向锁存器写入"1"，读到 A 或 R0 中的内容就是加在 P1 口引脚上的外部输入信号。一位的输入操作也有类似的情况，也要先用"位置 1"指令，向某位锁存器写入 1，然后再读，一位的读只能读到 Cy 中，一般一位的输入操作通常是对该位进行判断，根据判断的结果执行相应的程序内容。

C51 对口的操作方式类似，先进行相应的变量定义，然后操作（见本书第 5 章）。

3.5 AT89S51 单片机基本应用系统

3.5.1 最小硬件系统

单片机最小硬件系统是指单片机工作必须具备的硬件条件，显然只有程序放在单片机的内部，硬件才可能最少。图 3-8 是由 AT89S51 单片机组成的最小硬件系统，包括下面 4 个方面。

1. 电源

MCS-51 系列单片机的工作电源为+5V，可以有一点偏差。

2. 时钟电路

AT89S51 单片机的时钟电路一般是在它的时钟引脚外接晶体振荡器件，和内部的高增益反相放大器构成自激振荡电路，如图 3-9 所示。振荡频率取决于晶体的频率，频率范围小于33MHz，C 起频率微调和稳定作用，容值在 5～50pF 左右。也可以在时钟引脚上直接加外部时钟，此时 XTAL2 悬空，外部时钟信号从 XTAL1 输入。

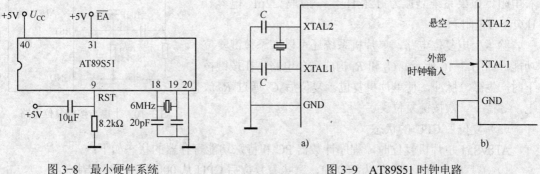

图 3-8 最小硬件系统　　　　　　　　图 3-9 AT89S51 时钟电路

a) 内部振荡器接法 b) 外部振荡器接法

单片机的工作是在时序控制下进行的，时序控制由单片机内部的硬件自动完成，学习和使用单片机时并不需要详细了解。这里介绍几个相关的概念。

1）时钟周期。即时钟频率的倒数，取决于系统晶体频率或外接时钟信号的频率。

2）状态周期。两个时钟周期构成一个状态周期。

3）机器周期。MCS-51 系列单片机工作的基本定时单位，12 个时钟周期（6 个状态周期）构成一个机器周期（有些兼容 51 单片机通过设置可设定 6 个时钟周期一个机器周期）。MCS-51 系列单片机指令的执行都是以机器周期为时间单位。以机器周期数来衡量一条指令执行所需要的时间。

4）指令周期。指 CPU 执行某条指令所需要的时间（机器周期数）。MCS-51 单片机指令周期分为 3 种情况：单机器周期、双机器周期、四机器周期。

5）指令字节。指某条指令占用存储空间的长度，即需要几个空间单元存放某条指令。MCS-51 单片机指令字节的长度分为 3 类：单字节、双字节和三字节。

指令周期和指令字节，初学者往往容易混淆，指令周期是某条指令执行所需要的时间，而指令字节是指该指令在存储空间所占用单元的个数。指令字节的长度与指令周期的大小没有必然的对应关系。如乘除法指令，指令字节为 1，而指令周期为 4 个机器周期数，而有些 3 字节指令，指令周期是两个机器周期。每条指令的机器周期和指令字节见附录。

3. 复位电路

复位是单片机非常重要的工作状态，任何单片机系统都是由复位状态进入正常工作状态，有时系统发生故障（受到干扰引起的软件故障）也可以通过复位的方法恢复正常工作。

（1）复位条件

MCS-51 单片机复位操作是在复位引脚（RST）加两个机器周期以上的高电平。所加高电平时间与系统晶振的频率有关。

（2）复位电路

单片机系统都必须有上电复位功能，图 3-8 中的复位电路是 AT89S51 单片机的上电复位电路。RC 组成微分电路，在通电的瞬间，产生微分脉冲，只要脉冲的宽度大于两个机器周期，就能完成单片机复位。为此需选择适当的电阻、电容，对于用 6MHz 晶振的系统，取 10μF 电容、8.2kΩ左右电阻。如果系统晶振为 12MHz，一般取 22μF 电容、1kΩ左右电阻。

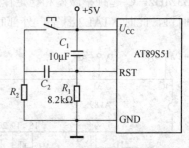

除了上电复位电路，单片机系统还可以增添按键复位功能，如图 3-10 所示。C_2 和 R_1 构成微分电路，在按键按下时产生微分脉冲，使单片机复位。复位后 C_2 通过 R_2 放电，等待下一次按键复位。

图 3-10　上电与按键复位电路

（3）复位后 CPU 的状态

AT89S51 单片机复位时，程序计数器 PC 和特殊功能寄存器的状态如下：

1）单片机复位后 PC 值为 0000H，意味着复位后 CPU 从 0000H 单元取指执行。

2）复位后除 SP 的值为 07H 外，一般的特殊功能寄存器的有效位都为 0。因此在后面的程序中如果用到有关的特殊功能寄存器时，应根据需要进行相应的设置。由于复位后 PSW 的值为 00H，RS1、RS0 位为 0，自动选择寄存器 0 区作为当前的工作寄存器。

3）P0～P3 口锁存器的值为 FFH，为这些口线作为输入口使用做好了准备。如果用这些口线作为输出口使用时，最好用低电平驱动外部接口电路动作，避免单片机系统复位造成的误动作。

4. 程序存储器选择引脚

程序存储器选择引脚 $\overline{EA}$ 一般接电源，选择内部 ROM 空间存放程序。

3.5.2 汇编语言程序的一般结构

单片机应用需要硬件电路和软件程序的相互配合，才能实现，前面介绍了对硬件的最基本要求，我们称为最小硬件系统，下面介绍对软件的最基本要求，称为程序的一般结构（也称为最小软件系统）：

```
                ORG    0000H        ; 汇编程序开头
（1）            LJMP   SETUP        ; 跳过中断入口地址区
（2）            ……                ; 中断入口地址区
                ORG    0030H
        SETUP:
（3）            ……                ; 初始化区
        MAIN:
（4）            ……                ; 主程序区
                LJMP   MAIN         ; 主程序一般是反复循环执行程序
（5）            ……                ; 子程序和中断服务程序区
（6）            END                 ; 汇编程序结束
```

上述程序中的 SETUP、MAIN 是在汇编语言指令格式中学过的标号，可以是任意的字符串，只需满足标号的规范要求。下面讲解上述程序各部分的要求和作用。

1. 无条件转移指令

无条件转移指令共有 4 条：长转移、短转移、相对转移和间接转移指令，其中间接转移指令多用在行列式键盘程序设计中。本书第 6 章将结合行列式键盘程序的设计来学习这些指令。

（1）长转移指令

```
    LJMP    addr16        ; PC←addr16，转移范围为 64KB
```

该指令是一个 3 字节指令，其机器码为：02　$addr_{15\sim8}$　$addr_{7\sim0}$　其中 02 是操作码 LJMP 的机器码，$addr_{15\sim8}$、$addr_{7\sim0}$ 分别是十六位地址 addr16 的高 8 位和低 8 位（参看书后的附录）。长转移指令可以在整个 64KB 程序空间内转移。

（2）短转移指令

```
    AJMP    addr11        ; PC←PC+2，PC₁₀~₀←addr11，PC₁₅~₁₁ 不变
```

该指令是一个双字节指令，其机器码为：$a_{10}a_9a_800001B$　$a_7a_6a_5a_4a_3a_2a_1a_0B$，其中 00001 是 AJMP 指令特有的操作码，$a_{10}a_9a_8$ 是十一位地址 addr11 的高 3 位，$a_7a_6a_5a_4a_3a_2a_1a_0$ 是十一位地址的低 8 位。程序存储器空间每 2KB 划分为一个区，短转移指令要求转移的目标地址必须和 PC+2 在同一个 2KB 区间内，不能跨区转移，在使用时应注意，为避免出错可以用长转移指令代替。

（3）相对转移指令

```
    SJMP    rel           ; PC←PC+2，PC←PC+rel
```

该指令是一个双字节指令，其机器码为：80H　rel，80H 是 SJMP 的机器码，rel 是一个带符号的用补码表示的 8 位偏移量，范围是–128～+127，在执行该指令时，PC←PC+2 指向该指令的下一条指令，因此转移目标地址范围可以在 SJMP 指令下一条指令的前 128 个字节和后 127 个字节之间。

上面的 3 条指令如果转移到自己本身，可以省略指令前面的标号，而用 "$" 代替转移的目标地址，下面的指令是等价的：

```
HERE: SJMP    HERE←→SJMP  $
HERE: LJMP    HERE←→LJMP  $
```

2．伪指令

单片机只能识别用二进制数表示的指令，即机器码，而我们编写的程序采用的汇编语言或 C 语言，单片机是不能识别的，需要将它们转换为单片机能够识别和执行的机器语言，将汇编语言程序和 C 语言程序转换成机器语言的过程称为 "汇编" 或 "编译"，汇编可以用手工的方法，即每一条指令参照指令表，写出对应的机器码，如：

```
MOV   A，#30H        ；74  30（十六进制数）
```

手工汇编的方法在实际应用中是不可行的，实际应用中都是在计算机上编写程序，由计算机将程序汇编成机器语言文件——十六进制文件或二进制文件。计算机在汇编过程中需要编程人员提供一些有关汇编信息的指令，如：指定程序或数据存放的起始位置、汇编的结束等，这些指令在汇编时不产生机器码，仅对汇编过程起一些控制作用，为汇编服务，这些指令不属于 51 系列单片机的指令系统，我们称它们为伪指令。伪指令虽然不属于指令系统，但我们在计算机上设计程序时需要用它们提供汇编的控制信息，是程序的一部分。如前面程序一般结构中的 ORG、END 就是常用的伪指令，这里先介绍 ORG 与 END 伪指令。

（1）ORG　起始伪指令

格式：ORG　16 位地址

功能：指定其下面的程序在存储空间的起始地址。例如：

```
ORG  0000H      ；0000H 也可以写成 16 位二进制数形式
LJMP  SETUP
```

ORG　0000H 表示它下面的指令 LJMP　SETUP 在 ROM 空间的 0000H 单元开始存放。

ORG 指令在程序设计中可以根据需要任意设置，后面跟的十六位地址必须逐步增大，并且两条 ORG 指令间程序总的字节数不能超过两个 16 位地址的差值，否则，计算机在汇编时将出错。

（2）END　结束伪指令

格式：END

功能：表明汇编源程序的结束。因此 END 伪指令只能有一个，并且必须放在程序的最后。在调试程序、检查错误时，可以利用 END 伪指令的上述功能，在程序的中间添加 END，使其后面的程序无效，缩小出错程序的范围，找到错误后再删除这些多余的 END。

3. 汇编语言程序的一般结构

汇编语言程序从结构上可以分成以下几部分：程序开头、中断入口地址区、初始化区、主程序区、子程序和中断服务程序以及结束伪指令 END。

（1）程序开头

```
ORG    0000H
LJMP   SETUP
```

汇编程序的开头一般都是 ORG 0000H 伪指令后跟一条跳转指令。由于 MCS—51 系列单片机程序存储器的开始部分的 0003H～002BH 单元是作为中断源的入口地址用的，而单片机开始运行都是由复位状态进入，单片机复位时 PC 为 0000H，单片机的运行是从 0000H 单元开始执行的，因此必须在存储器开始存放跳转指令，来跳过中断的入口地址区。除非在你的系统中不需要使用中断源，才可以在程序开头直接编写应用程序，但这样的情况非常少见。

程序开头的跳转指令一般只要跳过中断入口地址区即可。

（2）中断入口地址区

从 0003H～002BH 这段存储空间是作为中断入口地址的，是各个中断源专用的空间，每个中断源入口地址见本书第 6.1 节。

（3）初始化区

程序开头的跳转指令一般跳到初始化区，初始化区程序的内容，包括系统开始运行的初始参数设置，系统中用到中断资源，也需在此对有关的中断源的控制寄存器进行设置。

（4）主程序区

主程序是一个应用程序的核心之一，主程序是一个反复循环执行的程序。

（5）子程序和中断服务程序区

主程序中需要调用的子程序、中断源的服务程序以及在存储空间定义的表格常数等，都放在主程序和 END 指令之间。这段程序区间称为子程序区和中断服务程序区。

☞注意：

在以后的汇编语言应用程序设计中，应先写出汇编语言程序一般结构，完成具体功能的其他程序根据其要求再嵌入到程序结构中，这样编写程序就不会感到无从下手。如果将前面程序结构中的省略号部分都去掉，显然 SETUP、MAIN 两个标号指示的是同一个地址：0030H，这时候的两条跳转指令：

```
LJMP    SETUP
LJMP    MAIN
```

等价于指令：LJMP   0030H。

从这里可以加深对标号本质的理解：标号是某条指令在存储空间地址的符号表示，在编写程序时，在调用和转移指令中都给出标号，由计算机在编译汇编时产生出对应的地址值。

最小硬件系统和汇编语言程序一般结构分别是单片机应用硬件设计和软件设计的前提，任何的单片机应用都从它们开始。

3.5.3 I/O 口的简单输出应用

回到本章开头提出的问题，用单片机控制 LED 二极管设计制作一个循环流水灯。在最小硬件系统和汇编语言程序一般结构基础上分别设计硬件和应用程序。用 P1 口的 8 位分别驱动一只 LED 二极管，使小灯依次亮、灭，反复循环。

1. 硬件电路设计

LED 发光二极管的工作条件是 1.8V 的正向电压，流过的电流 4～10mA 左右，不能直接用单片机的口驱动，需在电路中串接限流电阻。由于单片机 I/O 口的低电平驱动能力较强，用低电平使发光管点亮，高电平熄灭。硬件电路如图 3-11 所示。

2. 程序设计

按照前面学习的对 I/O 口的操作指令，以 P1.0 口为例，显然：

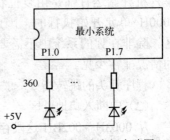

图 3-11 循环流水灯电路图

```
CLR   P1.0    ；口输出低电平，灯亮
SETB  P1.0    ；口输出高电平，灯灭
```

要实现 8 个灯依次亮、灭，反复循环，只要按照逻辑的顺序分别控制 8 位口输出低电平和高电平。程序如下：

```
            ORG   0000H
            LJMP  SETUP
            ORG   0030H
SETUP:
MAIN:       CLR   P1.0    ；第 1 个灯亮
            SETB  P1.0    ；第 1 个灯灭
            CLR   P1.1    ；第 2 个灯亮
            SETB  P1.1
            ...
            SETB  P1.7    ；第 8 个灯灭
            LJMP  MAIN    ；转移到第 1 个灯
            END
```

上述程序从逻辑上看是正确的，从第 1 个灯的亮、灭运行到第 8 个灯亮、灭，然后执行转移指令跳转再次执行第 1 个灯的亮、灭控制，实现反复循环的功能。但实际运行的效果是达不到要求的。原因在于单片机指令执行的速度很快，上面每条位操作的指令周期是 1 个机器周期，6MHz 系统的，机器周期为 2μs，指令从第 1 个小灯亮到第 8 个灯灭执行的时间也只有几十微秒，然后又从第 1 个灯开始执行，由于循环执行的速度太快，人眼已经分辨不出灯亮、灯灭的过程，看到的是 8 个灯都亮。

如果要观察到小灯的明显亮灭过程，就要使小灯点亮和熄灭保持一段时间，即在指令间加延时程序。下面学习两条新的指令，用其来设计延时程序。

3. 空操作指令与循环转移指令

（1）空操作指令

```
NOP      ；PC←PC+1
```

CPU 等待一个机器周期，然后执行下一条指令，不做其他操作。该指令的操作码为：00H，在存储空间占用一个字节，常用若干条 NOP 指令实现短时间的延时。

在上述程序中添加适当多的 NOP 指令（在存储空间容量允许条件下），使灯亮的状态保持一段时间，就能看到小灯的循环亮灭过程。

（2）循环转移指令

DJNZ　Rn，rel　　　；PC←PC+2，Rn←Rn-1，如果 Rn=0，程序顺序执行，如果 Rn≠0，则程
　　　　　　　　　　；序转移，转移到 rel 所代表的标号处，即 PC←PC+rel
DJNZ　direct，rel　；PC←PC+3，（direct）←（direct）−1 如果（direct）=0，程序顺序执行，
　　　　　　　　　　；如果（direct）≠0，则程序转移，转移到 rel 所代表的标号处，即 PC←
　　　　　　　　　　；PC+rel

循环转移指令的功能是先对 Rn、direct 操作数内容减去 1，然后再判断操作数里的内容是否为 0，为 0 顺序执行，不为 0 转移，有些课本又称它们为减 1 不等于 0 转移指令。它们的指令周期是两个机器周期。例如：

```
        MOV   R7，#0
DEL：   DJNZ  R7，DEL
```

第二条指令执行时，由于 R7 中为 0，0 减 1 后 R7 中的内容为 FFH（−1 的补码）不等于 0，因此还要执行 255 次，R7 内容才减到 0，才停止循环。每次循环都要两个机器周期，显然这样的两条指令可以代替许多 NOP 指令构成的延时，而占用存储器空间很少。要实现更长时间的延时，可以用多重循环嵌套的方法实现。下面的程序将延时时间扩大了十倍。

```
        MOV   R6，#10
DEL1：  MOV   R7，#0
DEL：   DJNZ  R7，DEL
        DJNZ  R6，DEL1
```

4．子程序的调用与返回指令

（1）子程序

和其他计算机语言一样，汇编语言程序中也会遇到反复多次执行相同功能的程序段，每次编写这些相同的程序，既占用了大量的存储空间，又使程序的结构显得繁琐，不便于阅读和理解。通常将这样的程序段从这个程序中独立出来，单独编写，构成一个独立的子程序，在需要的地方对其进行调用。有时即使不是反复多次执行的程序段，为提高程序的可读性，也把一些功能性数据处理程序写成子程序的形式，使整个程序的结构更加简洁。

使用子程序的过程称为子程序调用，子程序执行完后，返回到原来程序的过程称为子程序的返回，子程序的调用和返回都有专门的指令。子程序和调用程序的关系如图 3-12 所示。

（2）子程序的调用与返回指令

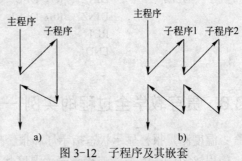

图 3-12　子程序及其嵌套

a）子程序　b）子程序嵌套

LCALL　addr16　　　；长调用，子程序可以在 64KB 空间范围内

```
        ACALL   addr11      ；短调用，子程序入口必须和 ACALL 指令的下一条指令的第一个字
                            ；节在同一个 2KB 区域的程序存储器空间。
        RET                 ；子程序的返回指令
```

子程序的调用和返回过程都涉及堆栈的操作，上述指令的详细功能将在第 4 章 4.5 节中详细介绍，这里先学习对它们的使用。addr16、addr11 分别是 16 位地址、11 位地址，和 LJMP、AJMP 指令操作数含义相同，也是以标号形式出现，在子程序调用指令中是子程序的名称。RET 指令是子程序的返回指令，它一般是子程序的最后一句指令，执行它后，程序将回到调用子程序指令的下一条指令处运行，完成子程序的返回过程。

从子程序的调用和返回过程可以看到，子程序必须满足以下两点：

第一，第一句指令前必须有标号，作为子程序的名称，以便其他程序调用。

第二，子程序的末尾用 RET 指令结束，以便返回到调用程序处继续运行。

5. 循环流水灯程序

我们将前面用 DJNZ 指令编写的延时程序，取一个名称，并在最后加上子程序返回指令，就构成了一个延时子程序，用它作为循环流水灯的延时子程序，可以看到小灯亮灭循环的效果，循环流水灯的完整程序如下：

```
                ORG   0000H
                LJMP  SETUP
                ORG   0030H
        SETUP:
        MAIN:   CLR  P1.0          ；第 1 个灯亮
                LCALL  DELAY       ；调延时子程序
                SETB P1.0          ；第 1 个灯灭
                CLR  P1.1          ；第 2 个灯亮
                LCALL  DELAY       ；调延时子程序
                SETB P1.1
                ...
                SETB P1.7          ；第 8 个灯灭
                LJMP  MAIN         ；转移到第 1 个灯
        DELAY:  MOV  R6，#80H      ；延时子程序
        DEL1:   MOV  R7，#0
        DEL:    DJNZ R7，DEL
                DJNZ R6，DEL1
                RET                ；子程序返回
                END
```

3.6 贯穿教学全过程的实例——温度测量报警系统之二

温度测量报警显示状态指示灯和报警控制电路设计。

用 8 个 LED 发光二极管表示温度状态，当温度超过设定范围时，点亮相应的二极管，电路如图 3-13 所示，该电路与图 3-11 所示的流水灯电路的原理是一致的，这里是用 P0 口控制灯，P0 口上每一位接了一个上拉电阻，二极管的正极没有直接接 5V 电源，而是通过一

个晶体管的开关电路再接电源。显然要控制灯亮，必须 P2.3 输出 0，晶体管 9012 导通，电源加到二极管正极，亮灯的信息由 P0 口输出。

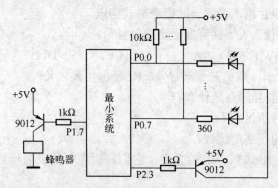

图 3-13　温度测量报警系统状态灯与报警控制电路

报警器件采用蜂鸣器，控制电路如图 3-13 所示，由 P1.7 口控制，当 P1.7 输出为 0 时，蜂鸣器鸣响，输出 1 时不响。

状态灯与蜂鸣器控制都是简单的开关量控制，控制程序略。

3.7　习题

1. AT89S51 单片机的内部功能部件有哪些，它们是怎么连接起来的？

2. 简述 AT89S51 单片机的内部资源。

3. AT89S51 单片机的引脚从功能上分为哪几类？

4. 画出 AT89S51 单片机 DIP 封装引脚图。

5. 简述控制线 RST、$\overline{EA}$ 的功能。

6. AT89S51 单片机 ROM 空间中 0003H～002BH 有什么用途？用户应怎样合理安排？

7. 在 AT89S51 单片机中 PC 是指什么？它有什么特点？

8. AT89S51 单片机能扩展的外部 ROM、外部 RAM 空间有多大？为什么？

9. AT89S51 单片机内部数据存储器（RAM），根据用途的不同可划分为哪几个区，说出它们的地址范围？

10. 工作寄存器分几个区，如何改变当前工作寄存器区？

11. 对工作寄存器区、位寻址区、数据缓冲区的操作有什么不同？

12. 位寻址区有什么特殊用途？

13. AT89S51 单片机有几个特殊功能寄存器？分布在什么地址范围？

14. 累加器的功能是什么？A 与 ACC 有何区别？

15. 简述程序状态字 PSW 中各位的含义。

16. 什么是 DPTR？AT89S51 有几个？如何选择？

17. DPTR 是如何组成的？主要功能是什么？

18. 位地址 00H～7FH 和内 RAM 字节地址 00H～7FH 编码相同，对它们读写会不会弄错？

19. 满足什么条件的 SFR 也可以位寻址和位操作？如何确定它们的位地址？

20. 什么是汇编语言？

21. 简述 51 系列单片机汇编语言的指令格式构成。

22. 标号的本质是什么？下面哪些是合法的标号：

1）PSW1　　2）PSW.1　　3）AA　　4）ACC　　5）DPH　　　6）A123

23. Rn 与 Ri 中的 n、i 取值是否一样？@Ri 表示什么含义？

24. @Ri 与 direct 的异同点是什么？

25. @Ri 与 Ri 有什么区别？

26. 40H 与 #40H 的区别是什么？

27. 简述 addr16、addr11、rel 的含义，它们在程序中的表现形式是什么？什么时候可以用$代替它们？

28. 对内部 RAM 操作有哪几类操作指令？

29. 下面对内部 RAM 的操作指令，哪些是合法的指令：

1）MOV　A，PSW　　　　2）MOV　#30H，A　　　3）CLR　R1
4）CLR　　00H　　　　　5）MOV　30H，A　　　　6）MOV　80H，A
7）MOV　@R2，30H　　　8）MOV　R2，R0　　　　9）MOV　C，#30H

30. 分别用一条指令实现下面要求的功能。

将 30H 中的数据送入 40H 中；

将立即数 30H 送入 40H 中；

将 R2 中的数据送入 A 中；

将以 R1 中内容为地址的存储单元中的数据送入 3FH 中；

将 3FH 单元中的数据送入以 R1 中数据为地址的存储单元中；

将 R7 中的数据减 1，若 R7 中的数据不等于 0，则程序转至标号 DELAY；

31. 分析下列程序运行的结果，并把结果写在注释区。设 RAM（30H）=50H，RAM（40H）=51H。

```
MOV  R1，#30H    ;
MOV  3FH，@R1    ;
MOV   A，3FH     ;
CPL   A         ;
MOV  R0，#4FH    ;
MOV  @R0，40H    ;
MOV  A，4FH      ;
CLR   A         ;
```

32. 假定内部 RAM 各单元中的内容都为 0，SFR 为复位状态的值，执行下面的程序段。分析指令的执行，并加注释。最后写出内容发生变化的单元和 SFR 以及变化后的值。

```
MOV  A，#55H        ;
MOV  R0，A          ;
SETB  RS1          ;
CPL   A            ;
```

```
MOV   R0，A          ;
MOV   R1，#40H        ;
MOV   30H，#30H       ;
MOV   @R1，30H        ;
MOV   R0，#30H        ;
MOV   A，@R0
MOV   20H，#0FH       ;
SETB  07H            ;
CPL   06H            ;
CLR   02H            ;
```

33．P0 口作为输出口使用时，有什么要求？

34．P0～P3 口在作为基本 I/O 口使用时，有哪几种操作方式？

35．P0～P3 口作为输入口使用时，有什么要求？他们的负载能力各是多少？

36．对 I/O 操作的指令有哪几类？

37．如何理解下面指令的操作：

```
MOV   P1，#0FFH
MOV   A，P1
SETB  P1.0
MOV   C，P1.0
```

38．AT89S51 单片机最小硬件系统包括哪几个部分？画出单片机的最小硬件系统。

39．AT89S51 单片机时钟电路晶体和电容的取值范围。

40．分别说出"时钟周期"、"状态周期"、"机器周期"的概念，时钟周期和机器周期有什么关系？

41．什么叫指令周期？什么叫指令字节？其含义有什么区别？

42．AT89S51 单片机复位的条件是什么？复位电路元件参数与时钟电路有关系吗？如何选取复位电路元件参数？

43．简述 AT89S51 单片机复位时，程序计数器 PC 和特殊功能寄存器的状态。

44．为什么 51 系列单片机 I/O 口输出驱动时宜用低电平驱动？

45．写出单片机汇编语言程序的一般结构。

46．什么叫汇编？

47．什么叫伪指令？它有什么作用？

48．简述 ORG、END 伪指令的功能和使用。

49．为什么在汇编语言程序设计中第一句一般是跳转指令？

50．编写子程序必须满足哪些条件？画出子程序调用和返回的示意图。

51．设 f_{osc}=12MHz，用循环转移指令设计延时 1ms 的子程序。

52．参照图 3-11，分别用 P1、P2 口驱动 LED 发光管，画出设计电路。要求 16 个小灯依次从两头向中间亮灭，反复循环，编写相应的程序。

53．在上题硬件电路基础上，编写程序，设计个性化的循环流水灯。

54．简述 AT89S51 单片机进入和退出休眠状态的方法。

55．简述 AT89S51 单片机进入和退出省电保持状态的方法。

第4章 汇编语言程序设计

程序设计是单片机应用环节的一个重点，也是初学者的一个难点，汇编语言程序设计是单片机入门基础，汇编语言指令是面向对象的，可以帮助理解单片机硬件结构。本章结合单片机指令功能学习汇编语言程序设计。

4.1 程序设计的基本方法

4.1.1 程序设计步骤

能完成特定功能的一组指令称为程序，它是指令的有序集合。一个好的程序不仅能完成特定的功能，而且应该结构简洁，便于阅读，执行时间短，能满足实时性要求，占用存储空间字节少。在实践应用中不宜片面追求某一方面的性能指标，应根据实际应用中的情况灵活编写。例如：在存储空间足够的条件下，顺序程序执行的速度快，实时性好，可以不考虑它占用字节空间多的问题。汇编语言程序设计有如下几个步骤。

1．分析问题，明确所要解决问题的要求，确定算法或解题思路

首先，要对需要解决的问题进行分析，明确题目的任务，弄清现有条件和目标要求，然后确定设计方法。对于同一个问题，一般有多种不同的解决方案，应通过认真比较，从中挑选最佳方案。这是程序设计的基础。

2．画流程图

流程图又称为程序框图，它是用各种图形、符号、指向线等来说明程序的执行过程，能充分表达程序的设计思路，可帮助设计程序、阅读程序和查找程序中的错误。美国国家标准化协会 ANSI 规定了一些常用的流程图符号，已为世界各国程序工作者普遍采用，图 4-1 为部分常用流程图符号。

| 起止框 | 处理框 | 判断框 | 输入/输出框 | 流程指向线 |

图 4-1 流程图符号

3．编写源程序

根据流程图中各部分的功能，写出具体程序。所编写的源程序要求简单明了，层次清晰。

4．汇编和调试

对已编好的程序，先进行汇编。在汇编过程中，还可能会出现一些错误，需要对源程序进行修改。汇编工作完成后，就可上机调试运行。

前面讲的几点是程序设计的一般步骤，在实际中要根据程序的复杂程度以及设计者的编程熟练程度而定。简单的程序，可以直接编写程序，不必经过画流程图等步骤。

4.1.2 汇编语言程序的书写格式

汇编语言程序在书写或计算机上编写时，应将指令格式的 4 个部分分别对齐。标号置于文档的最左边并对齐，然后是操作码、操作数和注释，各部分分别对齐，这样便于阅读和检查，子程序的调用，转移指令的目标地址一目了然。程序书写的格式有两种形式。

第一种是完整程序格式的形式，即在第 3 章介绍的程序一般结构。编写实际应用的程序，或者在计算机上仿真验证某段程序时，最好写成完整程序格式。按照要求向结构里嵌入即可，保持程序结构的完整性，程序结构比程序内容本身更加重要，如果结构错误，程序将不能正常运行，而内容的错误，程序是能运行的，只是结果不正确，通过调试仿真是能检查出错误。

第二种就是子程序的形式。在我们日常的学习中，经常要编写一些功能性的处理程序，如多字节的加减法程序、数制转换程序等，可以写成子程序的形式（如果是验证类程序，最好还是写成完整程序形式，再仿真验证）。写成子程序形式时一定要注意：子程序的名称和返回指令。这仍然是程序结构完整性问题，在刚开始学习单片机编程时，要始终保持程序结构的正确，形成良好的编程习惯，这对将来单片机的应用大有益处。

4.2 顺序程序设计

顺序程序是最简单的一种程序结构，又叫直线程序，它是按照指令的顺序依次执行的程序，也是所有程序设计中最基本、最重要的程序，因为我们编写程序就是按照逻辑上的顺序来编写，汇编成机器码后也是按照顺序存放在存储空间中，根据 PC 的值依次取出来执行。即使是循环程序，其循环内部的程序也仍然是顺序的处理过程。顺序程序设计是单片机程序设计的重点，必须掌握。循环程序以及其他程序都在顺序程序基础上设计。

【例 4-1】 将 0～15 共十六个立即数送到内部 RAM 30H 开始的单元中。

由题意知，要求将 0 送到内 RAM 30H 单元，将 1 送到内 RAM 31H 单元，以此类推。将立即数送到内部 RAM 单元有现成的指令，写成子程序的形式为：

```
START:    MOV   30H, #0        ;（30H）←#0
          MOV   31H, #1        ;（31H）←#1
          ...
          MOV   3FH, #15       ;（3FH）←#15
          RET                  ;返回
```

【例 4-2】 将内部 RAM 30H 开始的 16 单元中的内容传送到内部 RAM 40H 开始的十六个单元中。

程序设计如下：

```
START:    MOV   40H, 30H       ;（40H）←（30H）
          MOV   41H, 31H       ;（41H）←（31H）
          ...
```

```
        MOV   4FH，3FH          ；（4FH）←（3FH）
        RET                     ；返回
```

4.3 控制转移指令与循环程序设计

4.3.1 循环程序

1．循环程序的结构

循环程序主要用来实现功能相同、反复执行的操作。例 4-1 就是这样的情况，所有的操作都是将立即数送到内部 RAM 中，相同功能的操作可以用循环程序结构编写。循环程序结构有两种结构形式，如图 4-2 所示。

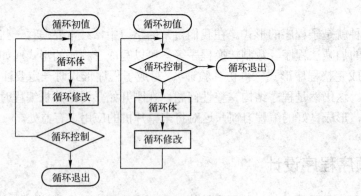

图 4-2　循环程序的两种结构

循环程序的两种结构都是由 4 部分组成：循环初值、循环体、循环修改和循环控制。

1）循环初值：循环程序开始执行的初始条件，如循环的次数等，在循环程序的开始部分，只执行一次。

2）循环体：是循环程序的核心，就是反复要完成的具体操作功能。

3）循环修改：循环体执行一次后，再次执行之前，需要对有关参数进行修改，为下一轮循环做准备，和循环体一样，循环修改的程序内容也反复多次执行。

4）循环控制：根据循环预先确定的次数，或者循环过程中有关操作数的内容进行判断，控制循环的结束。

循环程序结构是循环程序设计的重点，也是难点，如何确定循环的初值、确定循环体的形式，以及如何控制退出，只有通过多练习，才能逐步掌握编程的技巧。

第 3 章 3.5 节循环流水灯程序中的延时子程序就是一个循环程序。在循环程序设计中，循环修改经常用"加 1"或"减 1"指令来实现，

2．加 1 和减 1 指令

（1）加 1 指令

```
        INC   A                ；A←A+1
        INC   Rn               ；Rn←Rn+1
        INC   direct           ；（direct）←（direct）+1
```

```
INC   @Ri              ;（Ri）←（Ri）+1
INC   DPTR             ; DPTR←DPTR+1
```

加 1 指令的功能是将操作数中的内容加 1，再回送到操作数中，加 1 指令不影响 PSW 中的标志位。注意：如果操作数中原来的数是 FFH，执行加 1 指令后操作数中内容为 00H（FFH+1=256，8 位二进制数的模是 256，丢失，所以为 0）。

（2）减 1 指令

```
DEC   A                ; A←A−1
DEC   Rn               ; Rn←Rn−1
DEC   direct           ;（direct）←（direct）−1
DEC   @Ri              ;（Ri）←（Ri）−1
```

减 1 指令与加 1 指令的功能类似，减 1 指令的功能是将操作数中的内容减 1，再回送到操作数中，减 1 指令也不影响 PSW 中的标志位。

☞注意：

如果操作数中原来的数是 0，执行减 1 指令后操作数中内容为 FFH（−1 的补码）；另外，没有十六位的减 1 指令。

3. 循环程序设计举例

我们将例 4-1、例 4-2 用循环程序来设计，找出由顺序程序改写成循环程序的思路。

【例 4-3】 将 0～15 共 16 个立即数送到内部 RAM 30H 开始的单元中。

```
START：MOV  30H，#0    →    ┌ MOV   R0，#30H
                            │ MOV   A，#0
                            └ MOV   @R0，A

       MOV  31H，#1    →    ┌ MOV   R0，#31H
                            │ MOV   A，#1
                            └ MOV   @R0，A

       ...

       MOV  3FH，#15   →    ┌ MOV   R0，#3FH
                            │ MOV   A，#15
                            └ MOV   @R0，A
```

原顺序程序中的每一条指令都可以用后面的 3 条指令代替，从中可以发现，第三条指令完全一样，都是 MOV @R0，A，这就是我们要找的循环体。前两句中往 A 和 R0 里传送的数据依次多 1，可以用我们学过的加 1 指令实现，这样就可以根据需要传送的次数循环执行即可，改写后的循环程序如下：

```
START：   MOV   R2，#16    ; 循环次数          ┐
          MOV   R0，#30H   ; 指向第一个单元    ├ 循环初值
          MOV   A，#0      ; 送第一个数        ┘
AA：      MOV   @R0，A     ; 循环体，完成数据传送    循环体
          INC   A         ; 修改送的数据      ┐
          INC   R0        ; 修改指向的单元    ├ 循环修改
          DJNZ  R2，AA     ; 循环次数减1，到0退出循环，即循环控制
```

　　　　　　　　　RET　　　　　　　　　　；子程序返回

【例4-4】 将内部 RAM 30H 开始的 16 个单元中的内容，传送到内部 RAM 40H 开始的 16 个单元中。

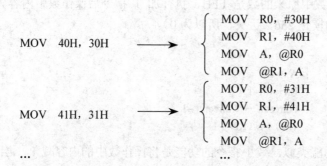

从中可以找出规律，编写出如下循环程序：

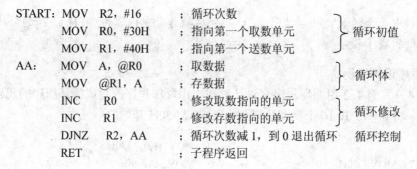

```
START：MOV   R2，#16    ；循环次数
       MOV   R0，#30H   ；指向第一个取数单元    循环初值
       MOV   R1，#40H   ；指向第一个送数单元
AA：    MOV   A，@R0     ；取数据               循环体
       MOV   @R1，A     ；存数据
       INC   R0         ；修改取数指向的单元     循环修改
       INC   R1         ；修改存数指向的单元
       DJNZ  R2，AA     ；循环次数减 1，到 0 退出循环   循环控制
       RET              ；子程序返回
```

从上面的两个例子可以看出，找循环体以及初始条件是编写循环程序的要点。

循环体：

1）涉及内部 RAM 单元的用@Ri 代替 direct。（例 4-3、例 4-4）

2）涉及立即数一般用 A 代替。（例 4-3）

3）A 作为两个操作数的桥。（例 4-4）

循环初值：

1）循环的次数。

2）循环体第一次执行完成操作功能所需条件。

在已经知道循环次数的情况下，用循环转移指令作为循环程序的循环控制指令，比较简便、直观。当不知道循环次数时，循环的退出控制可以根据功能完成时循环体的值来判断和控制。对循环体值的判断需要学习比较转移指令。

4.3.2　比较转移指令与循环程序设计

1．比较转移指令

```
CJNE   A，#data，rel      ；PC←PC +3，若 A = data，程序顺序执行；
                         ；若 A>data，PC←PC +rel，程序转移，Cy=0；
                         ；若 A<data，PC←PC +rel，程序转移，Cy=1；
```

```
      CJNE   Rn，#data，rel        ；PC←PC +3，若 Rn = data，程序顺序执行；
                                   ；若 Rn>data，PC←PC +rel，程序转移，C_y=0；
                                   ；若 Rn<data，PC←PC +rel，程序转移，C_y=1；
      CJNE   @Ri，#data，rel       ；PC←PC +3，若（Ri）= data，程序顺序执行；
                                   ；若（Ri）>data，PC←PC +rel，程序转移，C_y=0；
                                   ；若（Ri）<data，PC←PC +rel，程序转移，C_y=1；
      CJNE   A，direct，rel        ；PC←PC +3，若 A=（direct），程序顺序执行；
                                   ；若 A>（direct），PC←PC +rel，程序转移，C_y=0；
                                   ；若 A<（direct），PC←PC +rel，程序转移，C_y=1；
```

比较转移指令共有 4 条，功能是比较两个操作数的大小，比较过程不改变两个操作数的数值。在实际应用中更多的是判断两个操作数是否相等，指令功能可以这样理解：两个操作数相等，顺序执行，不相等转移执行，转移到 rel 所指示的标号处执行。如第一条指令中，当 A 中的数据与立即数 data 相等时，不转移，然后执行该指令后面的指令；当 A 中的数据与立即数 data 不相等时，转移，转移到指令中 rel 所代表的标号处执行程序。不相等转移时，如果第一个操作数大于第二个操作数，置 C_y 为 "0"，反之置 C_y 为 "1"，转移后可以进一步根据 C_y 的值分别做不同的操作或处理，这种情况用得较少。

4 条指令中前面两条用得较多。比较转移指令常用于分支程序的设计和循环程序中的循环控制。

2. 比较转移指令应用举例

我们分析一下例 4-3 程序中下面几条指令的执行：

```
      AA:    MOV   @R0，A         ；第一句
             INC   A             ；第二句
             INC   R0            ；第三句
             DJNZ  R2，AA        ；第四句
```

第一句是循环体，数据就是它执行送到内部 RAM 的单元，显然它送最后一个数时，A 中的内容是 15，R0 中的内容是 3FH。后面两句对 A 和 R0 加 1 调整，这时循环程序应该结束，我们就可以用比较转移指令对 A 或 R0 里内容进行判断代替第四句的循环转移指令。修改后的例 4-3 程序如下：

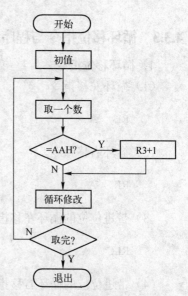

图 4-3 例 4-5 流程图

```
      START: MOV   R0，#30H      ；指向第一个单元  ⎫循环初值
             MOV   A，#0         ；送第一个数       ⎭
      AA:    MOV   @R0，A        ；循环体，完成数据传送
             INC   A            ；修改送的数据   ⎫循环修改
             INC   R0           ；修改指向的单元  ⎭
             CJNE  A，#16，AA    ；根据操作数信息控制循环  循环控制
             RET                ；子程序返回
```

【例4-5】 在内部 RAM 30H 开始的 16 个单元中有一组无符号数，试编写程序计算出单元内容为 AAH 的单元个数，结果放在 R3 中。

（1）分析题意

统计 30H～3FH 共 16 个单元中内容为 AAH 的单元个数，结果存入 R3 中。解题的方法就是用比较转移指令将单元内容依次与立即数 AAH 比较，相等时在 R3 中加 1。

（2）画流程图

按照循环程序结构的几个部分，流程图如图 4-3 所示。

（3）编写程序

按照流程图编写的程序如下：

```
START: MOV   R3，#0
       MOV   R0，#30H
       MOV   R2，#16
AA:    MOV   A，@R0
       CJNE  A，#0AAH，BB
       INC   R3
BB:    INC   R0
       DJNZ  R2，AA
       RET
```

4.3.3　循环移位指令与程序设计

1．循环移位指令

（1）循环左移指令

RL　A　　　；

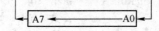

（2）循环右移指令

RR　A　　　；

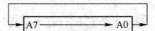

（3）带进位位的循环左移指令

RLC　A　　；

（4）带进位位的循环右移指令

RRC　A　　；

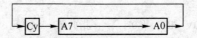

循环移位指令就是将累加器 A 中的 8（带进位移位指令是 A 中 8 位和 C_y 中 1 位构成 9 位）位依次移位，移出的数补充到最后。

2．循环移位指令应用举例

【例 4-6】　执行下面的指令，在注释区记录 A 中数据的变化。

```
MOV  A，#03H    ；A=00000011B=3
CLR  C          ；Cy=0
RLC  A          ；A=00000110B=6，Cy=0
RLC  A          ；A=00001100B=12，Cy=0
```

从上面程序的执行过程可以看出，循环左移指令执行一次将 A 的数据乘 2（移出位、移进位都是 0 时），显然循环右移一次将数据除以 2。多字节的乘除法运算就是利用移位指令和后面将要学习的加减法实现的，请读者参看有关参考书。

【例 4-7】 将 3.5.3 节的循环流水灯程序修改成循环程序。

```
                ORG    0000H
                LJMP   SETUP
                ORG    0030H
SETUP:          MOV   A, #0FEH      ; 循环初值
MAIN:           MOV   P1, A         ; 点亮灯
                LCALL  DELAY        ; 调延时子程序
                RL    A             ; 循环修改
                LJMP   MAIN         ;
DELAY:          MOV   R6, #80H      ; 延时子程序
DEL1:           MOV   R7, #0
DEL:            DJNZ   R7, DEL
                DJNZ   R6, DEL1
                RET                 ; 子程序返回
                END
```

例 4-7 用循环移位指令修改送 P1 口的数据，实现小灯的循环，程序占用的字节少，并且修改循环的初值可以实现不同形式的流水灯。

【例 4-8】 在上例硬件基础上设计一个循环流水灯：小灯依次点亮，全部点亮后一起熄灭，再从头开始，反复循环，试编写程序。

顺序程序参照依次亮灭的程序很容易编写，用循环移位指令设计的循环程序如下：

```
                ORG    0000H
                LJMP   SETUP
                ORG    0030H
SETUP:
MAIN:
                LCALL  DIS          ; 调循环流水灯子程序
                LJMP   MAIN         ;
DIS:            MOV   A, #0FFH      ; 初始灯全灭
                MOV   R2, #8        ; 循环次数
AA:             CLR   C             ;
                RLC   A             ; 修改灯信息
                MOV   P1, A         ; 送显示，循环体
                LCALL  DELAY        ; 调延时子程序，循环体
                DJNZ   R2, AA       ; 循环控制，灯全亮时退出
                MOV   P1, #0FFH     ; 熄灭全部灯
                LCALL  DELAY        ; 调延时子程序
                RET
```

```
DELAY:      MOV    R6，#80H      ；延时子程序
DEL1:       MOV    R7，#0
DEL:        DJNZ   R7，DEL
            DJNZ   R6，DEL1
            RET                   ；子程序返回
            END
```

4.3.4 条件转移指令与循环程序设计

循环程序的退出控制，也常用条件转移指令控制。条件转移指令共分为 3 类，分别对累加器 A、进位位 Cy 和 bit 中的信息进行判断，根据判断对象的内容控制程序的执行。

1. 条件转移指令

（1）判 A 转移指令

```
JZ    rel      ；PC←PC+2，若 A=0，则转移，PC←PC+rel
              ；          若 A≠0，则顺序执行。
JNZ   rel      ；PC←PC+2，若 A≠0，则转移，PC←PC+rel
              ；          若 A=0，则顺序执行。
```

（2）判 Cy 转移指令

```
JC    rel      ；PC←PC+2，若 Cy=1，则转移，PC←PC+rel
              ；          若 Cy=0，则顺序执行。
JNC   rel      ；PC←PC+2，若 Cy=0，则转移，PC←PC+rel
              ；          若 Cy=1，则顺序执行。
```

（3）判 bit 转移指令

```
JB   bit，rel   ；PC←PC+3，若（bit）=1，则转移，PC←PC+rel
               ；          若（bit）=0，则顺序执行。
JNB  bit，rel   ；PC←PC+3，若（bit）=0，则转移，PC←PC+rel
               ；          若（bit）=1，则顺序执行。
JBC  bit，rel   ；PC←PC+3，若（bit）=0，则顺序执行。
               ；若（bit）=1，则转移，PC←PC+rel，且（bit）←0
```

2. 条件转移指令应用举例

判 A 指令主要判断 A 中的内容是否是 0，判 Cy、bit 指令判断位信息中是 1 还是 0。它们常用在循环程序的循环控制。

【例 4-9】 编写程序计算内 RAM 20H 单元中"1"的个数，存放在 R3 中。

分析题意：20H 单元内是一个 8 位的二进制数，20H 是位寻址区的第一个单元，它的每一位都有自己的位地址（00H～07H），我们可以依次对这些位地址进行判断，进而计算出整个单元中"1"的个数。另外也可以将 20H 单元的每一位依次移到 Cy 中，然后对 Cy 进行判断，从而计算出"1"的个数，可以设计成循环程序。

画流程图：如图 4-4 所示。

编写程序：参照流程图，编写如下程序：

```
START:  MOV   R3, #0
        MOV   A, 20H
        MOV   R2, #8
AA:     RLC   A
        JNC   BB
        INC   R3
BB:     DJNZ  R2, AA;
        RET
```

【例4-10】 内部 RAM 30H 开始的 16 个单元,有一组无符号数,试编写程序将其中满足偶校验的数送到内部 RAM 50H 开始的单元。

分析题意:满足偶校验,就是单元中的 8 位二进制数 "1" 的个数是偶数,利用例 4-9 的方法先计算出某个单元 "1" 的个数,然后判断。我们也可以分别将单元中数据送给累加器 A,然后判断 PSW 的最低位 P,因为 PSW 的最低位 P 反映的是累加器 A 中数据的奇偶性,我们只要把数据传送到 A 中,然后判断 P 标志位即可,不必计算出 "1" 的个数。

画流程图:流程图如图 4-5 所示。

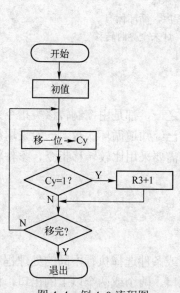

图 4-4　例 4-9 流程图

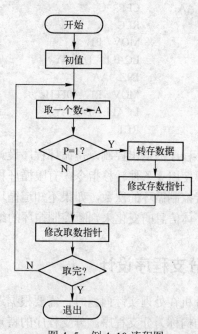

图 4-5　例 4-10 流程图

编写程序:参照流程图编写程序如下:

```
START:  MOV   R0, #30H
        MOV   R1, #50H
        MOV   R2, #16
AA:     MOV   A , @R0
        JB    P, BB
        MOV   @R1, A
        INC   R1
```

```
BB:     INC   R0
        DJNZ  R2, AA;
        RET
```

【例 4-11】 用条件转移指令改写例 4-8 循环流水灯子程序。

原循环程序是通过控制次数实现的，我们再来分析一下 8 个灯都亮时有关信息的内容：灯的亮灭是将累加器 A 中的信息送到 P1 口实现。

$$\boxed{Cy} \quad \boxed{A7 \qquad\qquad A0}$$

显然，灯全亮时，累加器 A 中的内容为 0，可以用判 A 转移指令控制循环退出，也可以用判位指令对 ACC.7 进行判断。

另外，在前 8 次 RLC A 指令执行后，Cy 中的内容都是 "1"，如果灯全亮后，再执行 RLC A，则 Cy 中的内容为 "0"，我们也可以根据 Cy 中的信息的变化，控制程序退出循环。以判 A 转移指令改写的子程序如下：

```
DIS:    MOV   A, #0FFH        ;初始灯全灭
AA:     CLR   C               ;
        RLC   A               ;修改灯信息
        MOV   P1, A           ;送显示，循环体
        LCALL DELAY           ;调延时子程序，循环体
        JNZ   AA              ;循环控制，灯未全亮时转移
        MOV   P1, #0FFH       ;熄灭全部灯
        LCALL DELAY           ;调延时子程序
        RET
```

循环程序的退出控制，是循环程序设计中的重点之一，都是用控制转移类指令来实现。无限循环使用无条件转移指令；有限循环程序，如果已经知道循环次数，一般采用循环转移指令直接控制循环的次数，如果不知道循环次数，就需要采用比较转移指令、条件转移指令根据循环体信息的变化来判断控制循环的结束。

4.4 分支程序设计

单片机在处理实际问题时，需要根据逻辑的判断或条件选择执行不同的处理程序，这样的程序结构称为分支程序。分支程序的特点是一个入口、两个或两个以上的出口，根据条件执行其中的一个出口（分支）。分支程序分为单分支结构和多分支结构。

4.4.1 单分支结构程序

只有两个出口的分支程序称为单分支结构程序，单分支结构程序在程序设计中应用非常广，我们前面学习的循环程序结构中就包含单分支程序结构，循环程序的循环控制就是选择执行循环体还是退出循环。循环转移指令、比较转移指令和条件转移指令都可以用来设计单分支程序，其结构是一个判断框，如图 4-6 所示。

图 4-6 单分支程序结构

【例 4-12】 内部 RAM 30H 开始的单元，存放有一组无符号数据块，数据块的长度在 20H 单元中，试编写程序计算数据块中满足偶校验和满足奇校验数的个数，分别存放在 R2 和 R3 中。

将图 4-5 的流程图略加修改，就得到本例流程框图，见图 4-7。"R2 加 1"和"R3 加 1"就是两个不同的分支，执行那一个分支，取决于奇偶标志位 P 的值。

程序如下：

```
START： MOV  R0，#30H
        MOV  R2，#0H
        MOV  R3，#0
AA：    MOV  A ，@R0
        JB   P，BB
        INC  R2
        SJMP CC
BB：    INC  R3
CC：    INC  R0
        DJNZ 20H，AA
        RET
```

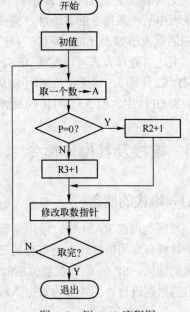

图 4-7 例 4-12 流程图

4.4.2 多分支结构程序

多分支程序又叫散转程序，它是根据某个变量的内容，分别转入处理程序 0，处理程序 1，……，处理程序 n。其流程图如图 4-8 所示。

MCS-51 系列单片机有专门的散转指令。

    JMP @A+DPTR   ；PC←A+DPTR

这是一条无条件转移指令，转移到 A+DPTR 地址空间执行程序。散转程序包括 4 部分，依次为：偏移量变换、执行散转指令、无条件转移指令表、各分支程序。

【例 4-13】 根据 A 中的内容选择相应的程序段执行。

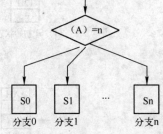

图 4-8 散转程序结构图

```
START： MOV  DPTR，#TAB  ；指令表首址送 DPTR
        CLR  C
        RLC  A             ；A 的值乘以 2
        JNC  AA            ；
        INC  DPH           ；超过 256 在 DPH 中加 1
AA：    JMP  @A+DPTR       ；散转指令
TAB：   AJMP LOOP0         ；无条件转移指令表
        AJMP LOOP1
        …
        AJMP LOOPn
LOOP0： …                  ；分支程序 0
        …
```

```
LOOP1：…                      ；分支程序 1
        …
```

上例前 5 句就是根据 A 的内容调整 A+DPTR 的值，以使散转指令能跳转到无条件转移指令表中某一条指令的首地址。变换方式是将 A 乘 2，这里采用左移一位的方法实现。如果 A 中的数大于等于 128，左移一位产生高位进位，需加到 DPH 中，以保证乘 2 后高位不丢失。上述的处理方式可以实现 0～255 个程序段任选其一。无条件转移指令表用的是短调用 AJMP（2 字节），如果是长调用 LJMP（3 字节）指令，变换的时候就需乘 3，超过 256 的部分加到 DPH 中。但 A+DPTR 的最终结果不能超过 64KB 范围。

4.5 堆栈及其操作指令

4.5.1 堆栈的概念

堆栈是内部 RAM 中一段用来暂时存放数据的存储区，通常用来保护断点和现场。51 系列单片机有专用的特殊功能寄存器 SP——堆栈指针，对其进行管理，SP 始终指向堆栈顶部数据的地址，SP 在单片机复位后的值是 07H。堆栈中数据的存取方式按照先进后出、后进先出的原则进行。图 4-9 为数据入栈、出栈的示意图。

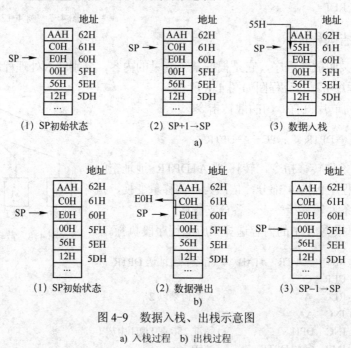

图 4-9 数据入栈、出栈示意图

a) 入栈过程 b) 出栈过程

入栈操作是先将 SP 加 1，然后将要压入堆栈的数据送到 SP 指示的单元中，出栈的过程相反，先将数据弹出，然后将 SP 减 1，指向新的单元。堆栈操作分为指令操作方式和隐含操作方式。

4.5.2 堆栈操作指令

1. 堆栈操作指令

```
PUSH    direct    ; ①SP+1→SP, ②（direct）→(SP)
POP     direct    ; ① (SP)→（direct）, ②SP-1→SP
```

PUSH、POP 指令的操作数只能是 direct，即只能将直接地址中的数据压入堆栈，从堆栈中弹出的数据也只能送到某一个直接地址中。A、Rn 不能作为堆栈指令的操作数，如果要将它们中的内容压入堆栈，A 需用 ACC 或 0E0H 代替，Rn 用它代表的内部 RAM 的地址代替。这两条的指令主要用在子程序或者中断服务程序中，当子程序中使用了其他程序用到单元或寄存器时，可能影响这些单元和寄存器内容，则在子程序中必须对相关信息进行压栈保护，在执行 RET 指令返回前恢复保存的值。

```
SUB: PUSH   ACC         ; 保护现场
     PUSH   PSW
     PUSH   DPH
     PUSH   DPL         ; 保护现场
     ……                 ; 子程序任务
     POP    DPL         ; 恢复现场
     POP    DPH
     POP    PSW
     POP    ACC         ; 恢复现场
     RET
```

【例 4-14】 已知 SP=60H，分析执行下列指令后的结果。

```
MOV   DPTR, #1234H  ; DPTR=1234H
PUSH  DPH           ; SP+1→SP, SP=61H,（DPH）→（SP),（61H）=12H。
PUSH  DPL           ; SP+1→SP, SP=62H,（DPH）→（SP),（62H）=34H。
POP   DPH           ; DPH=（SP）=（62H）=34H, SP-1→SP, SP=61H。
POP   DPL           ; DPH=（SP）=（61H）=12H, SP-1→SP, SP=60H。
```

执行结果：SP=60H，两次压栈，两次出栈，SP 不变；DPTR=3412H，和原来的值高低位颠倒，从本例可以看出，堆栈的操作一定要注意操作规则：先进后出、后进先出。

2. 隐含的堆栈操作指令

MCS-51 系列单片机除上面的压栈、弹栈指令外，子程序的调用和返回指令，以及中断的响应和返回都会对堆栈产生影响。下面我们通过对子程序调用指令和子程序返回指令执行过程的分析，加深对程序结构的理解。

```
LCALL   addr16    ; ①PC←PC+3, ②SP+1→SP, PC7~0→(SP)
                  ; ③SP+1→SP, PC15~8→(SP), ④addr16→PC
ACALL   addr11    ; ①PC←PC+2, ②SP+1→SP, PC7~0→(SP)
                  ; ③SP+1→SP, PC15~8→(SP), ④addr11→PC10~0
RET               ; ①（SP）→PC15~8, SP-1→SP。
                  ; ②（SP）→PC7~0, SP-1→SP。
```

LCALL addr16 指令可以分 4 步理解：第 1 步，PC+3，也就是将它下一条指令的首地址送给 PC。第 2、第 3 步，依次将 PC 的低 8 位和高 8 位压入堆栈，暂时保存起来。第 4 步，将调用的子程序的首地址送给 PC，程序根据 PC 值转到子程序处运行。ACALL addr11 指令有类似的过程。RET 指令是在子程序中执行的最后一条指令，可分两步理解其操作过程：第一步，将堆栈中的内容弹出送给 PC 的高 8 位，堆栈指针 SP 减 1。第 2 步，将堆栈中的内容弹出送给 PC 的低 8 位，堆栈指针 SP 再减 1。出栈过程和 LCALL addr16 指令的压栈次序相反，正好恢复 PC 的值（LCALL addr16 指令下一条指令首地址即断点地址），程序在完成子程序后回到调用指令的下一条指令继续执行。

中断的响应和中断的返回，与子程序的调用和返回有类似的操作。

从上面子程序的调用和返回过程可以看出，我们在编写子程序时必须在开头设置标号作为子程序的名称，子程序最后必须有 RET 指令，才能实现正确的调用过程，子程序内部的压栈和弹栈指令必须一一对应，否则 RET 指令也不能恢复正确的断点地址。

单片机复位后 SP 为 07H，在一个实际的单片机应用程序中，子程序的调用以及子程序的嵌套和中断的响应等，都对堆栈产生操作，会对 08H～1FH（工作寄存器区）、20H～2FH（位寻址区）进行隐含的操作，而这部分空间有特殊用途，一般不作为堆栈使用，因此我们必须在程序的初始化区对 SP 进行设置，将堆栈设置在 30H～7FH 空间范围内，预留的堆栈深度与子程序嵌套的层数有关。用 MOV SP，#data 指令来设置，如：

    MOV   SP，#5FH   ；60h～7FH 作为堆栈使用

一层子程序需要两个字节，两个中断优先级需要 4 个字节，上述指令设置的堆栈，子程序嵌套的层数不能超过 14。

4.6　算术运算、逻辑运算和交换指令与程序设计

4.6.1　算术运算指令

MCS-51 系列单片机提供了单字节的加、减、乘、除指令。

1．加法指令

（1）不带进位位的加法指令

    ADD A，#data   ；A+data→A，最高位有进位时，Cy=1；否则，Cy=0。
    ADD A，Rn   ；A+Rn→A，最高位有进位时，Cy=1；否则，Cy=0。
    ADD A，direct   ；A+（direct）→A，最高位有进位时，Cy=1；否则，Cy=0。
    ADD A，@Ri   ；A+（Ri）→A，最高位有进位时，Cy=1；否则，Cy=0。

ADD 加法指令的目的操作数是 A，运算结果在 A 和 Cy 中，最高位有进位时，Cy=1（代表 256），否则 Cy=0，运算结果没有超过一个字节。加法指令除影响 Cy 外，还影响 PSW 的其他标志位：AC、OV 和 P，见例 3-1。

（2）带进位位的加法指令

    ADDC A，#data   ；A+data+Cy→A，最高位有进位时，Cy=1；否则，Cy=0。

```
ADDC   A，Rn      ；A+Rn+Cy→A，最高位有进位时，Cy=1；否则，Cy=0。
ADDC   A，direct  ；A+（direct）+Cy→A，最高位有进位时，Cy=1；否则，Cy=0。
ADDC   A，@Ri     ；A+（Ri）+Cy→A，最高位有进位时，Cy=1；否则，Cy=0。
```

ADDC 指令的功能与 ADD 的区别是，加的过程中同时加上 Cy 的值。主要用在多字节加法中，MCS-51 系列单片机的算术运算指令是 8 位，多字节加法需要将高低字节对齐，分别相加，最低字节用 ADD 指令，高字节用 ADDC 指令将低位运算的进位 Cy 也加到高字节中。

【例 4-15】 已知两个双字节无符号数，分别存放在 R1R0 和 R3R2 中（高位在前），试编写程序求它们的和，结果存放在 R6R5R4 中。

```
START: MOV  A，R0    ；取一个加数的低 8 位
       ADD  A，R2    ；与另外一个数的低 8 位相加
       MOV  R4，A    ；存低 8 位的和
       MOV  A，R1    ；取一个加数的高 8 位
       ADDC A，R3    ；高 8 位相加，并加低 8 位相加时的 Cy
       MOV  R5，A    ；存高 8 位的和
       CLR  A        ；A 清 0
       ADDC A，#0    ；0+0+Cy→A，取出高 8 位相加时的 Cy
       MOV  R6，A    ；存进位
       RET
```

$$
\begin{array}{cc}
 & R1 \quad R0 \\
+ & R3 \quad R2 \\
\hline
R6 & R5 \quad R4
\end{array}
$$

多字节数相加运算，应预先分析结果可能占用的空间，分配足够的单元存放，上例中两个 16 位的无符号数相加，和可能会超过 16 位，就要占用 3 个字节。

对于有符号数的多字节加法，当采用补码形式的时候，程序和无符号数基本相同，只是在最高字节运算后，不是判断 Cy，而是判断 OV，当 OV=1 时，表示有符号数的运算超出了范围，这时可以将原先的两个有符号数扩充一个高字节，然后再编程计算。正数扩充高字节为 00H，负数扩充的高字节为 FFH。

【例 4-16】 已知两个双字节有符号数（补码），分别存放在 R1R0 和 R3R2 中（高位在前），试编写程序求它们的和，结果存放在 R5R4 中。

```
START: MOV  A，R0    ；取一个加数的低 8 位
       ADD  A，R2    ；与另外一个数的低 8 位相加
       MOV  R4，A    ；存低 8 位的和
       MOV  A，R1    ；取一个加数的高 8 位
       ADDC A，R3    ；高 8 位相加，并加低 8 位相加时的 Cy
       MOV  R5，A    ；存高 8 位的和，需要判断 OV
       RET
```

$$
\begin{array}{cc}
 & R1 \quad R0 \\
+ & R3 \quad R2 \\
\hline
 & R5 \quad R4
\end{array}
$$

注意下面两条指令的区别：

```
INC  A
ADD  A，#1
```

这两条指令都实现将 A 中的数加 1，第一条指令只影响 PSW 的标志位 P，第二条指令会影响 PSW 的标志位：Cy、AC、OV、P。在有些情况下不能互换使用，如下面例 4-17。

后面的减法指令存在类似的情况。

【例 4-17】 已知一个原码表示的双字节有符号数存放在 R1R0（高位在前）中，试编写程序求它的补码，结果存放在 R1R0 中。

求一个原码表示的数的补码，首先要知道这个数的符号，正数补码与原码相同，负数再按照求补的过程去运算。

```
START: MOV  A, R1          ; 取高 8 位
       JNB   ACC.7, AA      ; 高位为 0，表示正数转移，不需变换
       MOV   A, R0          ; 高位是 1 为负数需要变换，取低 8 位
       CPL   A             ; 求反
       ADD   A, #1          ; 加 1
       MOV   R0, A          ; 存低 8 位
       MOV   A, R1          ; 取高 8 位
       CPL   A             ; 求反
       ADDC  A, #0          ; 加低 8 位的进位
       SETB  ACC.7          ; 高位置 1，负数
       MOV   R1, A          ; 存高 8 位
AA:    RET
```

这个程序中的加 1 只能用 ADD 指令，因为要考虑低 8 位加 1 后的进位。

（3）BCD 码调整指令

```
    DA  A
```

这条指令用于加法运算后的 BCD 码调整，主要用于 BCD 码的加法运算。BCD 码是十进制数，单片机在执行加法运算的时候都是按照二进制处理的，这时就可能出错，需要进行调整。DA A 指令能对加法运算的结果自动进行 BCD 码调整，调整过程由单片机内部的硬件电路实现。在进行 BCD 码加法运算时，只需在加法指令后面紧跟一条 DA A 指令。注意 MCS-51 系列单片机没有减法的 BCD 码调整指令。

【例 4-18】 已知两个 BCD 码表示的数，分别存放在 R1R0 和 R3R2 中（高位在前），试编写程序求它们的和，结果存放在 R6R5R4 中。

```
START: MOV  A, R0          ; 取一个加数的低位              R1  R0
       ADD   A, R2          ; 与另外一个数的低位相加      +    R3  R2
       DA    A             ; 低位和 BCD 码调整         ───────────
       MOV   R4, A          ; 存低位的和                R6  R5  R4
       MOV   A, R1          ; 取一个加数的高位
       ADDC  A, R3          ; 高位相加，并加低位相加时的 Cy
       DA    A             ; 高位和 BCD 码调整
       MOV   R5, A          ; 存高位的和
       CLR   A             ; A 清 0
       ADDC  A, #0          ; 0+0+Cy→A，取出高位相加时的 Cy
       MOV   R6, A          ; 存进位
       RET
```

2．减法指令

```
SUBB  A，#data    ；A-data-Cy→A，高位有借位时，Cy=1，否则，Cy=0。
SUBB  A，Rn       ；A-Rn-Cy→A，高位有借位时，Cy=1，否则，Cy=0。
SUBB  A，direct   ；A-（direct）-Cy→A，高位有借位时，Cy=1，否则，Cy=0。
SUBB  A，@Ri      ；A-（Ri）-Cy→A，高位有借位时，Cy=1，否则，Cy=0。
```

减法指令的功能是将 A 中的数据减去原操作数中的数据和 Cy，差存放在 A 中，运算过程影响 PSW 的标志位：Cy、AC、OV、P。由于减法指令在执行时都会减 Cy，在第一次执行减法操作时必须保证此时的 Cy=0，否则，运算结果可能是错误的。

【例 4-19】 已知两个双字节数，被减数存放在 R1R0 中减数存放在 R3R2 中（高位在前），试编写程序求它们的差，结果存放在 R5R4 中。

```
START：CLR  C        ；清 Cy
       MOV  A，R0    ；取被减数的低 8 位
       SUBB A，R2    ；减去减数的低 8 位
       MOV  R4，A    ；存低 8 位的差
       MOV  A，R1    ；取被减数的高 8 位
       SUBB A，R3    ；减去减数的高 8 位和低 8 位的借位
       MOV  R5，A    ；存高 8 位的差
       RET
```

$$
\begin{array}{rr}
 & R1 \quad R0 \\
- & R3 \quad R2 \\
\hline
 & R5 \quad R4
\end{array}
$$

本例既可做无符号数减法运算，如果高位需要借位时，结果是负数，是以补码形式存在的；也可做有符号数的减法运算，操作数必须是补码形式，并在最后判断 OV 标志，OV=0，结果正确，如果 OV=1，表明超出了有符号数的范围，应对操作数扩充字节后再运算。

3．乘法指令

```
MUL  AB    ；A×B→BA
```

该指令的功能是实现两个 8 位的无符号数相乘，两个乘数分别存放在 A 和 B 中，积为 16 位，低 8 位在 A 中，高 8 位在 B 中，影响 PSW 的标志位：OV、Cy、P。Cy 始终被清 0，P 根据 A 中的值变化，当 B 中非 0 时（积大于 255），OV=1，否则 OV=0。

多字节乘法可以用移位指令和多字节加法的运算实现，请参看有关参考书。这里通过实例介绍一种乘法的快速运算方法。

【例 4-20】 已知两个无符号数分别存放在 R1R0 和 R2 中，试编写程序计算它们的积，结果存放在 R5R4R3 中（高位在前）。

运算过程可以用右边的式子形象表示。分别用 R2 中的数据乘 R0 和 R1 中数据，每次都得到 16 位的积，将它们的高位、低位错开对齐（和我们十进制数乘法运算的竖式类似），然后执行加法，更多字节的乘法运算过程同样处理。

```
START：MOV  A，R0    ；取被乘数的低 8 位
       MOV  B，R2    ；取乘数
       MUL  AB       ；相乘
       MOV  R3，A    ；
       MOV  R4，B    ；存放积
```

$$
\begin{array}{rrr}
 & R1 & R0 \\
\times & & R2 \\
\hline
 & B1 & A1 \\
+ \quad B2 & A2 & \\
\hline
R5 & R4 & R3
\end{array}
$$

```
        MOV   A, R1          ; 取被乘数的高 8 位
        MOV   B, R2          ; 取乘数
        MUL   AB             ; 相乘
        ADD   A, R4          ; 错位相加
        MOV   R4, A          ; 和回存
        CLR   A              ; 清 A
        ADDC  A, B           ; 进位加到高字节中
        MOV   R5, A          ; 存高字节
        RET
```

4. 除法指令

```
        DIV   AB      ; A÷B 的商存放在 A 中，余数存放在 B 中，Cy=0, OV=0。
```

该指令的功能是将两个无符号数相除，被除数在 A 中，除数在 B 中，指令执行后，商存放在 A 中，余数存放在 B 中。影响标志位，Cy、OV 都被清 0，P 根据 A 中的值变化。当除数为 0 时，OV=1，除法溢出，A、B 中的结果不确定。

多字节除法可以用移位和多字节减法实现。请参看有关参考书。这里介绍用减法实现除法的程序设计方法。

【例 4-21】 已知被除数在 R1R0 中，除数在 R2 中，试编写程序求出他们的商，结果存放在 R4R3 中（高位在前）。

解题思路：用被除数减除数，如果够减，商加 1。差再减除数，直到不够减为止，每减一次，商加 1，就可以求出商。程序如下：

```
START:  MOV   R4, #0         ; 商高位赋 0
        MOV   R3, #0         ; 商低位赋 0
AA:     CLR   C              ; 清 Cy
        MOV   A, R0          ; 被除数低位
        SUBB  A, R2          ; 减除数低位
        MOV   R0, A          ; 低位差回送
        MOV   A, R1          ; 被除数高位
        SUBB  A, #0          ; 减除数高位（0）
        MOV   R1, A          ; 高位差回送
        JC    BB             ; 不够减转移退出
        MOV   A, R3          ; 够减，商低位
        ADD   A, #1          ; 加 1
        MOV   R3, A          ; 商低位回送
        MOV   A, R4          ; 商高位
        ADDC  A, #0          ; 加进位
        MOV   R4, A          ; 商高位回送
        SJMP  AA             ; 重新执行减法
BB:     RET
```

【例 4-22】 已知 8 位的二进制数存放在 R0 中，试编写程序将其转换为十进制数存放在 R3R2R1 中（高位在前）。

在单片机中十进制数只能以 BCD 码的形式存在，单字节的二进制数的范围为 0～255，

我们需要求出它的百位、十位和个位数，用它去除以 100，商就是百位数，余数再除以 10，就得到十位数和个位数。程序如下：

```
START:  MOV   A，R0        ; 二进制数送 A 作为被除数
        MOV   B，#100      ; 除数 100
        DIV   AB           ; 执行除法
        MOV   R3，A        ; 百位数送 R3
        MOV   A，B         ; 余数送 A 作为被除数
        MOV   B，#10       ; 除数 10
        DIV   AB           ; 执行除法
        MOV   R2，A        ; 十位数送 R2
        MOV   R1，B        ; 个位数送 R1
        RET
```

编写算术运算时，乘除法的操作数一般用原码形式，先判断两个数的符号，确定它们积和商的符号，然后屏蔽它们的符号位，再计算出它们的积或商的绝对值。加减运算的操作数一般采用补码形式。在出现混合算术运算情况下，需要对原码和补码进行转换，原码和补码的关系是互补的，转换过程是一致的，本节的例 4-15、例 4-16、例 4-18 是实用的有符号加减运算和求补运算程序，例 4-19、例 4-20 是无符号乘除法运算程序。

4.6.2　逻辑运算指令

1. 逻辑"与"运算指令

```
ANL   A，#data         ; A∧data→A
ANL   A，Rn            ; A∧Rn→A
ANL   A，direct        ; A∧（direct）→A
ANL   A，@Ri           ; A∧(Ri)→A
ANL   direct，#data    ; （direct）∧data→A
ANL   direct，A        ; （direct）∧A→A
```

逻辑"与"运算的功能是将两个操作数按位相"与"，结果送到目的操作数中，前 4 条影响 PSW 的标志位 P，对其他标志位没有影响，后两条指令对标志位没有影响。"与"运算常用符号"∧"表示。

后两条指令常用作对 I/O 口的操作，用于修改部分口的输出状态，就是读—修改—写。下面的逻辑"或"、逻辑"异或"指令有同样的情况。

2. 逻辑"或"运算指令

```
ORL   A，#data         ; A∨data→A
ORL   A，Rn            ; A∨Rn→A
ORL   A，direct        ; A∨（direct）→A
ORL   A，@Ri           ; A∨(Ri)→A
ORL   direct，#data    ; （direct）∨data→A
ORL   direct，A        ; （direct）∨A→A
```

逻辑"或"运算的功能是将两个操作数按位相"或"，结果送到目的操作数中，前 4 条

指令影响 PSW 的标志位 P，对其他标志位没有影响，后 2 条指令对标志位没有影响。"或"运算常用符号"∨"表示。

3. 逻辑"异或"运算指令

```
XRL   A，#data        ; A⊕data→A
XRL   A，Rn           ; A⊕Rn→A
XRL   A，direct        ; A⊕（direct）→A
XRL   A，@Ri          ; A⊕(Ri)→A
XRL   direct，#data    ; （direct）⊕data→A
XRL   direct，A        ; （direct）⊕A→A
```

逻辑"异或"运算的功能是将两个操作数按位相"异或"，结果送到目的操作数中，前 4 条影响 PSW 的标志位 P，对其他标志位没有影响，后 2 条指令对标志位没有影响。"异或"运算常用符号"⊕"表示。

【例 4-23】 已知 A 中的内容是 10110110B，分别执行下面 3 条指令，分析 A 中的内容。

```
ANL   A，#01101010B    ; A=00100010B
ORL   A，#01101010B    ; A=11111110B
XRL   A，#01101010B    ; A=11011100B
```

逻辑运算指令常用来屏蔽无关的位，例如，如果"1"表示有效、"0"表示无效，要屏蔽 A 中的高 4 位信息，可用 ANL A，#0FH，使高 4 位无效，低 4 位保持不变。

4. 位逻辑运算指令

（1）位逻辑"与"运算指令

```
ANL   C，bit      ; C∧（bit）→C
ANL   C，/bit      ; C∧（ bit ）→C
```

（2）位逻辑"或"运算指令

```
ORL   C，bit      ; C∨（bit）→C
ORL   C，/bit      ; C∨（ bit ）→C
```

位逻辑运算只有"与"和"或"两种，只能是 Cy 和位（位非）信息的运算，结果存在 Cy 中，对位中的内容无影响。

4.6.3　交换指令

1. 字节交换指令

```
XCH   A，Rn        ; A←→Rn
XCH   A，@Ri       ; A←→(Ri)
XCH   A，direct     ; A←→(direct)
```

字节交换指令的功能是将 A 和源操作数中的内容互换。

2. 半字节交换指令

```
XCHD   A，@Ri      ; A_{3~0}←→(Ri)_{3~0}
```

半字节交换指令是将 A 中的低 4 位，和 Ri 内容指示的内部单元中数据的低 4 位互换，而各自的高 4 位保持不变。

3. 累加器高低 4 位互换指令

SWAP   A   ；$A_{3\sim0}\longleftrightarrow A_{7\sim4}$

指令的功能是将 A 中数据的高低 4 位互换，如果 A=0FH，执行 SWAP A 后 A=F0H。

字节交换指令的功能可以用传送指令实现，这几条指令比较重要的是累加器高低 4 位互换指令，它常和逻辑运算指令一起来进行数据处理。

【例 4-24】 已知 16 位的无符号数存放在 R1R0 中，试编写程序用它来除以 16，商存放在 R3R2 中，余数存放在 R4 中。

这是一个双字节除以单字节的运算，可以采用例 4-21 的方法。本例除数特殊是 16，在学习循环移位指令时知道，左移一位相当于乘 2，右移一位相当于除以 2，只要将 16 位数整体右移 4 次，前面补 0，就可以得到商，移出去的数就是余数。

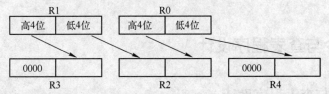

从上面商、余数和被除数的关系图可以看出，我们不需要对数据进行 4 次移位操作，只需要分别取出 R1、R0 的高 4 位、低 4 位，分别送到商和余数对应的位置即可。程序如下：

```
START:  MOV  A, R1       ; 被除数高 8 位
        ANL  A, #0F0H    ; 屏蔽低 4 位
        SWAP A           ; 高低 4 位互换
        MOV  R3, A       ; 商的高字节
        MOV  A, R1       ; 被除数高 8 位
        ANL  A, #0FH     ; 屏蔽高 4 位
        SWAP A           ; 高低 4 位互换
        MOV  R2, A       ; 暂存部分商
        MOV  A, R0       ; 被除数低 8 位
        ANL  A, #0F0H    ; 屏蔽低 4 位
        SWAP A           ; 高低 4 位互换
        ADD  A, R2       ; 求出商的低字节
        MOV  R2, A       ; 保存商
        MOV  A, R0       ; 被除数低 8 位
        ANL  A, #0FH     ; 屏蔽高 4 位
        MOV  R4, A       ; 存余数
        RET
```

【例 4-25】 已知 2 位 BCD 码存放在内部 RAM 30H 中，试编写程序将其转换为二进制数，存放在 31H 单元中。

用笔将十进制数转换二进制数，我们第 1 章已经学过，但在实际中是需要编写程序实现它们的转换。从题意知，30H 的高、低 4 位分别存放一位十进制数，假定它们分别是 a 和

b，那么这两位十进制数的大小就是 10a+b，由于在单片机中参与运算都是二进制数据，结果也是二进制数，我们只要从 30H 中分别取出 a、b，然后计算 10a+b，将它转换成二进制的形式。程序设计如下：

```
START: MOV   A, 30H      ;
       ANL   A, #0F0H     ; 取数屏蔽低 4 位
       SWAP  A            ; 高低位互换，的十位数
       MOV   B, #10       ; 乘数 10
       MUL   AB           ; A=10a
       MOV   31H, A       ; 暂存数据
       MOV   A, 30H       ;
       ANL   A, #0FH      ; 取数屏蔽高 4 位，得个位
       ADD   A, 31H       ; 得到二进制数
       MOV   31H, A       ; 保存二进制数
       RET
```

4.7 查表指令与查表程序设计

4.7.1 查表指令与查表程序设计

在单片机中经常用到一些常数，如 ASCII 码、数码管的字段码等。我们通常把这些常数也作为程序的一部分，按照一定的顺序放在程序存储器空间，定义为表格形式，使用定义字节伪指令，计算机在汇编的过程中将数据存放在 ROM 空间。

1. 定义字节伪指令 DB

格式：标号：DB 8 位二进制数表

功能：从标号所指定的地址空间开始，定义若干个 ROM 单元的数据，数据之间要用"，"隔开。二进制数表可以是数据、数据的表达式、ASCII 码字符。例如：

```
TAB: DB   30H，31H，32H，33H，34H，35H，36H，37H，38H，39H
TAB1: DB  "0"，"1"，"2"，"3"，"4"，"5"，"6"，"7"，"8"，"9"
```

这两条指令的功能一样，都是在指定的标号处开始的地址单元中存放 0～9 的字符信息。

表格一般放在子程序区，并且不能放在子程序或中断服务程序的内部。MCS-51 系列单片机提供了两条查表指令对 ROM 空间进行操作。

2. 查表指令

```
MOVC  A, @A+DPTR      ;（A+DPTR）→A
MOVC  A, @A+PC        ; PC+1→PC，（A+PC）→A
```

第一条指令可以分为以下两步去理解：

第 1 步、指令的操作码 MOVC 和前面内 RAM 传送指令不同，功能也有本质区别，它的功能是从 ROM（程序存储器）空间单元中取一个数到 A 中。

第 2 步、从 A+DPTR 的 16 位数据为地址的 ROM 空间取数，送入 A。

第二条指令的功能类似，从 A+PC 的 16 位数据为地址的 ROM 空间取数，送入 A，PC 是 16 位程序计数器，PC 是该指令下一条指令的首地址。

3. 查表程序设计

（1）用 MOVC　A，@A+DPTR 设计查表程序的步骤

先分析一个事例程序。

【例4-26】 已知一位十进制数存放在 R0 中，编写程序求它的平方，结果放在 R1 中。

```
START: MOV   DPTR, #TAB
       MOV   A, R0
       MOVC  A, @A+DPTR
       MOV   R1, A
       RET
TAB: DB   0, 1, 4, 9, 16, 25, 36, 49, 64, 81    ; 十进制数码的平方
```

第一句是将一个 16 位的立即数送给 DPTR，TAB 是表格的标号，即 16 位的地址，#TAB 就是一个 16 位的数据，它指向表格的首地址。

第二句将一位十进制数送给 A，它和表格中的某一个数与表格首地址的间隔一一对应，例如 5 对应的是 25 与 0 两个数据的间隔，7 对应的是 49 与 0 之间的间隔。

第三句查表指令，根据 A+DPTR 的数值从 ROM 空间取数据，从上面两句功能可以看出，这时 A+DPTR 指向表格中的某一个数据，根据 A 中的内容指向某一个数据。查出某个数的平方。

第四句存放所求数据的平方。

从上面的事例程序可以看出，用 MOVC　A，@A+DPTR 编写查表程序的步骤是：

1）定义表格。表格中的数据必须按照一定的顺序。

2）将表格的首地址送给数据指针 DPTR（基址）。

3）将要找的项与表格首地址的间隔数送给 A（变址）。

4）执行 MOVC　A，@A+DPTR 指令。

（2）用 MOVC　A，@A+PC 设计查表程序的步骤

1）定义表格。表格中的数据必须按照一定的顺序。

2）将要找的项与表格首地址的间隔数送给 A（变址）。

3）A 中加上适当的偏移量（查表指令下一条指令的首地址与表格首地址的间隔数）。

4）执行 MOVC　A，@A+PC 指令。

用 MOVC　A，@A+PC 指令编写的例 4-26 的查表程序如下：

```
START: MOV  A, R0                              ; 十进制数
       ADD  A, #2                              ; 加偏移量
       MOVC A, @A+PC                           ; 查表
       MOV  R1, A                              ; 单字节指令
       RET                                     ; 单字节指令
TAB:   DB   0, 1, 4, 9, 16, 25, 36, 49, 64, 81 ; 十进制数码的平方
```

A+PC 的值不仅随 A 的值变化，也与查表指令在程序中的位置有关，因此要在变址的基础上加上适当的偏移量，查表指令后面的指令是两条单字节指令，所加的偏移量为 2。在计

算机上编写程序时可以用如下的步骤计算偏移量。

第 1 步，先加一个 0（或其他任意值）偏移，编译程序，记下目标文件的长度。

第 2 步，在该条查表指令与表格之间的所有指令前加 ";"，再次编译程序，记下目标文件的长度。

第 3 步，计算两次目标文件长度的差值，就是要加的偏移量。

第 4 步，用计算出的偏移量代替原来的值，并去掉第二步所加的 ";"。

对比两条查表指令设计的查表程序，用 MOVC A，@A+PC 指令，其表格位置与查表指令间的间隔数应小于 256。而用 MOVC A，@A+DPTR 指令，表格可以在 64KB 范围内任意位置。一般情况下都使用 MOVC A，@A+DPTR 指令。

4.7.2 LED 数码管显示电路及其驱动程序

数码管的动态显示电路是单片机应用系统的基本电路之一，而动态显示电路的驱动程序就是用查表指令编写的查表程序，先学习 LED 数码管的有关知识，然后设计它的电路和程序。

1．LED 数码管

LED（Light Emitting Diode）数码管是单片机应用系统中常用的输出设备，用于显示系统的工作状态和数据信息。它的外形和引脚、内部结构如图 4-10 所示。

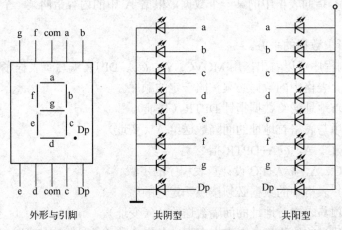

外形与引脚　　　　　　共阴型　　　　　　　共阳型

图 4-10　LED 数码管的外形、引脚与内部结构

LED 数码管内部有 8 个发光二极管，这些发光管组成一个带小数点的 "8."，数码管的笔段名称依次为：a、b、c、d、e、f、g、Dp，有对应的引脚和它们相连。在内部有两种接法，一种是将所有二极管的负极连在一起作为公共端，称为共阴型数码管，另外一种是将所有数码管的正极连在一起，称为共阳型数码管，公共端引脚的名称为 com，是数码管的位控制端。

要使数码管显示某一字符，就需要对它的段和位加上适当的信号，数码管内部二极管的工作特性和普通的发光二极管一样，正向压降 1.8V 左右，静态显示时小于 10mA 为宜，动态扫描显示可适当大一点。大型数码管的笔段是由多个发光二极管的串、并联构成的，在使用时应根据厂家提供的技术资料，施加合适的段和位的控制信号。

2. LED 数码管编码方式

数码管的公共端一般接地或接电源，或者是通过控制电路控制它接地或电源。数码管要显示不同的字符是通过控制加在段上的信息实现的，在单片机的应用电路里是用一个 8 位的 I/O 口去控制的，如图 4-11 所示。

用 8 位的二进制数组成数码管显示的字符信息，可以任意用"1"或者"0"表示笔段亮或灭的信息。例如：共阴型数码管显示"0"，只要 a、b、c、d、e、f

D7	D6	D5	D4	D3	D2	D1	D0
Dp	g	f	e	d	c	b	a

图 4-11　LED 数码管编码方式

段亮，g、Dp 段灭，可以用 00111111B 表示，用二进制数据表示的字符显示信息称为数码管的字段码。表 4-1 为数码管的编码表。

表 4-1　共阴、共阳型 LED 数码管的编码表

显示字符	共阳 LED 数码管		共阴 LED 数码管	
	Dp g f e d c b a	16 进制	Dp g f e d c b a	16 进制
0	1 1 0 0 0 0 0 0	C0H	0 0 1 1 1 1 1 1	3FH
1	1 1 1 1 1 0 0 1	F9H	0 0 0 0 0 1 1 0	06H
2	1 0 1 0 0 1 0 0	A4H	0 1 0 1 1 0 1 1	5BH
3	1 0 1 1 0 0 0 0	B0H	0 1 0 0 1 1 1 1	4FH
4	1 0 0 1 1 0 0 1	99H	0 1 1 0 0 1 1 0	66H
5	1 0 0 1 0 0 1 0	92H	0 1 1 0 1 1 0 1	6DH
6	1 0 0 0 0 0 1 0	82H	0 1 1 1 1 1 0 1	7DH
7	1 1 1 1 1 0 0 0	F8H	0 0 0 0 0 1 1 1	07H
8	1 0 0 0 0 0 0 0	80H	0 1 1 1 1 1 1 1	7FH
9	1 0 0 1 0 0 0 0	90H	0 1 1 0 1 1 1 1	6FH

从表中可以看出，共阳型、共阴型数码管字段码的关系是互为取反。这与它们的结构关系是一致的，只要掌握了共阴型数码管的字段码编制，就可以推出共阳型的字段码。编码也不一定按图 4-11 的对应关系，在实际应用中，也有其他形式的引脚排列顺序，编码是根据 PCB 板设计的方便来确定对应关系，编码时笔段信息不变，只是与二进制数位的对应关系改变。

【例 4-27】 在共阴型数码管上显示字符"H"和"P"，段与 8 位数的关系同图 4-11。试编写两个字符的字段码。

显示"H"，亮的笔段为：b、c、e、f、g，其余灭，对应字段码为：01110110B，即 76H。同样可以求得"P"的字段码为：73H。

3. LED 数码管的静态显示电路

先观察图 4-12 的循环流水灯电路，8 个小灯的接法和上面共阳型数码管内部结构一样，可用一个共阳型的数码管取代它，可得到共阳型数码管的静态驱动电路。

如果用流水灯程序工作，可以看到数码管的各段在依次循环亮灭。在数码管上显示固定的字符，只要在 8 位口上输出字符对应的字段码。例如，显示"1"，可用下面的指令实现：

MOV　P1，#11111001B　　　；b、c 段输出 0，亮

在不改变 P1 口输出时，显示的字符也保持不变，可见数码管静态显示电路的驱动程序

非常简单。从图 4-12 可以看出，在数码管的静态显示电路中，公共端直接接电源（共阳）或地（共阴），每个数码管的段需要一个 8 位的口去控制，MCS-51 系列单片机只有 4 个 8 位的并行口，如果直接用单片机的 I/O 口，最多只能扩展 4 位的静态显示电路。数码管静态显示电路，占用的硬件资源多，成本高，只适合数码管较少的场合。

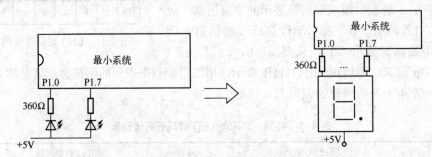

图 4-12　LED 数码管静态显示电路

【例 4-28】　在单片机最小系统基础上设计一个 4 位共阳型数码管静态显示电路。并在数码管上显示"1、2、3、4"

数码管的公共端接电源，4 个数码管的段分别用 P0 口、P1 口、P2 口、P3 口控制，参考图 4-12，P0 口的每位接一个 10kΩ 的上拉电阻。（电路图略）程序如下：

```
                ORG    0000H
                LJMP   SETUP
                ORG    0030H
SETUP:   MOV  P0, #0F9H      ; 输出 1 字段码
              MOV  P1, #0A4H      ; 输出 2 字段码
              MOV  P2, #0B0H      ; 输出 3 字段码
              MOV  P3, #99H       ; 输出 4 字段码
MAIN:     LJMP   MAIN
              END
```

4．LED 数码管的动态显示电路

数码管动态显示电路在实际的应用中比较多。数码管动态显示电路的连接方式是：将所有数码管相同的段并连在一起，构成一个公共的 8 位段口，用一个 8 位的 I/O 口控制，数码管的位用一位的 I/O 口控制，电路如图 4-13 所示。

数码管动态显示电路的工作原理：循环显示、动态扫描，利用人眼睛的视觉暂留特性。先在公共的段口上输出第一个数码管上要显示字符的字段码，开通第一个数码管的位，第 1 个数码管上就会显示相应的字符，这时虽然其他数码管的段上也有信息，但位没有开通，不显示字符。然后关闭第 1 个数码管的位，再在段口上输出第 2 个数码管要显示字符的字段码，开通第 2 个数码管的位，这样，直到最后一个数码管，然后再从第 1 个数码管开始反复循环，只要循环的速度足够快，由于人眼的视觉暂留特性，就可以同时看到所有数码管上显示的字符。数码管动态扫描电路，在某一时刻只有一位数码管显示。

数码管动态显示电路的特点是，占用的 I/O 口线少，硬件成本低，适合数码管位数多的场合，程序设计相对静态显示电路要复杂一些，程序设计采用上一节学习的查表程序设计。

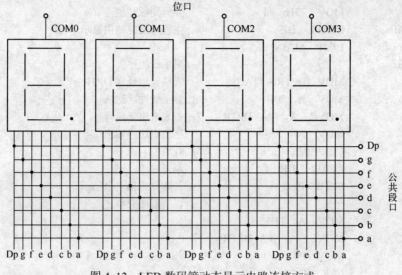

图 4-13　LED 数码管动态显示电路连接方式

（1）共阳型数码管的动态扫描电路

在最小系统基础上，用 P0 口作为数码管的段控制口，P2.0～P2.3 分别作为 4 个数码管的位控制口，输出 0，PNP 晶体管导通，开通数码管的位，输出 1，晶体管截止，关闭位。电路如图 4-14 所示。P0 口作为输出口使用，要外接上拉电阻（由于本例是共阳型数码管，使发光笔段亮的有效信息是"0"，输出"1"时内部开漏，笔段不可能亮，故可以省去，下例共阴型电路必须接上拉电阻）。

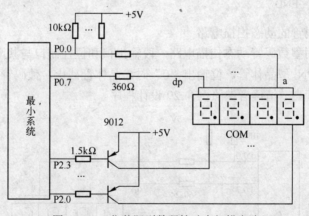

图 4-14　4 位共阳型数码管动态扫描电路

【例 4-29】　按图 4-14，设计数码管的显示程序，在数码管上显示"1 2 3 4"。

```
            ORG    0000H
            LJMP   SETUP
            ORG    0030H
SETUP:      MOV    70H, #1      ;
            MOV    71H, #2      ;
            MOV    72H, #3      ;70H～73H 作为显示缓冲区
```

```
                MOV  73H，#4          ; 并分别赋初值
MAIN:           LCALL DIS            ; 主程序反复调用显示子程序
                LJMP  MAIN
DIS:                                 ; 显示子程序
                MOV  DPTR，#TAB       ; 表格首地址送 DPTR
                MOV  A，70H           ; 显示缓冲区送 A
                MOVC A，@A+DPTR       ; 查表求出字段码
                MOV  P0，A            ; 字段码送段输出口
                CLR  P2.0            ; 开通位
                LCALL DEL            ; 调延时
                SETB P2.0            ; 关断位，第一个显示完
                …                    ; 以下程序类似
                MOV  A，73H
                MOVC A，@A+DPTR
                MOV  P0，A
                CLR  P2.3
                LCALL DEL
                SETB P2.3
                RET
TAB:            DB  0C0H，0F9H，0A4H，0B0H，99H，92H，82H
                DB  0F8H，80H，90H    ; 共阳型数码管十进制数字段码表格
DEL:            MOV  R7，#0           ; 延时子程序
                DJNZ R7，$
                RET
                END
```

（2）共阴型数码管的动态扫描电路

图 4-15 为共阴型数码管动态扫描电路，段输出口和位控制口与共阳型一致，控制位开通的电路换成了 NPN 型晶体管。位输出"0"时，晶体管截止，数码管灭，输出"1"时，晶体管导通，数码管亮。请读者参照例 4-29 设计程序。

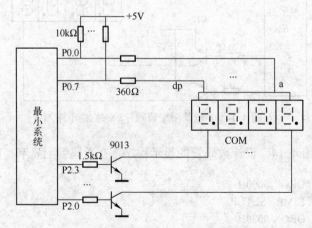

图 4-15 4 位共阴型数码管动态扫描电路

4.7.3 LCD 显示电路及其驱动程序

LCD（Liquid Crystal Display）即液晶显示器，其工作原理是利用液晶的物理特性，在一定的电压下，使液晶的分子改变为另外一种排列方式，由于分子的再排列使液晶的双折射性、旋光性、光散射性等光学特性发生改变，这些光学特性的改变又引起人眼的视觉改变，从而产生丰富多彩的颜色和图像。LCD 具有辐射低、功耗低、体积小、图像还原精确等优点，可以显示文字、曲线、图形等，广泛应用于电子手表、计算器、手机、笔记本电脑等便携式产品，在数字化仪器仪表和家用电器产品中也有广泛应用。LCD 按显示形式上分为字段型、字符型和点阵型。按显示驱动方式分为静态驱动、动态驱动、双频驱动。按采光方式分为自然采光、背光源采光。本节以 1602 字符型 LCD 显示器为例，讲述 LCD 液晶显示器接口电路和程序设计。

1. 1602 外形与引脚

图 4-16 为 1602 字符型 LCD，16 表示每行可以显示 16 个字符，02 表示有 2 行，可以同时显示 32 个字符。

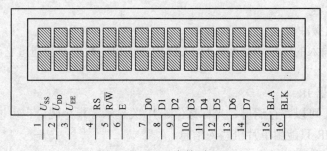

图 4-16　1602 字符型 LCD

引脚功能如下：

U_{SS}：电源地。

U_{DD}：电源正极，接+5V。

U_{EE}：液晶显示偏压信号，调节 LCD 亮度，电压越低，屏幕越亮。

RS：数据/命令选择端。RS=1，选择数据寄存器；RS=0，选择命令寄存器。

R/$\overline{W}$：读写控制选择端。R/$\overline{W}$=1，从液晶内部寄存器读数据到单片机；R/$\overline{W}$=0，将单片机中数据写到液晶内部寄存器。

E：使能信号。E=1，允许对液晶进行读/写操作；E=0，禁止对液晶进行读/写操作。

D0～D7：8 位数据线。1602 数据的操作方式有 8 位或 4 位方式，选用 4 位操作方式时，只用 D4～D7。

BLA：背光源正极。

BLK：背光源负极。

2. 1602 内部结构

1602 点阵字符型 LCD 显示器主要有指令寄存器 IR、数据寄存器 DR、数据显示寄存器 DDRAM、字符发生器 CGRAM、CGROM 等模块和液晶显示面板组成，如图 4-17 所示。

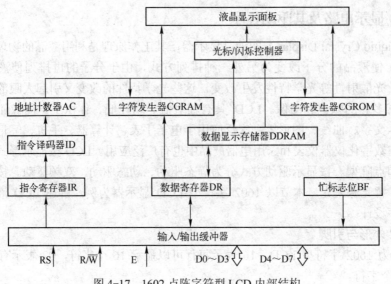

图 4-17　1602 点阵字符型 LCD 内部结构

（1）输入/输出缓冲器

由 LCD 引脚输入的信号和数据以及 LCD 内部读出的数据都会通过它缓冲，提高驱动能力或电平转换。

（2）指令寄存器 IR

指令寄存器 IR 可以寄存清屏、光标移位、开/关显示等指令码，也可以寄存 DDRAM 和 CGRAM 的地址。IR 只能由单片机写入信息。

（3）数据寄存器 DR

数据寄存器 DR 在单片机和 LCD 交换信息时用来存放数据。当单片机向 LCD 写入数据时，写入的数据首先寄存在 DR 中，然后才自动写入 DDRAM 或 CGRAM 中。当从 DDRAM 或 CGRAM 读取数据时，DR 也用来存放数据，在地址信息写入 IR 后，来自 DDRAM 或 CGRAM 的数据移入 DR，单片机通过读 DR 指令读取其中的信息，读取完成后，来自相应 RAM 的下一个地址单元内的数据被移入 DR，以便单片机进行连续的读操作。

（4）忙标志位 BF

当 BF=1 时，表示 LCD 正在进行内部操作，不接受任何命令。单片机对 LCD 操作之前，必须先检查 BF 标志位，当 BF=0 时，才能对 LCD 进行操作。BF 的状态由数据线 D7 输出。

（5）地址计数器 AC

地址计数器 AC 存放 DDRAM 或 CGRAM 单元的地址。当确定地址指令写入 IR 后，DDRAM 或 CGRAM 单元的地址就送入 AC，同时存储器也被确定下来（DDRAM 或 CGRAM），当存储器中的数据被读出或写入后，AC 自动加 1 或减 1，以便单片机进行连续的读写操作。

（6）字符发生器 CGRAM

字符发生器 CGRAM 的地址空间共有 64 个，可以存储 8 个自定义的 5×7 点阵字符或图形。

（7）字符发生器 CGROM

字符发生器 CGROM 中固化存储了 192 个不同的点阵字符图形，点阵大小有 5×7 和 5×10 两种。5×7 字符点阵排列与标准的 ASCII 码相同。如字符码 30H 为 "0" 字符，字符码 61H 为 "a" 字符。当将某个字符的 ASCII 代码写入 DDRAM 中，相应的字符就从 CGROM 中调出在 LCD 上显示出来。

（8）数据显示存储器 DDRAM

DDRAM 存放 LCD 显示的点阵字符代码，共有 80B 空间，可以存储至多 80 个字节的字符代码，没有使用的 DDRAM 空间可用来作一般的存储器使用。

注意 DDRAM 空间地址编码是不连续的，00H～27H 连续 40 个单元，40H～47H 连续 40 个单元，其中 00H～0FH 和 40H～4FH 分别对应 LCD 显示面板的第一行、第二行 16 个字符显示位置。只要将数据写入这些地址，对应的字符就会在 LCD 相应的位置显示出来。单片机对 DDRAM 操作时需注意，选择地址编码需要与 80H 相或，例如，如果要将字符显示在 05H 位置，向 LCD 发送的地址信息应为：05H 与 80H 相或，结果为 85H。

（9）光标/闪烁控制器

光标/闪烁控制器可以产生 1 个光标，或在 DDRAM 地址对应的显示位置处闪烁。由于光标/闪烁控制器不能区分地址计数器 AC 中存放的地址是 DDRAM 还是 CGRAM，它总认为是 DDRAM 地址，因此为避免错误，在单片机和 CGRAM 进行数据传送时应禁止使用光标闪烁功能。

3．1602 指令系统

（1）清屏与显示回车

指令编码								功能说明
D7	D6	D5	D4	D3	D2	D1	D0	
0	0	0	0	0	0	0	1	清屏。所有显示清零，地址计数器 AC 清零，光标移到屏幕左上角
0	0	0	0	0	0	1	×	显示回车。光标移到屏幕左上角，地址计数器 AC 清零，屏幕显示内容不变

（2）显示模式设置

指令编码								功能说明
D7	D6	D5	D4	D3	D2	D1	D0	
0	0	1	DL	N	F	×	×	DL=1，表示采用 8 位数据接口，DL=0，表示采用 4 位数据接口；N=1，表示采用双行显示，N=0，表示采用单行显示；F=1，表示采用 5×7 点阵字符，F=0，表示采用 5×10 点阵字符

（3）显示开关及光标设置

指令编码								功能说明
D7	D6	D5	D4	D3	D2	D1	D0	
0	0	0	0	1	D	C	B	D=1，开显示器，显示 DDRAM 中内容，D=0，关显示器，DDRAM 中数据不变；C=1，显示光标，C=0，不显示光标；B=1，表示显示光标时会闪烁，B=0，光标不闪烁
0	0	0	0	0	1	N	S	N=1，读/写一个字符后，地址计数器 AC 加 1，光标加 1，N=0，读/写一个字符后，地址计数器 AC 减 1，光标减 1；S=1，写一个字符后整屏左移显示（N=1）或整屏右移显示（N=0），S=0，写一个字符时，整屏显示不移动

（4）数据指针设置

指 令 编 码								功 能 说 明
D7	D6	D5	D4	D3	D2	D1	D0	
80H+地址码（0～27H，40～67H）								设置数据指针

4．1602 操作时序

（1）操作指令读/写时序

图 4-18 为 1602 指令的读写时序，图 4-18a 为读时序，图 4-18b 为写时序。

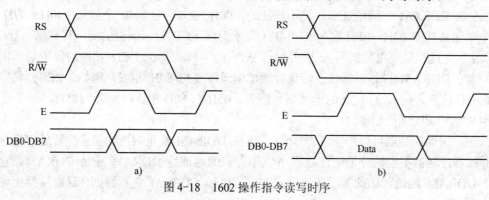

图 4-18　1602 操作指令读写时序

a) 读时序　b) 写时序

（2）1602 液晶显示模块初始化步骤

1）显示模式设置。包括数据位数、单双行显示、点阵字符。如 "38H" 表示 8 位数据接口，双行显示，5×7 点阵字符。

2）显示及光标设置。包括显示器开关、光标显示和闪烁。如 "0FH" 表示显示器打开，光标显示并闪烁。

3）字符/光标移动模式设置。包括字符整屏移动方式、光标移动方式。如 "06H" 表示光标右移，字符不移。

4）清屏。清除以前的显示内容。

其中 2）、3）的顺序是可以调换的，1）、4）的步骤一般固定。在初始化后，可以通过写地址/数据命令将字符信息在显示面板上显示。

【例 4-30】 图 4-19 为 1602 液晶模块与单片机接口电路，数据线用 P0 口，RS、R/$\overline{\text{W}}$、E 分别用 P2.7～P2.5，U_{EE} 接 5V 电源，背光电源未接。设单片机系统的晶振为 12MHz，编写程序实现，从第一行的开头显示：data1：1234，从第二行的开头显示：data2：12.4。

解：程序如下

```
; 寄存器选择位，将 RS 位定义为 P2.7 引脚
; 读写选择位，将 R/W 位定义为 P2.6 引脚
; 使能信号位，将 E 位定义为 P2.5 引脚
      ORG   0000H
      LJMP   SETUP
      ORG   0030H
```

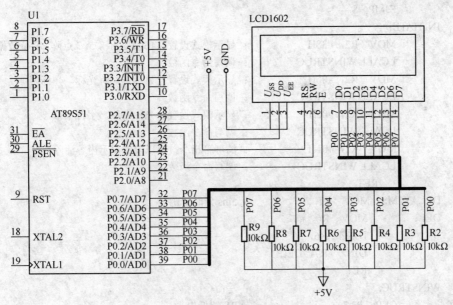

图 4-19　1602 液晶模块与单片机接口电路

```
SETUP:
        LCALL   INITIATE          ; 调用 LCD 初始化程序
MAIN:
        MOV  R2，#80H             ; 将显示地址指定为第 1 行第 1 列，显示地址加上 80H 为
                                   ; 写入 LCD 地址
        LCALL   WINSTRUC          ; 调写命令函数，写地址与写命令时序相同
        LCALL   DELAY5MS          ; 调 5ms 延时函数
        MOV  R2，#31H             ; 1 的字符编码
        LCALL   WDATA             ; 写数据
        MOV  R2，#32H             ; 2 的字符编码
        LCALL   WDATA             ; 写数据
        MOV  R2，#33H             ; 3 的字符编码
        LCALL   WDATA             ; 写数据
        MOV  R2，#34H             ; 4 的字符编码
        LCALL   WDATA             ; 写数据
        MOV  R2，#0C0H            ; 将显示地址指定为第 2 行第 1 列，显示地址加上 80H 为
                                   ; 写入 LCD 地址
        LCALL   WINSTRUC          ; 调写命令函数，写地址与写命令时序相同
        LCALL   DELAY5MS          ; 调 5ms 延时函数
        MOV  R2，#31H             ; 1 的字符编码
        LCALL   WDATA             ; 写数据
        MOV  R2，#32H             ; 2 的字符编码
        LCALL   WDATA             ; 写数据
        MOV  R2，#2EH             ; "." 的字符编码
        LCALL   WDATA             ; 写数据
        MOV  R2，#34H             ; 4 的字符编码
        LCALL   WDATA             ; 写数据
```

```
                SJMP    $
        INITIATE:
                MOV   R2, #38H            ; 显示模式设置: 16×2 显示, 5×7 点阵, 8 位数据接口
                LCALL WINSTRUC            ; 调写命令函数
                MOV   R2, #06H            ; 显示模式设置: 显示开, 有光标, 光标闪烁
                LCALL WINSTRUC            ; 调写命令函数
                MOV   R2, #0eH            ; 显示模式设置: 光标右移, 字符不移
                LCALL WINSTRUC            ; 调写命令函数
                MOV   R2, #01H            ; 清屏幕指令, 将以前的显示内容清除
                LCALL WINSTRUC            ; 调写命令函数
                RET
        DELAY5MS: MOV  R7, #5             ; 5ms 延时子函数
        DEL:      MOV  R6, #0
                  DJNZ R6, $
                  DJNZ R7, DEL
                  RET
        WINSTRUC:                         ; 写命令函数
                CLR   P2.7                ; RS 置低电平
                CLR   P2.6                ; RS、R/W̄ 置低电平, 可以写入指令
                CLR   P2.5                ; E 置低电平,
                LCALL  DEL1               ; 延时, 给硬件反应时间
                MOV   P0,R2               ; 将数据送入 P0 口, 即写入指令或地址
                LCALL  DEL1               ; 延时, 给硬件反应时间
                SETB  P2.5                ; E 置高电平, 产生高脉冲
                LCALL  DEL1               ; 延时, 给硬件反应时间
                CLR   P2.5                ; 当 E 由高电平跳变成低电平时, 液晶模块开始执行命令
                RET
        WDATA:                            ; 写数据
                SETB  P2.7                ; RS 置高电平
                CLR   P2.6                ; R/W̄ 置低电平, 可以写入数据
                CLR   P2.5                ; E 置低电平,
                LCALL  DEL1               ; 延时, 给硬件反应时间
                MOV   P0,R2               ; 将数据送入 P0 口, 即写入指令或地址
                LCALL  DEL1               ; 延时, 给硬件反应时间
                SETB  P2.5                ; E 置高电平,产生高脉冲
                LCALL  DEL1               ; 延时, 给硬件反应时间
                CLR   P2.5                ; 当 E 由高电平跳变成低电平时, 液晶模块开始执行命令
                RET
        DEL1:   MOV  R3, #10     ;延时程序
                DJNZ  R3, $
                RET
                END
```

4.7.4 其他常用伪指令

1. 等值伪指令 EQU

格式: 字符名称   EQU   数据

功能：将一个数据赋予规定的字符名称。

在后面的程序中可以用该符号代表数据。字符名称不能用系统的保留字。该指令需要放在程序的开头。

例：

```
ABC    EQU    30H
MOV    A，ABC          ；与 MOV  A，30H 功能完全一样
MOV    A，#ABC         ；与 MOV  A，#30H 功能完全一样
```

2. 定义位地址伪指令 BIT

格式：字符名称   BIT   位地址

功能：将位地址赋予字符名称。

与 EQU 的功能相似，在以后的程序中可以用该字符代替该位地址。该指令也要放在程序的开头。

例：

```
CE    BIT    P1.0      ；把 P1.0 位地址赋给 CE
OUT   BIT    P1.1      ；把 P1.1 位地址赋给 OUT
WEI   BIT    30H       ；把 30H 位地址赋给 WEI
```

用 EQU 和 BIT 伪指令，将程序中用到的单元地址、位地址赋予字符形式，改变这些单元和位地址变得容易，只需要改变位指令中的定义即可，程序内容无需做任何处理，这样做可以提高程序的可移植性。

【例4-31】 内部 RAM 30H 开始的 16 个单元存放一组有符号数（补码），试编写程序统计其中大于 0、等于 0、小于 0 的数的个数，结果存放在内部 RAM 中。

```
ONE     EQU    50H          ；ONE 定义为 50H，存放正数个数
TWO     EQU    51H          ；TWO 定义为 51H，存放 0 个数
THREE   EQU    52H          ；THREE 定义为 52H，存放负数个数
START:  MOV    ONE，#0       ；正数个数初值赋 0
        MOV    TWO，#0       ；0 个数初值赋 0
        MOV    THREE，#0     ；负数个数初值赋 0
        MOV    R0，#30H      ；数据存放首地址
        MOV    R2，#16       ；循环次数
AA:     MOV    A，@R0        ；取一个数到 A 中
        JNB    ACC.7，BB     ；判断正负，正转移
        INC    THREE         ；负数个数加 1
        SJMP   EE            ；转循环修改
BB:     JNZ    DD            ；判断是否为 0，非 0 转移
        INC    TWO           ；0 个数加 1
        SJMP   EE            ；转循环修改
DD:     INC    ONE           ；正数个数加 1
EE:     INC    R0            ；指向下一个单元
        DJNZ   R2，AA        ；判断是否结束
        RET
```

4.8 贯穿教学全过程的实例——温度测量报警系统之三

温度测量报警显示电路设计和显示程序设计。本节分别介绍用 LED 数码管设计的动态显示电路和串行 LCD 1602 设计的显示电路，分别用汇编语言设计它们的驱动程序。

图 4-20 为以数码管为显示器件的硬件电路。在最小硬件系统基础上，用 4 位共阳型数码管显示数据，用 P0 口控制段，P2.7～P2.4 分别控制位，8 个 LED 发光二极管组成共阳型数码管的形式，段公用 P0 口，位用 P2.3 控制。

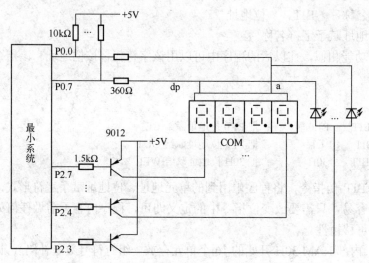

图 4-20 温度测量报警系统之三 （数码管显示）

汇编程序如下：

```
        AD_ID     EQU     60H              ; 60H 存放 A/D 通道号
        DA_H      EQU     61H              ; 61H 存放温度百位数
        DA_M      EQU     62H              ; 62H 存放温度十位数
        DA_L      EQU     63H              ; 63H 存放温度个位数
        AD_ID_S   EQU     64H              ; 64H 存放 8 路温度状态
        WEI_0     BIT     P2.7             ; P2.7 控制第一个数码管位
        WEI_1     BIT     P2.6             ; P2.6 控制第二个数码管位
        WEI_2     BIT     P2.5             ; P2.5 控制第三个数码管位
        WEI_3     BIT     P2.4             ; P2.4 控制第四个数码管位
        WEI_4     BIT     P2.3             ; P2.3 控制 8 个发光二极管
                  ORG     0000H
        LJMP  SETUP
                  ORG     0030H
SETUP:      MOV  AD_ID, #0                 ; 显示缓冲区赋初值
            MOV  DA_H, #0                  ;
            MOV  DA_M, #0                  ;
            MOV  DA_L, #0                  ;
            MOV  AD_ID_S, #0               ; 显示缓冲区赋初值
```

```
MAIN:       LCALL   DIS                    ; 主程序反复调用显示子程序
            LJMP    MAIN
DIS:                                       ; 显示子程序
            MOV   DPTR，#TAB               ; 表格首地址送 DPTR
            MOV   A，AD_ID                 ; A/D 通道送显示
            MOVC  A，@A+DPTR               ; 查表求出字段码
            MOV   P0，A                    ; 字段码送段输出口
            CLR   WEI_0                    ; 开通第一位数码管的位
            LCALL  DEL                     ; 调延时
            SETB  WEI_0                    ; 关断第一位数码管的位，第一个显示完
            …                             ; 中间两位数码管显示控制
            MOV   A，DA_L                  ; 温度个位送显示
            MOVC  A，@A+DPTR               ; 查表求出字段码
            MOV   P0，A                    ; 字段码送段输出口
            CLR   WEI_3                    ; 开通第 4 位数码管的位
            LCALL  DEL                     ; 调延时
            SETB  WEI_3                    ; 关断第 4 位数码管的位
            MOV   P0，AD_ID_S              ; 8 路温度状态送显示
            CLR   WEI_4                    ; 开通二极管的位控制
            LCALL  DEL                     ; 调延时
            SETB  WEI_4                    ; 关断二极管的位控制
            RET
TAB:        DB   0C0H，0F9H，0A4H，0B0H，99H，92H，82H
            DB   0F8H，80H，90H           ; 共阳型数码管十进制数字段码表格
DEL:        MOV   R7，#0                   ; 延时子程序
            DJNZ  R7，$
            RET
            END
```

图 4-21 是以 1602 液晶为显示器件的硬件电路。在最小硬件系统基础上，P0 口作为 8 位的数据线，P2.7 为寄存器选择位 RS，P2.6 为读写选择位 R/$\overline{\text{W}}$，P2.5 为液晶使能信号位 E，8 个 LED 发光二极管组成共阳型数码管的形式，段公用 P0 口，位用 P2.3 控制。

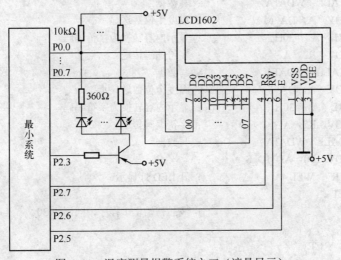

图 4-21 温度测量报警系统之三（液晶显示）

汇编程序如下：

```
        AD_ID       EQU     60H         ;60H 存放 A/D 通道号
        DA_H        EQU     61H         ;61H 存放温度百位数
        DA_M        EQU     62H         ;62H 存放温度十位数
        DA_L        EQU     63H         ;63H 存放温度个位数
        AD_ID_S     EQU     64H         ;64H 存放 8 路温度状态
        WEI_4       BIT     P2.3        ;P2.3 控制第一个数码管位 8 个发光二极管
;  寄存器选择位，将 RS 位定义为 P2.7 引脚
;  读写选择位，将 R/W 位定义为 P2.6 引脚
;  使能信号位，将 E 位定义为 P2.5 引脚
        ORG     0000H
        LJMP    SETUP
        ORG     0030H
SETUP:
        LCALL   INITIATE            ;调用 LCD 初始化程序
MAIN:
        LCALL   DIS_YJ
        LJMP    MAIN
DIS_YJ: SETB    WEI_4               ;关 LED 灯显示
        MOV     R2，#80H            ;将显示地址指定为第 1 行第 1 列，显示地址加上 80H 为
                                    ;写入 LCD 地址
        LCALL   WINSTRUC            ;调写命令函数，写地址与写命令时序相同
        LCALL   DELAY5MS            ;调 5ms 延时函数
        MOV     A，AD_ID            ;A/D 通道送显示
        ORL     A，#30H             ;显示内容转换为字符编码
        MOV     R2，A               ;字符编码传送
        LCALL   WDATA               ;写数据
        MOV     A，DA_H             ;温度百位数送显示
        ORL     A，#30H             ;显示内容转换为字符编码
        MOV     R2，A               ;字符编码传送
        LCALL   WDATA               ;写数据
        MOV     A，DA_M             ;温度十位数送显示
        ORL     A，#30H             ;显示内容转换为字符编码
        MOV     R2，A               ;字符编码传送
        LCALL   WDATA               ;写数据
        MOV     A，DA_L             ;温度个位数送显示
        ORL     A，#30H             ;显示内容转换为字符编码
        MOV     R2，A               ;字符编码传送
        LCALL   WDATA               ;写数据
        MOV     P0，AD_ID_S         ;
        CLR     WEI_4               ;开 LED 灯显示
        RET
INITIATE:                           ;液晶初始化子程序，同例 4-30
        ...
        RET
DELAY5MS：MOV   R7，#5              ;5ms 延时子函数
```

```
DEL:        MOV    R6，#0
            DJNZ   R6，$
            DJNZ   R7，DEL
            RET
WINSTRUC:                        ；写命令函数，同例 4-30
            …
            RET
WDATA:                           ；写数据，同例 4-30
            …
            RET
            END
```

4.9 习题

1. 程序设计的一般步骤是什么？

2. 汇编语言程序书写的格式是什么？

3. 简述循环程序的 4 个环节。

4. 什么是堆栈？堆栈操作的原则是什么？

5. 51 系列单片机复位后堆栈指针 SP=07H，在应用中一般需要重新设置，设置的原则是什么？

6. 隐含的堆栈操作有哪些？对程序设计有何启示？

7. 分析下列指令执行的结果。

```
MOV   SP，#50H        ；
MOV   A，#0FH         ；
MOV   B，#0F0H        ；
PUSH   ACC            ；
PUSH   B              ；
POP    ACC            ；
POP    B              ；
```

8. 比较下面两条对累加器 A 加 1 操作指令的区别：

1）ADD   A，#1   2）INC   A

9. 对 I/O 口的逻辑运算指令属于口的哪种操作方式？

10. 编写程序实现将 A 中低 4 位从 P1 口的低 4 位输出，P1 口高 4 位保持不变。

11. 简述 51 系列单片机常用的寻址方式。

12. 指出下列指令中划线的操作数的寻址方式。

1）MOV   R0，A   ；   2）MOV   30H，#30H   ；
3）MOV   PSW，#30H   ；   4）PUSH   ACC   ；
5）MOV   C，30H   ；   6）SETB   C   ；
7）JB   P，AA   ；   8）MOVC   A，@A+DPTR   ；

13. 试编写程序将内部 RAM 30H 开始的 16 个单元清零。

14. 循环流水灯电路图见图 3-11 所示，试编写程序，让小灯从两头依次往中间亮，循环不止。

15．试编写延时 1ms 和 200ms 的延时子程序。假设晶振频率 f_{OSC}=12MHz。

16．试编写程序，查找在内部 RAM 30H～50H 单元中内容是 55H 的单元的个数，并将结果存入 20H 中。

17．试编写程序，查找在内部 RAM 30H～50H 单元中内容，将内容是 55H 的数据转存到 60H 开始的单元中。

18．试编写程序，查找在内部 RAM 30H～50H 单元中内容，将内容不是 55H 数据转存到 60H 开始的单元中。

19．已知一有符号数（原码）存放于 50H 中，试编程求出它的补码并存放到 51H 中。

20．编写程序判断单元 30H 中的数是奇数还是偶数，奇数存在 31H 中，偶数存在 32H 中。

21．编写程序，求 20H 单元中"1"的个数，结果存入 21H 单元。

22．在内部 RAM X 单元（30H）、Y 单元（31H）各存放一补码表示的数据，要求按照以下条件进行计算，结果存入 Z 单元（32H）。

$$Z = \begin{cases} X+Y & 若X单元为正奇数 \\ X \vee Y & 若X单元为正偶数 \\ X \wedge Y & 若X单元为负奇数 \\ X \oplus Y & 若X单元为负偶数 \end{cases}$$

23．已知内部 RAM 30H～4FH 单元有一组无符号数，编写程序求出满足偶校验数据的个数结果存放在 50H 单元。

24．接上题，将满足偶校验的数据转存到 60H 开始的单元中。

25．编写程序，比较 40H 和 50H 中两个无符号数的大小，大的存放在 61H，小的存放在 62H。

26．已知内部 RAM 30H～4FH 单元有一组无符号数，编写程序找出其中最小的数，结果存放在 50H 单元。

27．已知两个无符号数据块分别从 30H、50H 开始存放，数据块的长度分别在 20H、21H 单元中，编写程序找出这两个数据块中的最大值。结果存放在 21H 单元中。

28．编写程序，计算自然数 1～10 的和，并将结果存放在 40H 单元中。

29．试编写程序计算内部 RAM 40H～47H 的 8 个单元中数的算术平均值，结果存放在 50H 单元。

30．内部 RAM 30H 存放一组有符号数（补码），数据块长度在 20H 单元，编写程序统计其中大于 0、等于 0 和小于 0 的数的个数，结果分别存放在 21H、22H、23H 中。

31．试编写程序计算内部 RAM 40H～4FH 的 16 个单元中数的算术平均值，结果存放在 50H 单元。（应采用与上题不同的思路求平均值）

32．试编写程序计算∑2i，i（0<i<127＝的大小，存放在 40H 单元中，计算结果存放在 R3R2 中。

33．编写程序计算：R3R2×R1R0→33H32H31H30H（高位在前）。

34．用减法的方法实现除法，参照例 4-21 编写程序计算：R1÷R0，结果存放在 R2 中。

35. 假设 R2、R3 中分别存放的是 0～9 之中的一个数，试编写程序，将 R2、R3 两个单元的数合并，转换成压缩 BCD 码（R2 是高位，R3 是低位），结果存放在 R1 中。

36. 已知 R0 中为无符号 8 位二进制数，编写程序将其转换为十进制数，结果存放在 32H31H30H 中。

37. 已知 32H31H30H 中存放三位十进制数，编写程序将其转换位二进制数，结果存放在 R1R0 中。

38. 编写程序，根据 30H、31H、32H 3 个单元中无符号数的大小，将中间值放在 R2 中。

39. 编写程序，判断单元 30H 中数据高五位有几个 1，并将结果存放在 40H 中。

40. 简述两条查表指令设计查表程序的步骤。

41. MOVC A，@A+PC 对表格的位置有何要求。

42. 分别写出共阳型、共阴型数码管十六进制数码的字段码。

43. 假设内部 RAM 单元 40H 中存放有一位十六进制数，利用查表指令编写程序求其平方，结果存放于 41H 中。

44. 已知 R0 中存放一位十进制数，编写查表程序求出其 ASCII 码，结果回放在 R0 中。

45. 按照图 4-14，修改例 4-29 数码管动态扫描程序，使第二位数码管的小数点亮。

第5章　C语言程序设计

汇编语言是一种用文字助记符来表示机器指令的符号语言，是最接近机器码的一种语言。其主要优点是占用资源少、程序执行效率高。但是不同的 CPU，其汇编语言可能有所差异，移植性差。

随着单片机开发技术的不断发展，目前已有越来越多的人从使用汇编语言到使用高级语言，其中以 C 语言为主，绝大多数单片机均有其 C 语言开发环境。本章学习 51 系列单片机的 C 语言——C51，它继承了 C 语言的绝大部分特性，为适应 51 系列单片机资源的特点，在数据类型、存储器类型、指针、函数等方面对 C 语言进行了拓展。本章重点讲解 C51 对 C 语言的拓展内容，C 语言的常识读者可参看有关专业书籍。

5.1　单片机 C51 语言基础

5.1.1　C51 语言的基本知识

C 语言在 20 世纪 70 年代诞生于美国的贝尔实验室。C 语言兼有汇编语言和高级语言的优点，数据结构和控制结构丰富灵活，表达能力强，效率高且可移植性好。

1．标识符

标识符是 C 语言中用来标识常量、变量、函数等对象名称的字符串，合法的标识符由字母、数字和下画线组成，并且第一个字符必须为字母或下画线。例如下面都是合法的标识符：

Addr、xyz、k1234、PI、_abc、_ABC

在 C51 语言中的标识符中，字母的大、小写是严格区分的，_abc 和_ABC 是两个不同的标识符。标识符一般取前 8 个字符，多余的在编译时不被识别。

C51 语言的标识符分为：关键字、预定义标识符和自定义标识符。关键字是 C51 语言规定的标识符，它们有固定的含义。C51 的关键字包括 ANSI 标准 C 语言中的关键字和 C51 语言拓展的关键字，见表 5-1 和表 5-2。预定义字符是指 C51 语言提供的系统函数的名字如：_nop_、_crol_、abs 等，以及预编译处理命令如：define、include 等，C51 语言的语法允许将这类标识符另做他用，但将使它们失去系统规定的功能，为避免误解，建议读者不要把它们另做他用。自定义标识符一般是用户给变量、函数、数组等的命名，命名时如果与关键字相同，程序编译时将给出出错信息，如果与预定义标识符相同，编译时不报错。

2．常量

在 C51 程序设计中可以使用的常量类型有：整型常量、实型常量和字符常量。

整型常量也称为整数，常用十进制和十六进制形式来表示，十进制数跟我们日常书写的形式一致，在用十六进制表示时，需要用数字 0 和字母 x 或 X 开头，如 0xff、0xc0 等。

表 5-1　ANSI C 语言中的标准常用关键字

关 键 字	用 途	说 明
char	定义变量的数据类型	定义字符型变量
double		定义双精度实型变量
enum		定义枚举型变量
float		定义单精度实型变量
int		定义基本整型变量
long		定义长整型变量
short		定义短整型变量
signed		定义有符号变量，二进制数据的最高位为符号位
struct		定义结构类型变量
typedef		重新进行数据类型定义说明符
union		定义联合类型变量
unsigned		定义无符号变量
void		定义无类型变量
volatile		定义在程序执行中可被隐含改变的变量
auto	定义变量的存储类型	定义局部变量，在设有明确定义其他存储类型时，默认为 auto
const		定义符号常量
extern		定义在其他程序模块中说明了的全局变量
register		定义寄存器变量
static		定义静态变量
break	语句类型	退出本层循环或结束 switch 语句
case		switch 语句中的选择项
continue		结束本次循环，继续下一次循环
default		switch 语句中的默认选择项
do		构成 do...while 循环结构
else		构成 if...else 选择结构
for		构成 for 循环结构
goto		转移语句
if		构成 if...else 选择结构
return		函数返回
swicth		开关语句
while		构成 while 和 do...while 循环结构
sizeof	运算符	计算表达式或数据类型的字节数

表 5-2　C51 语言新增的常用关键字

关 键 字	说 明	用 途
bdata	定义数据存储区域	可位寻址的片内数据存储器（20H~2FH）
code		程序存储器
data		可直接寻址的片内数据存储器

关 键 字	说 明	用 途
idata		可间接寻址的片内数据存储器
pdata		可分页寻址的片外数据存储器
xdata	定义数据存储模式	片外数据存储器
compact		指定使用片外分页寻址的数据存储器
Large		指定使用片外数据存储器
small		指定使用片内数据存储器
bit		定义一个位变量
sbit		定义一个位变量
Sfr	定义变量的数据类型	定义一个 8 位的 SFR
Sfr16		定义一个 16 位的 SFR
interrupt	定义中断函数	声明一个函数为中断服务函数
reentrant	定义再入函数	声明一个函数为再入函数
using	定义寄存器组	指定当前使用的工作寄存器组
-at-	地址定位	为变量进行存储器绝对地址空间定位
-task-	任务声明	定义实时多任务函数

实型常量又称为实数，都采用十进制数，有小数形式和指数形式，默认输出时最多只保留 6 位小数。小数形式由数字和小数点组成，如 1.234，指数形式由小数形式的实数和 E[±]整数构成，如 1.234，可以写成 1.234E0，或 0.1234E1，或 12.34E-1。

字符常量是用单引号括起来的一个 ASCII 码字符集中的字符，如 'A'、'0'、'%'、'$' 等，在 C51 中字符常量是作为整型常量来处理的，它的值就是对应字符的 ASCII 代码值。如 'A' 的值是 65 或 0x41，'0' 的值是 48 或 0x30。

3. 基本数据类型

数据类型是指变量的存储方式，即变量所需要的字节数和取值范围。C51 常用数据类型如表 5-3 所示，其中 bit、sbit、sfr、sfr16 为新增加的数据类型。与 ANSI C 一样，变量需要先定义后使用，变量定义的方式、变量类型的转换规则等也与 ANSI C 一致，本书不再赘述。本节的重点是介绍 C51 新增加的数据类型使用方法。

表 5-3　C51 常用的数据类型

数 据 类 型	占用的空间	取 值 范 围
unsigned char	单字节	0～255
signed char	单字节	−128～+127
unsigned int	双字节	0～65535
signed int	双字节	−32768～+32767
unsigned long	四字节	0～4294967295
signed long	四字节	−2147483648～+2147483647
float	四字节	±1.175494E-38～±3.402823E+38
*	1～3 字节	对象的地址
bit	位	0 或 1

数 据 类 型	占用的空间	取 值 范 围
sbit	位	0 或 1
sfr	单字节	0～255
sfr16	双字节	0～65535

（1）bit

bit 变量的值只能是 1 或 0，用来表示两种不同的状态。程序中可以通过对位变量值的设置和判断来控制程序的流程。位变量定义后，程序编译时自动在单片机内部为其分配一个位地址空间，bit 变量位地址空间就是第 3 章中讲述的位寻址区，见表 3-2，bit 变量的定义方法如下：

```
bit   bflog;           //定义一个位变量 bflog
bit   bflog=0;         //定义一个位变量 bflog，并赋初值 0
```

与 char、int 等类型的变量不同，bit 变量的使用有如下的限制：不能定义位指针，不能定义位数组，函数的返回值也不能是 bit 类型的值。

（2）sbit

sbit 变量的值也只能是 1 或 0，sbit 变量的位地址空间是单片机内部可位寻址 SFR 的位地址，sbit 变量位地址空间如表 5-4 所示。

表 5-4 sbit 变量位地址空间

可位寻址的 SFR 名称	字节地址	位 地 址							
		D7	D6	D5	D4	D3	D2	D1	D0
B	F0H	F7H	F6H	F5H	F4H	F3H	F2H	F1H	F0H
ACC	E0H	E7H	E6H	E5H	E4H	E3H	E2H	E1H	E0H
PSW	D0H	D7H	D6H	D5H	D4H	D3H	D2H	D1H	D0H
IP	B8H	—	—	BCH	BBH	BAH	B9H	B8H	
P3	B0H	B7H	B6H	B5H	B4H	B3H	B2H	B1H	B0H
IE	A8H	AFH	—	—	ACH	ABH	AAH	A9H	A8H
P2	A0H	A7H	A6H	A5H	A4H	A3H	A2H	A1H	A0H
SCON	98H	9FH	9EH	9DH	9CH	9BH	9AH	99H	98H
P1	90H	97H	96H	95H	94H	93H	92H	91H	90H
TCON	88H	8FH	8EH	8DH	8CH	8BH	8AH	89H	88H
P0	80H	87H	86H	85H	84H	83H	82H	81H	80H

sbit 变量的定义有 3 种方式：

A）sbit   变量名= 位地址

如：sbit   p1_0=0x90;   //定义 p1_0 的位地址为 0x90，表示 P1.0 口

B）sbit   变量名= SFR 的名称 ^ 位序号

如：sbit   p1_0=P1^0;   //定义 p1_0 对应 P1 口的最低位，表示 P1.0 口

C）sbit   变量名= SFR 的地址 ^ 位序号

如：sbit　p1_0=0x90^0; // 0x90 是 P1 口字节地址，p1_0 表示 P1.0 口

上面 3 种方法定义的 p1_0 变量都表示 P1.0 口，对 p1_0 变量的操作即对 P1.0 口的输入/输出控制。常用第 2 种方法定义，但先要对 P0~P3 的 SFR 进行定义。

（3）sfr

用 sfr 型变量可以访问单片机内部的所有特殊功能寄存器，AT89S51 单片机的特殊功能寄存器见表 3-3。

sfr 型变量定义的方法如下：

　　　　sfr　变量名　=　某个 SFR 的地址

如：　　sfr　PortP1=0x90; //0x90 是 P1 口地址，定义 PortP1 变量代表 P1 口。一般情况下，sfr 型变量的名都直接采用表 3-3 中的名称。

下面以 P1 口为例，说明 C51 语言对单片机口的操作：

```
sfr  P1=0x90;        //0x90 是 P1 口地址
sbit p1_0=P1^0;      //定义 p1_0，表示 P1.0 口
p1_0=0;              //P1.0 口输出 0（低电平）
p1_0=1;              //P1.0 口输出 1（高电平）
P1=0x0f;             //P1 口高 4 位输出 0（低电平），低 4 位输出 1（高电平）
P1=0xff;             //向 P1 口锁存器写入"1"
x=P1;                //P1 口引脚信息读到变量 x 中
```

☞注意：

后面两句是对 P1 口的读操作，与汇编语言口的输入操作方式类似。

（4）sfr16

与 sfr 类似，sfr16 定义 51 单片机内部的 16 位特殊功能寄存器，如 DPTR 等，实际中用的不多，定义的方法与 sfr 一样。

在实际应用中，一般将单片机内部的 SFR 以及它们可以位寻址的位地址统一定义在头文件 REG51.H 中，在程序的开头引用该头文件，在程序编写时可以直接引用其中定义的变量。

C51 编译器对每一个变量都会在存储空间中为其分配空间，并可以指定具体的存储区域（定义变量时用表 5-2 中的 data、code、idata 等关键字），如果不说明则默认为 data，在内部 RAM 低 128 个单元，data 空间访问速度快，使用频繁的变量建议存放在此空间。程序中用到的常量最好定义在 code 空间，存放在 ROM 空间，以节省 RAM 空间。

5.1.2　运算符与表达式

C51 语言的运算符与表达式与 ANSI C 的基本一致，本书不再详述，读者可以参阅有关 C 语言的书籍。表 5-5 为 C51 的运算符优先级与结合性。表达式是由运算符和运算对象（变量、常量、函数等）构成的，运算符是表达式的核心，书写表达式不宜过长，复杂的运算关系表达式中可以使用圆括号，使运算关系清晰。

表 5-5　C51 运算符的优先级与结合性

优 先 级	运 算 符	功 能	类 型	结 合 方 向
1	() []	圆括号、函数参数表 数组元素下标	括号运算符	从左至右
2	! ~ ++、-- + - * & （类型名） sizeof	逻辑非 按位取反 自增1、自减1 求正 求负 间接运算符（指针运算符） 求地址运算符 强制类型转换 求所占字节数	单目运算符	从右至左
3	*、/、%	乘、除、整数取余	双目运算符	从左至右
4	+、-	加、减		
5	<<、>>	向左移位、向右移位	双目移位运算符	
6	<、<=、>、>=	小于、小于等于、大于、大于等于	双目关系运算符	
7	==、!=	恒等于、不等于		
8	&	按位与	双目位运算符	
9	^	按位异或		
10	|	按位或		
11	&&	逻辑与	双目逻辑运算符	
12	||	逻辑或		
13	? :	条件运算	三目条件运算符	
14	= +=、-=、%=、 &=、|=、…	简单赋值 复合赋值（计算并赋值）	双目赋值运算符	从右至左
15	,	顺序求值	顺序运算符	从左至右

5.1.3　指针与绝对地址访问

指针是 C 语言中的一个重要概念，指针类型数据在 C 语言程序中的使用十分普遍。C 语言区别于其他程序设计语言的主要特点就是处理指针时所表现出的能力和灵活性。正确地使用指针类型数据，可以有效地表示复杂的数据结构，直接处理内存地址，而且可以更有效、合理地使用数组。

1. 指针与地址

计算机程序的指令、常量和变量等都要存放在以字节为单位的内存单元中，内存的每字节都具有一个唯一的编号，这个编号就是存储单元的地址。

各个存储单元中所存放的数据，称为该单元的内容。计算机在执行任何一个程序时都要涉及许多的单元访问，就是按照内存单元的地址来访问该单元中的内容，即按地址来读或写该单元中的数据。由于通过地址可以找到所需要的单元，因此这种访问是"直接访问"方式。

另外一种访问是"间接访问"，它首先将欲访问单元的地址存放在另一个单元中，访问时，先找到存放地址的单元，从中取出地址，然后才能找到需访问的单元，再读或写该单元的数据。在这种访问方式中使用了指针。

C 语言中引入了指针类型的数据，指针类型数据是专门用来确定其他类型数据地址的，因此一个变量的地址就称为该变量的指针。例如，有一个整型变量 i 存放在内存单元 60H 中，则该内存单元地址 60H 就是变量 i 的指针。

如果有一个变量专门用来存放另一个变量的地址，则该变量称为指向变量的指针变量（简称指针变量）。

2. 指针变量的定义

指针变量与其他变量一样，必须先定义，后使用。

指针变量定义的一般形式：

数据类型　*[存储器类型] 指针变量名;

其中，"指针变量名"是我们定义的指针变量名字。"数据类型"说明了该指针变量所指向的变量的类型。"存储器类型"是可选项，它是 C51 编译器的一种扩展，如果带有此选项，指针被定义为基于存储器的指针，无此选项时，被定义为一般指针。这两种指针的区别在于它们的存储字节不同。一般指针在内存中占用 3 字节，而基于存储器的指针，则指针的长度可为 1 字节（存储器类型选项为 idata、data、pdata）或 2 字节（存储器类型选项为 code、xdata）。

☞注意：

> 变量的指针和指针变量是两个不同的概念。变量的指针就是该变量的地址，而一个指针变量里面存放的内容是另一个变量在内存中的地址，拥有这个地址的变量称为该指针变量所指向的变量。每一个变量都有它自己的指针(即地址)，而每一个指针变量都是指向另一个变量的。为了表示指针变量和它所指向的变量之间的关系，C 语言中用符号 "*" 来表示 "指向"。

3. 指针变量的引用

指针变量是含有一个数据对象地址的特殊变量，指针变量中只能存放地址。在实际的编程和运算过程中，变量的地址和指针变量的地址是不可见的。因此，C 语言提供了一个取地址运算符 "&"。使用取地址运算符 "&" 和赋值运算符 "=" 就可以使一个指针变量指向一个变量。

如：int　t，*pt;　　　　　//定义整形变量 t 和整形指针变量 pt
　　　pt=&t;　　　　　　　//指针变量 pt 就指向了变量 t

当完成了变量、指针变量的定义以及指针变量的引用后，就可以对内存单元进行间接访问了。此时，我们需用到指针运算符（又称间接运算符）"*"。

【例 5-1】 将变量 t 的值赋给变量 x。

直接访问：

　　　int x，t;　　　　　//定义变量 x，t
　　　x=t;　　　　　　　//变量 t 的值赋给变量 x

间接访问：

```
int x，t，*pt;          //定义变量 x，t，定义指针变量 pt
pt=&t;                 //取 t 的地址赋给变量 pt
x=*pt;                 //指针变量 pt 所指向的变量值赋给 x
```

4．C51 编程中对绝对地址访问

在进行 8051 单片机应用系统程序设计时，有时需要直接操作存储器地址空间。C51 程序经过编译之后产生的目标代码具有浮动地址，其绝对地址必须经过 BL51 连接定位后才能确定。为了能够在 C51 程序中直接对任意指定的存储器地址进行操作，可以采用扩展关键字 "_at_"、或采用存储器指针指定变量的绝对地址。

最简单而有效的方法是用 "_at_" 关键字来指定变量存储器空间绝对地址。一般格式如下：

```
[存储器类型] 数据类型 标识符 _at_ 地址常数
```

其中：

1）存储器类型为 idata、data、xdata 等 C51 能够识别的所有类型，最好不要省略。

2）数据类型可以用 char、int、long、float 等基本类型，也可以用数组、结构等复杂数据类型。

3）标识符就是要定义的变量名。

4）地址常数就是要直接操作的存储器的绝对地址，必须位于有效的存储器空间之内。

```
如：data unsigned char x1 _at_ 0x30;
    //指定字符变量 x1 的地址为内部 RAM 30H 单元
```

☞注意:

不能对局部变量进行初始化，只能是全局变量，函数及 bit 变量不能用 "_at_" 进行绝对地址定位。

采用存储器指针，先定义一个存储器指针变量，然后对该变量赋以指定存储区域的绝对地址。

```
如：char data *x1;       //定义存储器指针变量 x1
    x1=0x30;             //给 x1 变量赋内 RAM 地址空间 30H
```

5.2 单片机 C 语言程序设计基础

C51 语言是一种结构化的程序设计语言，采用的是模块化程序结构。C51 语言采用一定的流程控制结构来控制各模块间的顺序关系。C51 语言中提供了许多功能强大的程序控制语句。学习这些语句的用法对于掌握 C51 的结构化程序设计很有帮助，合理使用这些语句可以完成复杂的程序设计。

5.2.1 常用语句与流程控制

C51 语言可执行的语句分为基本语句和流程控制语句。基本语句主要用于顺序结构程序

的编写，包括：赋值语句、函数调用语句、复合语句和空语句等，语句以分号结束。

1. 基本语句

赋值语句：赋值语句的一般形式为

变量 = 表达式；

函数调用语句：函数调用语句的形式为

函数名（参数表）；

复合语句：将多条语句用一对大括号括起来组成的语句体称为复合语句，其形式为

{语句1; 语句2; …… ; 语句n;}

空语句：一个只有";"构成的语句称为空语句。空语句在执行时不产生任何操作。

2. 流程控制语句

流程控制语句包括分支语句和循环语句，主要用于分支程序或循环程序设计。

（1）if语句

if语句有3种结构形式：

if（表达式）语句;
if（表达式）语句1;
else　语句2;
if（表达式1）语句1;
else　if（表达式2）语句2;
else　语句3;

if 语句执行时先计算表达式的值，如果表达式的值为真（非零），执行 if 后的语句，反之，表达式的值为假（零）时，则执行 else 后的语句（如果有的话）。if 结构中的语句可以是 C51 语言任意合法的语句。A）主要用于单分支程序设计（有条件执行），B）用于双分支程序设计。C）用于多分支程序设计，可以多层嵌套。

☞注意：

else 不能单独使用，必须与 if 配对使用。

（2）switch 语句

switch 语句又叫开关语句，开关语句的结构形式为

switch(变量)
　　{
　　　　case 常量1:
　　　　　　语句1或空;
　　　　case 常量2:
　　　　　　语句2或空;
　　　　　　…
　　　　case 常量n;
　　　　　　语句n或空;

```
                default:
                    语句 n+1 或空;
        }
```

switch 语句执行时，将变量逐个与 case 后的常量进行比较，若与其中一个相等，则执行该常量下的语句，若不与任何一个常量相等，则执行 default 后面的语句。switch 语句主要用于多分支程序设计。

（3）for 语句

for 语句是一种循环语句，它的结构形式为

　　　　for（表达式 1;表达式 2;表达式 3）循环体

其中，表达式 1 是初始化表达式，用来给控制变量赋初值；表达式 2 是条件表达式，它决定循环退出的条件；表达式 3 是循环控制变量增量表达式，定义循环控制变量每循环一次后按什么方式变化；循环体是每次循环都重复执行的程序。for 语句可以多层嵌套，循环体中可以包含由其他变量控制的 for 语句结构。for 语句中的表达式可以省略，但表达式的 "；" 不可省略，表达式 1 可以放在 for 语句前，表达式 3 也可以放在循环体中，下式是 for 语句的特殊应用：无限循环。

　　　　for（ ； ）循环体

（4）while 语句

while 语句是一种循环语句，它的结构形式为

　　　　while（表达式）循环体

其中 "表达式" 是一个条件表达式，可以是 C 语言任意合法的表达式，其作用是控制循环体是否执行，while 语句是先判断后执行。while 语句的特殊应用：无限循环。

　　　　while（1）循环体

（5）do-while 语句

do-while 语句也是一种循环语句，它的结构形式为

　　　　do 循环体 while（表达式）;

do-while 语句与 while 语句的区别是：do-while 语句是先执行循环，然后判断表达式是否满足循环条件，再决定是否退出循环，可见 do-while 语句的循环体至少被执行一次。

（6）break 语句

break 语句是辅助控制语句，其一般形式为

　　　　break ;

当 break 语句用于 do-while、for、while 循环语句中时，可使程序终止循环而执行循环后面的语句。在 switch 语句结构中，一般在每个选项的结束都用 break 语句来终止。

（7）continue 语句

continue 语句是辅助控制语句，其一般形式为

```
        continue  ;
```

continue 语句用于循环体内结束本次循环，接着进行下一次循环的判定。

（8）goto 语句

goto 语句是无条件转移语句，其格式为

```
    goto   标号；
```

执行该语句后，程序转移到相应的标号处执行。其中的标号是一个带"："的有效标识符。标号必须与 goto 语句同处于一个函数中，但可以不在一个循环层中。通常 goto 语句与 if 条件语句连用，当满足某一条件时，程序跳到标号处运行。goto 语句通常不用，主要因为它会使程序层次不清，且不易读，但在多层嵌套退出时，用 goto 语句则比较合理。

5.2.2 函数

C51 语言程序是由一个个函数构成的，函数是 C 语言中的一种基本模块。一个 C 源程序至少包括一个名为 main( )的函数（主函数），因为 C51 语言程序的执行都是从 main( )函数开始，也是在 main( )函数中结束，其他函数只有在执行 main( )函数的过程中被调用才能被执行（中断函数除外，有关中断函数将在本书第 6 章介绍）。

同变量一样，函数也必须先定义后使用，所有函数在定义时是相互独立的，它们之间是平行关系，所以不能在一个函数内部定义另一个函数，即不能嵌套定义。函数之间可以互相调用，但不能调用主函数，一般被调用函数应写在调用函数的前面（被调用函数声明后也可以放在调用函数的后面）。从使用者的角度来看，函数分为两类：标准库函数和用户自定义函数。

1. 自定义函数的一般形式

C51 语言自定义函数的一般形式为

```
[函数类型标识符] 函数名 ([形式参数]) [存储模式][ reentrant][using   n]
{
局部变量定义
函数体语句
}
```

其中：

"函数类型标识符"说明了函数返回值的类型，当"函数类型标识符"默认时为整型。

"函数名"是程序设计人员自己定义的函数名字。

"形式参数"中列出的是在主调用函数与被调用函数之间传递数据的形式参数，如果定义的是无参函数，形式参数类型用 void 来注明。

"存储模式"默认为 small，即函数使用单片机内部数据存储器，一般都使用该模式。

"using n"指定函数所用的工作寄存器区，n 为工作寄存器区编号（0～3）。

"局部变量定义"是对在函数内部使用的局部变量进行定义。

"函数体语句"是为完成该函数的特定功能而设置的各种语句。

2. 标准库函数

Keil C51 编译系统提供了许多完成特定功能的函数，这些函数用户在编程时可以直接调用，这些库函数被分门别类地归属到不同的头文件中，使用时需在程序的开头用预处理命令#include 将有关的头文件包含进来，表 5-6 为 Keil C51 中提供的标准库函数及其分类。

表 5-6　Keil C51 标准库函数及其分类

函 数 名 称	函 数 类 型	所属头文件
isalnum，isalpha，iscntrl，isdight，isgraph，islovwer，isprint，ispunct，isspace，isupper，isxdigit，toascii，toint，_tolower，_toupper	字符函数	ctype.h
_getkey，getchar，gets，ungetchar，putchar，printf，sprintf，puts，scanf，vprintf，vs printf，	标准 I/O 函数	stdio.h
memchr，memcmp，memcpy，memccpy，memmove，memset，strcat，strncat，strcmp，strncmp，strcpy，strncpy，strlen，strstr，strchr，strrchr，strspn，strcspn，strpbrk，strrpbrk	字符串函数	string.h
atof，atoll，atoi，calloc，free，init_mempool，malloc，realloc，rand，srand，strtod，strtol，strtoul	标准函数	stdlib.h
abs，cabs，fabs，labs，exp，log，log10，sqrt，cos，sin，tan，acos，asin，atan，atan2，cosh，sinh，tanh，ceil，floor，modf，pow	数学函数	math.h
chkfloat，_crol_，_irol_，_lrol_，_cror_，_iror_，_lror_，_nop_，_testbit_	内部函数	intrins.h

上表中的标准库函数的原型、功能描述、返回值、应用举例等在 Keil C51 集成开发环境提供的帮助文档中都可以查到。单击工程管理器中的 Books 标签，选中/Books/Tools User Guide/C51 Library Functions，双击即可打开库函数帮助窗口。选择相应的函数名，可找到该函数的描述文档，包括该函数所属的头文件、函数原型、功能描述及应用举例等。

5.2.3　C51 程序的一般结构

与单片机的汇编语言程序类似，C51 的应用程序也有固定的程序结构，按照其结构编写程序既可以提高程序的可读性，减少程序编写过程出现的语法错误，又能提高编程的速度。C51 程序的一般结构如下：

```
#include "reg51.H"        //调 sfr 和 sbit 变量定义的头文件
…                         //其他预处理命令
…                         //全局变量定义
…                         //子函数、中断服务函数
void main( )              //主函数
{
    …                     //初始化
    while(1){
        …                 //主函数中循环执行的部分
    }
}
```

从上述程序结构可以看出它和第 3 章汇编语言程序结构间的对应关系。请读者对照比较。本节通过将第 3 章的循环流水灯控制程序用 C51 语言编写，来体现 C51 程序的结构。

按照上面的程序结构很容易将 3.5.3 节的循环流水灯程序改为 C51 的程序，程序如下：

（小灯依次亮灭，反复循环）

【例5-2】 图 3-11 C51 程序一。

```
#include "reg51.H"        //调 sfr 和 sbit 变量定义的头文件
sbit  p10=P1^0;           //定义 p10 变量对应 P1.0 口
sbit  p11=P1^1;           //定义 p11 变量对应 P1.1 口
sbit  p12=P1^2;           //定义 p12 变量对应 P1.2 口
sbit  p13=P1^3;           //定义 p13 变量对应 P1.3 口
sbit  p14=P1^4;           //定义 p14 变量对应 P1.4 口
sbit  p15=P1^5;           //定义 p15 变量对应 P1.5 口
sbit  p16=P1^6;           //定义 p16 变量对应 P1.6 口
sbit  p17=P1^7;           //定义 p17 变量对应 P1.7 口
void delay( )             //延时子函数
{unsigned   int i;
 for(i=0;i<30000;i++);    //for 循环执行空函数，实现延时
}
void main( )              //主函数
{
While(1){ p10=0;          //第 1 个灯亮
          delay( );       //调延时子函数
          p10=1;          //第 1 个灯灭
          p11=0;          //第 2 个灯亮
          delay( );       //调延时子函数
          p11=1;
          …
          p17=1;          //第 8 个灯灭
        }
}
```

上述程序也可以改写为如下的程序：（小灯依次亮灭，反复循环）

【例5-3】 图 3-11 C51 程序二。

```
#include "reg51.H"        //调 sfr 和 sbit 变量定义的头文件
void delay( )             //延时子函数
{unsigned   int i;
 for(i=0;i<30000;i++);    //for 循环执行空函数，实现延时
}
void   dis( )
{  P1=0xfe;               //第 1 个灯亮,P1 口 8 位输出 11111110B，即 P1.0 输出低电平灯亮
   delay( );              //调延时子函数
   P1=0xfd;               //第 2 个灯亮
   delay( );              //调延时子函数
   P1=0xfb;               //第 3 个灯亮
   delay( );              //调延时子函数
   P1=0xf7;               //第 4 个灯亮
   delay( );              //调延时子函数
   P1=0xef;               //第 5 个灯亮
```

```
        delay( );                    //调延时子函数
        P1=0xdf;                     //第 6 个灯亮
        delay( );                    //调延时子函数
        P1=0xbf;                     //第 7 个灯亮
        delay( );                    //调延时子函数
        P1=0x7f;                     //第 8 个灯亮
        delay( );                    //调延时子函数
        }
        void main( )      //主函数
        {
        While(1){
                dis( );   //调循环流水灯程序
                }
        }
```

上述程序也可以通过调用标准库函数实现小灯的依次亮灭，程序如下：

【例 5-4】 图 3-11 C51 程序三。

```
        #include  "reg51.H"          //调 sfr 和 sbit 变量定义的头文件
        #include  "intrins.h"
        unsigned   char   data_Lamp =0xfe;  //定义变量 dat 存放亮灯信息，并赋初值
        void delay( )                //延时子函数
        {unsigned   int i;
         for(i=0;i<30000;i++);       //for 循环执行空函数，实现延时
        }
        void   dis( )
        {
          P1=data_Lamp;              //灯信息从 P1 口输出
          delay( );   //调延时子函数
          data_Lamp=_crol_( data_Lamp,1) ;  // data_Lamp 中的信息循环左移一位
        }
        void main( )                 //主函数
        {
          While(1){
                dis( );              //调循环流水灯程序
                }
        }
```

合理选用标准库函数，可以节省程序编写的工作量。

5.3 LED 数码管显示电路及其驱动程序

LED 数码管显示电路及其工作原理在 4.7 节中已作详细阐述，本节重点是用 C51 语言设计 LED 数码管动态显示电路控制程序（电路为图 4-14 所示的 4 位共阳型数码管动态扫描电路）。

【例 5-5】 利用 switch 语句设计数码管动态扫描程序。

```
#include"reg51.h"
sbit   p20=P2^0;                              //定义 p20 对应 P2.0 口
sbit   p21=P2^1;                              //定义 p21 对应 P2.1 口
sbit   p22=P2^2;                              //定义 p22 对应 P2.2 口
sbit   p23=P2^3;                              //定义 p23 对应 P2.3 口
unsigned char ucled0=1;                       //定义显示缓冲变量，存放显示信息
unsigned char ucled1=2;                       //同上
unsigned char ucled2=3;
unsigned char ucled3=4;
void   del( )                                 //延时函数
{unsigned char   i;
 for（i=0；i<50；i++）;
}
unsigned  char  z_d（unsigned char  x）      //实现查表语句功能
{ unsigned   char  p，m;
  p=x;                                        //取参数
  switch（p）{                                //根据参数，取显示字符的字段码
            case   0：m=0xc0；break；         //0 字段码
            case   1：m=0xf9；break；         //1 字段码
            case   2：m=0xa4；break；         //2 字段码
            case   3：m=0xb0；break；         //3 字段码
            case   4：m=0x99；break；         //4 字段码
            case   5：m=0x92；break；         //5 字段码
            case   6：m=0x82；break；         //6 字段码
            case   7：m=0xf8；break；         //7 字段码
            case   8：m=0x80；break；         //8 字段码
            case   9：m=0x90；break；         //9 字段码
            default：m=0xff；   break；       //关所有显示笔段
          }
  return   m;                                 //返回显示字段码
}
void dis( )                                   //数码管显示子函数
{   P0= z_d(ucled0);                          //输出第一位数码管的字段码
    p20=0;                                    //开通位
    del( );                                   //调延时
    p20=1;                                    //关断位
P0= z_d(ucled1); p21=0; del( ); p21=1;        //第二位数码管显示
P0= z_d(ucled2); p22=0; del( ); p22=1;        //第三位数码管显示
P0= z_d(ucled3); p23=0; del( ); p23=1;        //第四位数码管显示
}
void   main( )                                //主函数
{
    while(1) { dis( );     }                  //调显示子函数
}
```

【例 5-6】 利用数组设计数码管动态扫描程序。

```
#include"reg51.h"
sbit   p20=P2^0;                          //定义 p20 对应 P2.0 口
sbit   p21=P2^1;                          //定义 p21 对应 P2.1 口
sbit   p22=P2^2;                          //定义 p22 对应 P2.2 口
sbit   p23=P2^3;                          //定义 p23 对应 P2.3 口
unsigned char ucled0=1;                   //定义显示缓冲变量，存放显示信息
unsigned char ucled1=2;                   //同上
unsigned char ucled2=3;
unsigned char ucled3=4;
unsigned char code   x[ ]= {
0xc0，0xf9，0xa4，0xb0，0x99，0x92，0x82，0xf8，0x80，0x90
     };                                   //与汇编语言 TAB 表格一致，存放在 ROM 空间

void   del( )                             //延时函数
{unsigned char   i;
 for（i=0；i<50；i++）;
}
void   dis( )                             //数码管显示子函数
{
    P0= x[ucled0];                        //输出第 1 位数码管的字段码
    p20=0;                                //开通位
    del( );                               //调延时
    p20=1;                                //关断位
P0= x[ucled1]；p21=0；del( )；p21=1；       //第 2 位数码管显示
P0= x[ucled2]；p22=0；del( )；p22=1；       //第 3 位数码管显示
P0= x[ucled3]；p23=0；del( )；p23=1；       //第 4 位数码管显示
}
void   main( )                            //主函数
{
    while(1) { dis( );   }                //调显示子函数
}
```

5.4   LCD 显示电路及其驱动程序

本书 4.7 节介绍了 LCD 显示器件，并具体介绍了 1602 字符型 LCD 接口电路设计及其汇编语言程序设计，本节在图 4-21 电路基础上，用 C51 语言设计 1602 的显示程序。

【例 5-7】 在图 4-21 电路基础上，设计 1602 显示程序，设单片机系统的晶振为 12MHz，从第一行的开头显示：data1：1234，从第二行的开头显示：data2：12.4。

```
#include "reg51.h"
sbit   RS=P2^7   ;       //寄存器选择位，将 RS 位定义为 P2.7 引脚
sbit   RW=P2^6   ;       //读写选择位，将 R/W 位定义为 P2.6 引脚
sbit   E=P2^5    ;       //使能信号位，将 E 位定义为 P2.5 引脚
void   del1( )
```

```
{unsigned char i;                       //延时函数
    for (i=0; i<10; i++);
}
void  winstruc (unsigned char x)        //写命令函数
{
    RS=0;                               // RS 置低电平
    RW=0;                               // RS、R/W 置低电平，可以写入指令
    E=0;                                // E 置低电平
    del1( );                            //延时 20μs，给硬件反应时间
    P0=x;                               //P0 口输出命令
    del1( );                            //延时 20μs，给硬件反应时间
    E=1;                                // E 置高电平，产生高脉冲
    del1( );                            //延时 20μs，给硬件反应时间
    E=0;                                //当 E 由高电平跳变成低电平时，液晶模块开始执行命令
}
void  wdata (unsigned char y)           //写数据函数
{
    RS=1;                               // RS 置高电平
    RW=0;                               // R/W 置低电平，可以写入数据
    E=0;                                // E 置低电平
    del1( );                            //延时 20μs，给硬件反应时间
    P0=y;                               //P0 口输出数据
    del1( );                            //延时 20μs，给硬件反应时间
    E=1;                                // E 置高电平，产生高脉冲
    del1( );                            //延时 20μs，给硬件反应时间
    E=0;                                //当 E 由高电平跳变成低电平时，液晶模块开始执行命令
}
void  initiate ( )                      //1602 初始化函数
{
    winstruc (0x38);                    //显示模式设置：16×2 显示，5×7 点阵，8 位数据接口
    winstruc (0x06);                    //显示模式设置：显示开，有光标，光标闪烁
    winstruc (0x0f);                    //显示模式设置：光标右移，字符不移
    winstruc (0x01);                    //清屏幕指令
}
void  delay5ms( )                       //5ms 延时程序
{unsigned char i, j;
    for(i=0; i<50; i++)
    for(j=0; j<33; j++);
}
void  mian( )
{
    initiate ( ) ;                      //调 1602 初始化函数
    winstruc (0x80);                    //将显示地址指定为第 1 行第 1 列，
                                        //显示地址加上 80H 为写入 LCD 地址
    delay5ms( );                        //延时 5ms
    wdata (0x31);                       //字符"1"送显示显示
```

130

```
    wdata（0x32）;              //字符"2"送显示显示
    wdata（0x33）;              //字符"1"送显示显示
    wdata（0x34）;              //字符"2"送显示显示
winstruc（0xc0）;              //将显示地址指定为第2行第1列,
                               //显示地址加上C0H为写入LCD地址
    wdata（0x31）;              //字符"1"送显示显示
    wdata（0x32）;              //字符"2"送显示显示
    wdata（0x2E）;              //字符"."送显示显示
    wdata（0x34）;              //字符"2"送显示显示
    while（1）;
    }
```

本程序与例 4-30 汇编程序完全对应，写命令、写数据的子函数也完全参照 1602 的时序，与汇编语言的子程序对应。

5.5　贯穿教学全过程的实例——温度测量报警系统之四

本节的实例是用 C51 设计温度测量报警系统显示程序，显示电路为第 4 章图 4-20 和图 4-21，这里不再重复。

对应图 4-20 数码管显示电路的温度测量报警系统 C 语言驱动程序如下：

```
#include"reg51.h"
sbit   WEI_0=P2^7;          // P2.7 控制第一个数码管位
sbit   WEI_1=P2^6;          // P2.6 控制第二个数码管位
sbit   WEI_2=P2^5;          // P2.5 控制第三个数码管位
sbit   WEI_3=P2^4;          // P2.4 控制第四个数码管位
sbit   WEI_4=P2^3;          // P2.3 控制 8 个发光二极管
unsigned char   AD_ID =0;   //存放 A/D 通道号
unsigned char   DA_H =0;    //存放温度百位数
unsigned char   DA_M =0;    //存放温度十位数
unsigned char   DA_L =0;    //存放温度个位数
unsigned char   AD_ID_S;    //存放 8 路温度状态
unsigned char code   x[ ]=
{0xc0，0xf9，0xa4，0xb0，0x99，0x92，0x82，0xf8，0x80，0x90};
                            //与汇编语言 TAB 表格一致
void   del( )               //延时函数
{unsigned char   i;
 for（i=0；i<50；i++）;
}
void   dis( )               //数码管显示子函数
{
  P0=x[AD_ID];              // A/D 通道送显示
WEI_0=0;                    //开通第一位数码管的位
  del( );                   //调延时
  WEI_0=1;                  //关断第一位数码管的位，第一个显示完
  ……                       //中间两位数码管显示控制
```

```
    P0=x[DA_L];                    //温度个位送显示
WEI_3=0;                           //开通第4位数码管的位
  del( );                          //调延时
   WEI_3=1;                        //关断第4位数码管的位
   P0= AD_ID_S;                    //8路温度状态送显示
WEI_4=0;                           //开通发光二极管的位控制
  del( );                          //调延时
   WEI_4=1;                        //发光二极管的位控制
}
void   main( )
{
   While(1)
   {
     dis( );                       //调用显示函数
   }
}
```

对应图4-21 LCD1602显示电路的温度测量报警系统C语言驱动程序如下：

```
#include "reg51.h"
sbit  RS=P2^7   ;                  //寄存器选择位，将RS位定义为P2.7引脚
sbit  RW=P2^6   ;                  //读写选择位，将R/W位定义为P2.6引脚
sbit  E=P2^5    ;                  //使能信号位，将E位定义为P2.5引脚
sbit  WEI_4=P2^3;                  // P2.3控制8个发光二极管
unsigned char   AD_ID =0;          //存放A/D通道号
unsigned char   DA_H =0;           //存放温度百位数
unsigned char   DA_M =0;           //存放温度十位数
unsigned char   DA_L =0;           //存放温度个位数
unsigned char   AD_ID_S;           //存放8路温度状态
void   del1( )
{unsigned  char  i;                //延时函数
   for（i=0; i<10; i++);
}
void   winstruc（unsigned  char  x）  //写命令函数
{
   RS=0;                           // RS 置低电平
   RW=0;                           // RS、R/W置低电平，可以写入指令
   E=0;                            // E 置低电平
   del1( );                        //延时20μs，给硬件反应时间
   P0=x;                           //P0口输出命令
   del1( );                        //延时20μs，给硬件反应时间
E=1;                               // E 置高电平，产生高脉冲
   del1( );                        //延时20μs，给硬件反应时间
E=0;                               //当E由高电平跳变成低电平时，液晶模块开始执行命令
}
void   wdata（unsigned  char  y）     //写数据函数
{
```

132

```
        RS=0;                    // RS 置低电平
        RW=0;                    // RS、R/W 置低电平，可以写入指令
        E=0;                     // E 置低电平
        del1( );                 //延时 20μs，给硬件反应时间
        P0=y;                    //P0 口输出数据
        del1( );                 //延时 20μs，给硬件反应时间
   E=1;                          // E 置高电平，产生高脉冲
        del1( );                 //延时 20μs，给硬件反应时间
   E=0;                          //当 E 由高电平跳变成低电平时，液晶模块开始执行命令
   }
   void   initiate ( )           //1602 初始化函数
   {
        winstruc（0x38）;        //显示模式设置：16×2 显示，5×7 点阵，8 位数据接口
        winstruc（0x06）;        //显示模式设置：显示开，有光标，光标闪烁
        winstruc（0x0f）;        //显示模式设置：光标右移，字符不移
        winstruc（0x01）;        //清屏幕指令
   }
   void   delay5ms( )            //5ms 延时程序
   { unsigned   char   i, j;
        for(i=0; i<50; i++)
          for(j=0; j<33; j++);
   }
   void   DIS_YJ( )
   {
        WEI_4=1;                 //关 LED 灯显示
   winstruc（0x80）;             //将显示地址指定为第 1 行第 1 列，
                                 //显示地址加上 80H 为写入 LCD 地址
     delay5ms( );               //延时 5ms
     wdata（AD_ID|0x30）;        //A/D 通道号送显示显示
     wdata（DA_H|0x30）;         //温度百位数送显示显示
     wdata（DA_M|0x30）;         //温度十位数送显示显示
     wdata（DA_L|0x30）;         //温度个位数送显示显示
     P0=AD_ID_S;                //输出状态灯信息
     WEI_4=0;                   //开 LED 灯显示
   }
   void   mian( )
   {
     initiate ( ) ;             //调 1602 初始化函数
   while（1）{
              DIS_YJ( );        //调液晶显示程序
   }
   }
```

5.6 习题

1. 简述 C 程序的特点。

2．什么是单片机的程序设计语言？

3．单片机的程序设计包括哪几个步骤？

4．画出单片机的 3 种基本程序结构。

5．写出一个 C51 程序的结构。

6．哪些变量类型是 MCS-51 单片机直接支持的？

7．如何定义内部 RAM 的可位寻址区的字符变量？

8．试编写一段程序，将内部数据存储器 30H、31H 单元内容传送到外部数据存储器 1000H、1001H 单元中去。

9．试编写一段程序，将外部数据存储器 40H 单元中的内容传送到 50H 单元。

10．试编写一段程序，将 P1 口的高 5 位置位，低 3 位不变。

11．设 8 次采样值依次存放在 20H～27H 的连续单元中，采用算术平均值滤波法求采样平均值，结果保留在 30H 单元中。试编写程序。

12．从 20H 单元开始有一无符号数据块，其长度在 20H 单元中。编写程序找出数据块中最小值，并存入 21H 单元。

13．混合编程应注意的问题是什么？

14．如何编写高效的单片机 C51 程序？

第6章 AT89S51单片机中断系统和定时/计数器

中断是单片机的重要资源，通过中断单片机可以实时处理一些紧急事件，并可实现多任务运行，从而提高单片机运行的效率。AT89S51 单片机的中断系统由专用的特殊功能寄存器管理，掌握这些特殊功能寄存器的作用，灵活地将实际的问题转化为单片机中断方式处理，是单片机综合应用的灵魂。

6.1 中断概述

6.1.1 中断的概念

"中断"的例子在日常生活中非常普遍，我们在做某件事情的时候，遇到突发事件发生（如电话铃响），则立即停下正在做的事情，去处理突发事件（接电话），处理完后再接着做原来的事情。单片机的中断和现实中的含义是一样的。单片机的 CPU 正在处理某个任务时，遇到其他事件请求（如定时器溢出），暂时停止目前的任务，转去处理请求的事件，处理完后再继续原来的工作，这一过程称为"中断"，我们把请求的事件称为中断源。MCS-51系列单片机共有 5 个中断源：两个外部中断、两个定时器/计数器和一个串行口，分为两个优先级。中断的处理过程如图 6-1 所示。

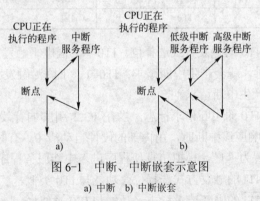

图 6-1 中断、中断嵌套示意图

a) 中断 b) 中断嵌套

合理有效使用单片机的中断可以提高应用系统的性能。中断使应用系统具有实时处理和分时操作的功能，可以处理掉电等系统异常故障，提高 CPU 的工作效率。

6.1.2 MCS-51 系列单片机中断系统以及和中断有关的特殊功能寄存器

1. MCS-51 系列单片机的中断系统

图 6-2 是 MCS-51 单片机中断系统的结构，了解中断系统的结构，结合有关的特殊功能寄存器，可以加深对中断工作过程的理解。

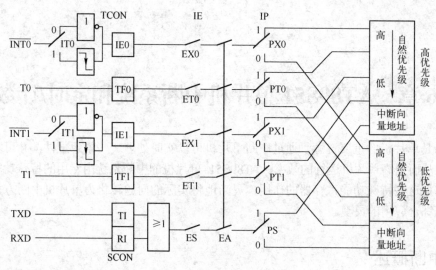

图 6-2　MCS-51 单片机中断系统结构示意图

2. 与中断系统有关的 SFR

MCS-51 单片机中断系统涉及几个 SFR：TCON、IE、IP、SCON，其中 SCON 为串行口控制寄存器，我们将在后面的章节中介绍。

（1）TCON——中断控制寄存器

TCON 中包含有跟定时器和外部中断有关的标志位，TCON 的字节地址是 88H，可以进行位寻址和位操作，其格式如下：

TCON	D7	D6	D5	D4	D3	D2	D1	D0
位地址	8FH		8DH		8BH	8AH	89H	88H
位定义	TF1		TF0		IE1	IT1	IE0	IT0

IT0——外部中断 $\overline{INT0}$ 的触发方式选择位。IT0=0，低电平触发方式，当外中断 $\overline{INT0}$ 的引脚（P3.2）加低电平时，就会产生中断请求；IT0=1，下降沿触发方式，当外中断 $\overline{INT0}$ 的引脚加负跳变脉冲时，产生中断请求。

IE0——外部中断 $\overline{INT0}$ 的中断请求标志。当在 P3.2 引脚加有效的中断触发信号时，IE0 被硬件置为"1"，CPU 响应该中断时，由内部的硬件自动清 0。有时我们为了调试中断服务程序，会人为地把它设置为"1"，模拟仿真使程序进入中断服务程序运行。

IT1——外部中断 $\overline{INT1}$ 的触发方式选择位。功能与 IT0 类似。

IE1——外部中断 $\overline{INT1}$ 的中断请求标志。功能与 IE0 类似。

TF0——定时/计数器 T0 的中断请求标志。定时/计数器产生中断请求的方式与外中断不同，在内部的计数器计满溢出时，内部硬件电路置位 TF0，当 CPU 响应该中断时，由内部的硬件自动清 0。也可以人为设置来模拟仿真调试定时器的中断服务程序。

TF1——定时/计数器 T1 的中断请求标志。其功能与 TF0 类似。

TCON 可以位寻址和位操作，这给使用带来了很大方便，我们通常用它的位定义来设置有关中断源的工作方式，而不影响其他的中断源。其他的 SFR 有类似情况，可位寻址的 SFR 用位操作指令来设置比较直观。

例如：SETB　　IT0　　；设置外中断 0 为下降沿触发方式。

（2）IE——中断允许控制寄存器

中断是否能够被响应和执行，要看相应的中断是否被允许中断，MCS-51 系列单片机的各个中断是否被允许是由中断允许控制寄存器 IE 来控制的，IE 的字节地址是 A8H，可以位寻址，格式如下：

IE	D7	D6	D5	D4	D3	D2	D1	D0
位地址	AFH	—	—	ACH	ABH	AAH	A9H	A8H
位定义	EA	—	—	ES	ET1	EX1	ET0	EX0

EX0——外部中断 $\overline{INT0}$ 中断允许控制位。EX0=1，$\overline{INT0}$ 被允许（开中断），EX0=0，$\overline{INT0}$ 被禁止（关中断）。

ET0——定时/计数器 T0 中断允许控制位。ET0=1，T0 开中断，ET0=0，T0 关中断。

EX1——外部中断 $\overline{INT1}$ 中断允许控制位。EX1=1，$\overline{INT1}$ 开中断，EX1=0，$\overline{INT1}$ 关中断。

ET1——定时/计数器 T1 中断允许控制位。ET1=1，T1 开中断，ET1=0，T1 关中断。

ES——串行口中断允许控制位。ES=1，串行口开中断，ES=0，串行口关中断。

EA——中断系统总允许控制位（见图 6-2）。EA=0，关闭所有中断，只有在 EA=1 的前提下开通某一个中断源的允许控制位，该中断才能被 CPU 响应。

例如：SETB　EX0　　；开通外部中断 $\overline{INT0}$ 的允许位
　　　　SETB　EA　　 ；开通总的允许位

上面两条指令使外部中断 $\overline{INT0}$ 允许中断，也可以用 MOV　IE，#81H 来实现上述功能，但不直观。

（3）IP——中断优先级控制寄存器

MCS-51 系列单片机中断可分为两个优先级：高优先级和低优先级。低优先级的中断程序可以被高优先级的中断，又叫中断嵌套，见图 6-1。在同一个优先级内还存在自然优先级，自然优先级从高到低的顺序为：$\overline{INT0}$、T0、$\overline{INT1}$、T1、串行口。如果几个中断在同一个优先级，又同时产生中断请求，那么 CPU 首先会响应 $\overline{INT0}$。每一个中断源都可以任意的设置为高优先级或低优先级，中断源都设置为高优先级无意义，效果和都是低优先级是一样的，通常把系统需要优先处理的任务设置为高优先级，其他设置为低优先级。如：系统安全、掉电保护等。MCS-51 单片机中断的优先级由中断优先级控制寄存器 IP 来控制，其字节地址为 B8H，可以位操作，格式如下：

IP	D7	D6	D5	D4	D3	D2	D1	D0
位地址	—	—	—	BCH	BBH	BAH	B9H	B8H
位定义	—	—	—	PS	PT1	PX1	PT0	PX0

PX0——外部中断 $\overline{INT0}$ 中断优先级控制位，PX0=1，$\overline{INT0}$ 设置为高优先级，PX0=0，$\overline{INT0}$ 设置为低优先级。

PT0——定时/计数器 T0 优先级控制位，功能同上。

PX1——外部中断 $\overline{INT1}$ 中断优先级控制位，功能同上。

PT1——定时/计数器 T1 优先级控制位，功能同上。

PS——串行口优先级控制位，功能同上。

例：SETB PX0 ；外部中断 $\overline{INT0}$ 设置为高优先级。

☞注意：

C 语言程序中可以直接对 TCON、IE、IP 以及它们的位定义看作变量，进行相应的设置，前提是程序开头有头文件：#include "reg51.h"。

如：ITO=1; //设置外部中断 0 为下降沿触发

EX0=1; //开通外部中断 $\overline{INT0}$ 的允许位

EA=1; //开通总的允许位

PX0=1; //外部中断 $\overline{INT0}$ 设置为高优先级。

3. 中断源向量地址

中断源有请求时会产生请求标志，如果中断是允许的，CPU 就会响应该中断，响应中断时 PC 转移到该中断向量地址（也称入口地址）处运行程序，MCS-51 单片机中断源的入口地址固定在程序存储器开头的一段范围内（0003H～002BH），具体地址如下：

$\overline{INT0}$: 0003H → C 语言中断编号：0

T0: 000BH → C 语言中断编号：1

$\overline{INT1}$: 0013H → C 语言中断编号：2

T1: 001BH → C 语言中断编号：3

串行口：0023H → C 语言中断编号：4

在 C 语言中对中断源的入口地址是通过关键字 "interrupt" 和中断编号来识别的，编号为 0～4 依次代表 $\overline{INT0}$、T0、$\overline{INT1}$、T1 和串行口。例如：

void inex0 ( ) interrupt 0 //外部中断 0 服务函数

{ …… }

图 6-1 所示的中断示意图和子程序的调用过程示意图很像，但它们之间有很大差别，子程序的调用是在程序中的固定位置，即断点是固定的。而中断响应的过程则是随机的，断点在程序中的位置是不定的，与中断响应的时刻有关。

6.1.3 中断处理过程

从单片机中断的概念中我们已经了解，中断是一个过程，整个过程可以分为以下几步：中断请求、中断响应、中断服务和中断返回。

1. 中断请求

中断源只有在有请求时，CPU 才可能响应它，不同的中断源产生中断请求的方式是不同的。外部中断产生请求是在外中断的引脚上加低电平或下降沿信号，而定时/计数器中断请求是在内部的计数单元计满溢出时产生，串行口中断请求是在完成一次发送或接收时产生。中断源的请求标志由内部的硬件电路自动置为 "1"，CPU 在执行指令的每一个机器周期里都会查询这些中断请求标志，如果查到某个中断请求标志为 "1"，CPU 就可能响应该中断源的请求。

2. 中断响应

有了中断请求，CPU 要响应中断还必须满足以下几个条件：

第一，该中断源的中断已经被允许，即对应的中断允许标志和总的中断允许标志 EA 都被设置为"1"。

第二，CPU 此时没有响应同级或高级中断。如果已经有同级的中断服务程序在运行，CPU 是不会响应新的同级中断请求的。这里不能把自然优先级混淆到一起来，自然优先级是指在同时有中断请求时中断的处理顺序，不包括已经响应的中断源。

第三，CPU 正处于执行某一条指令的最后一个机器周期。如果不是，要等到该条指令执行完后才能响应。

第四，如果正在执行的指令是对 IE、IP 进行访问的指令或者是中断返回指令 RETI，则要等该条指令执行完后再执行一条其他指令才会响应中断。

第一个条件是需要编程者软件设置的，其他几个条件 CPU 会自动判断处理，读者只要了解即可。

有了中断请求，响应中断的条件具备，CPU 就会响应该中断。从中断示意图可以看出，中断处理完后还要回到断点处继续运行。CPU 在响应某一个中断时，先做了如下的操作：

1）保护断点地址。CPU 将断点 PC 值压入堆栈中保护起来，这和子程序调用指令执行过程类似，以便执行中断服务程序后正确返回。PC 值是 16 位的，需要两字节，低 8 位在前（先被压入堆栈），高 8 位在后。

2）撤除该中断源的请求标志。在响应中断时，由内部的硬件电路自动清除它的请求标志（串行口除外，串行口的中断请求标志需要编程者用指令清除）。

3）关闭同级中断。在响应某一中断源时，CPU 将与该中断源在同一优先级的中断暂时屏蔽，这和中断响应条件的第二个条件是对应的。待中断返回时再自动打开。

4）将该中断源的入口地址送给 PC，程序将转到该程序的入口地址处运行。

3. 中断服务

中断服务就是中断源请求 CPU 做的任务，需要编程者用指令来实现。中断服务程序的内容完成后 CPU 要回到断点处继续运行原来被中断的程序，由于中断服务程序中可能会用到与被中断程序中相同的寄存器或空间单元，如累加器 Acc、程序状态字 PSW、数据指针 DPTR 等。而断点又是随机的，被打断时这些寄存器的值也是不固定的，再返回到断点处时，这些寄存器的内容和中断前相比已经发生了变化，继续运行程序时结果将不正确。因此，中断程序结束后，不仅要正确地返回到断点处，而且还要使有关寄存器的状态内容和中断发生前相一致。要实现这点，需要保护现场，即在中断服务程序里对共用的寄存器进行保护，在没有执行具体中断任务之前，就将有关寄存器的内容压入堆栈保护起来。在中断任务完成后，返回之前，再将它们从堆栈中弹出，恢复响应中断时有关寄存器的值，即恢复现场。通常需要保护的寄存器有 A、DPTR、PSW 等，所以，中断服务程序的内容包括 3 部分：保护现场、服务程序主体、恢复现场，中断服务程序的结构如图 6-3 所示。

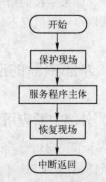

图 6-3 中断服务程序结构

中断服务程序中的保护现场、恢复现场，与子程序中的类似，根据需要确定，如果不冲突，则不必要有保护现场和恢复现场的内容。保护和恢复现场用堆栈操作指令，保护和恢复是相对应的，有保护必须有恢复，并且要注意入栈和出栈的次序，要遵循先进后出，后进先出的原则。

有时冲突的是工作寄存器，这时一般不用压栈保护的方法，而是采用切换工作寄存器区的办法来实现。进入中断服务程序，通过 PSW 的 RS0、RS1 设置工作寄存器区，在中断返回前恢复原来的工作寄存器区，这种方法需要编程者时刻知道当前用的工作寄存器区，而且应在程序初始化时将堆栈位置设置在数据缓冲区。

4. 中断返回

中断返回和子程序的返回类似，需要执行一条返回指令 RETI。RETI 指令的功能如下：

RETI 　　；① (SP) →PC_{15-8}，SP-1→SP。
　　　　　　；② (SP) →PC_{7-0}，SP-1→SP。

中断服务程序中最后执行的指令必须是 RETI，程序才能正确返回。执行 RETI 指令时 CPU 自动完成下面的操作。

1）恢复断点地址。将响应中断时压入堆栈的断点地址，从堆栈中弹出，送给 PC，顺序和压栈时相反，使程序可以从断点处继续运行。

2）开放同级中断，允许同级的其他中断源响应。

中断的处理过程大部分是 CPU 自动完成的，使用者了解它的来龙去脉，可以帮助理解中断的使用方法和单片机系统的运作机制，加深对程序结构的理解（程序结构是初学单片机的难点），下节以外部中断应用为例说明中断的使用方法。

6.1.4　中断响应时间

中断的设置是为了单片机能及时地处理随机发生的事件，但从中断请求到中断被响应都需要一定的时间，在响应的条件满足时才能响应。

如果在中断请求时已经有高级中断或同级中断在运行，则等待的时间主要决定于正在执行的中断程序大小，执行完后才会响应现在的中断请求。需要考虑其他中断程序对本中断响应速度的影响，对响应速度要求高的中断源可以设置为高优先级，其他中断源设置为低优先级，高优先级中断源一般只设置 1 个。

如果没有高级中断或同级中断在运行，等待的时间取决于中断请求时执行的指令，如果执行的是 RETI 或访问 IE、IP 的指令，需等这类指令执行完毕后，再执行一条指令，才能响应中断（如果紧接的指令是乘除法指令，等待的时间要长一些）。响应中断的时间在 3~8 个机器周期，一般情况下是 3~4 个机器周期。

6.2　外部中断的应用

6.2.1　外部中断应用步骤

从上节我们知道，一个中断源有了有效的中断请求信号，产生了中断请求标志，中断响应的条件具备，CPU 才能响应该中断，转移到该中断源的入口地址处运行程序，中断程序运行结束后，返回到断点处继续运行原来程序。由于外部中断的请求标志需要在外引脚加请求信号才能产生，外部中断的应用分为硬件、软件两部分。

1. 硬件

硬件部分比较简单，只要将低电平或下降沿信号加到相应的中断引脚上。使用者要做的就是通过一定的电路把按键、系统掉电、A/D 转换结束、传感器、开关动作等状态转变成有效的中断请求信号，加到对应外部中断的引脚上即可。

2. 软件

外部中断软件上的设计步骤可以分为 3 步：初始化、入口地址和服务程序。

1）初始化。外部中断初始化内容包括中断触发方式选择、开放"中断"和中断优先级设置。外部中断有低电平触发和下降沿触发两种方式，一般都选用下降沿触发方式。如果用低电平触发方式，加一次信号可能产生多次响应，这是由于虽然外部中断在响应中断时能自动清除请求标志，但中断服务程序执行得很快，执行完返回后外中断引脚上的低电平信号可能还在，还会再次置位中断请求标志，这样在中断服务程序完成后又会再次响应中断。开"中断"就是使中断的允许位和总的允许位置为"1"。优先级设置根据实际情况，结合其他中断源的统一设置，一般可以不考虑，只有当它用来处理系统优先任务时，把它设置为高优先级。

2）入口地址。CPU 响应中断时，就会自动地转移到中断源的入口地址处运行程序，所以在编写中断服务程序时就需把程序放在入口地址处。由于 5 个中断源的入口地址集中在 0003H～002BH 之间，每个入口地址之间仅有 8 个字节的空间，能存放的指令字节有限，为了不影响其他中断源的使用，通常在入口地址处存放一条无条件转移指令，实际的中断服务程序放在子程序区。以外部中断 $\overline{INT0}$ 为例。

```
ORG     0003H      ；外部中断 INT0 的入口地址
LJMP    INEX0P     ；无条件转移，INEX0P 外部中断 INT0 服务程序的名称
```

3）服务程序。具体的程序内容，根据中断源中断要做的事情，编制相应的程序。与子程序有类似的地方，名称作为上面转移指令的目的地址，在程序的最后要有 RETI 指令，服务程序完成后可以返回到断点。服务程序包括的内容在中断处理过程中已有叙述。

6.2.2 外部中断应用举例

【例 6-1】 在循环流水灯电路基础上设计中断接口电路，将按键信号转变成外部中断的请求信号，如图 6-4 所示。要求：按键每按一下，灯循环移一位。

按键不按时，P3.2 引脚被上拉为高电平，按键按下时被拉为地，在按下的过程中，P3.2 引脚有下降沿信号。不管是低电平还是下降沿，都可以作为中断的请求信号。本例使用下降沿触发。

软件是在程序一般结构基础上添加，按照初始化、入口地址、服务程序的步骤编写，切忌按照指令先后顺序编写。

程序如下：

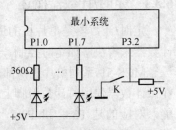

图 6-4 按键转换为中断请求信号

```
ORG     0000H
LJMP    SETUP      ；跳过入口地址
ORG     0003H      ；外部中断 0 入口地址
```

```
              LJMP    INEX0P      ；转移到它的服务程序
              ORG     0030H
SETUP:        MOV     A，#0FEH    ；亮灯初始信息
              SETB    IT0         ；选择下降沿触发方式
              SETB    EX0         ；开通允许位
              SETB    EA          ；开通总的允许位
MAIN:         SJMP    MAIN        ；主程序，等待
INEX0P:                           ；中断服务程序
              MOV     P1，A       ；信息送 P1 显示
              RL      A           ；A 中内容循环左移一位
              RETI                ；中断返回
              END
```

用 C 语言编写的程序如下：

```
#include<reg51.h>
unsigned char Bright;                    //设置亮灯信息变量
void main(void)
{
    Bright=0xFE;                         //亮灯初始信息
    IT0=1;                               //选择下降沿触发方式
    EX0=1;                               //开通允许位
    EA=1;                                //开通总的允许位
    while(1) ;                           //等待中断
}
void INEX0P(void) interrupt 0 using 0   //外部中断 0 子函数
{
    P1=Bright;                           //信息送 P1 显示
    Bright=Bright<<1;                    //亮灯信息左移一位
}
```

6.3 定时/计数器

6.3.1 定时/计数器概述

定时/计数器是单片机的最重要的资源，凡是涉及计数、定时有关的操作都可以用定时/计数器来解决，如定时控制、延时、频率/周期的测量、信号产生、串行通信等。

MCS-51 系列单片机内部有两个 16 位的定时/计数器 T0 和 T1，它们本质上是计数器，在做计数器使用时计数引脚上的脉冲信号（下降沿），T0 和 T1 的外引脚是 P3 口的第二功能，对应的是 P3.4 和 P3.5，计数范围是 0～65535。在做定时器使用时，数内部的机器周期，如果系统的 f_{osc}=12MHz，机器周期为 1μs，最大定时时间为 65.535ms；f_{osc}=6MHz，机器周期为 2μs，系统最大定时可扩大一倍，但整个系统的运行速度也会降低一半。一般实现长时间定时可以通过累加定时次数的方法解决。例如定时 1s 可以用 20 个 50ms 定时实现。

MCS-51 单片机内部计数器是加法计数器，计满时溢出，从 0 又开始计数，同时产生溢

出标志，就是中断系统里提到的定时/计数器的中断请求标志：TF0、TF1。计数器的初值可以通过指令设置，应用定时器通常利用它计满溢出产生中断标志的特性，产生中断请求，用它的中断服务程序处理任务，而不是通过监视计数值来处理任务。因此学习定时/计数器一定要和中断系统联系起来，定时/计数器是中断系统的一部分。

6.3.2 与定时/计数器有关的特殊功能寄存器

T0 和 T1 是由几个特殊功能寄存器来进行设置和操作的。

1. 定时/计数器控制寄存器 TCON

TCON 寄存器的大部分功能在前面中断系统结构中已经介绍过，其中还有两位与定时器的运行有关。

TCON	D7	D6	D5	D4	D3	D2	D1	D0
位地址	8FH	8EH	8DH	8CH	8BH	8AH	89H	88H
位定义	TF1	TR1	TF0	TR0	IE1	IT1	IE0	IT0

TR0——定时/计数器 T0 运行控制位。TR0=1，启动 T0 运行（与 TMOD 中的 GATE 位有关），TR0=0，T0 停止运行。

TR1——定时/计数器 T1 运行控制位。功能同 TR0。

TCON 的高 4 位与定时/计数器有关，低 4 位与外部中断有关，因此 TCON 既称为定时器控制寄存器，又称为中断控制寄存器。

2. 定时/计数器工作方式控制寄存器 TMOD

TMOD 用于设定定时/计数器的工作方式。高 4 位控制 T1，低 4 位控制 T0，它的字节地址是 89H，不可位寻址，只能用传送指令实现 8 位整体操作，其各位的定义如下：

TMOD	D7	D6	D5	D4	D3	D2	D1	D0
位定义	GATE	$C/\overline{T}$	M1	M0	GATE	$C/\overline{T}$	M1	M0

（1）GATE——门控位

GATE 一般情况下设置为 0，此时定时/计数器的运行仅受 TR0/TR1 控制。如果 GATE 设置为 "1"，定时/计数器的运行还受对应外部中断引脚（$\overline{INT0}$ / $\overline{INT1}$）输入信号控制。只有外部中断引脚输入高电平，且 TR0/TR1=1 时，定时/计数器才运行。有时可以用这点进行特殊的测量。

（2）$C/\overline{T}$——定时/计数器选择位

$C/\overline{T}$=0，为定时方式，对内部的机器周期计数。

$C/\overline{T}$=1，为计数方式，对引脚上的脉冲信号计数，负跳变有效。

（3）M1M0——工作方式选择位

M1M0=00B，方式 0——13 位的定时/计数器。

M1M0=01B，方式 1——16 位的定时/计数器。

M1M0=10B，方式 2——8 位的定时/计数器，初值自动重装。

M1M0=11B，方式 3——两个 8 位的定时/计数器，仅适用于 T0。

3. 定时/计数器计数寄存器

T0、T1 的 16 位计数器分别由两个 8 位的计数器构成。

TH0——T0 的高 8 位。

TL0——T0 的低 8 位。

TH1——T1 的高 8 位。

TL1——T1 的低 8 位。

6.3.3 定时/计数器工作方式

1. 工作方式 0

当 M1M0=00B 时，定时/计数器工作于方式 0，逻辑结构如图 6-5 所示。（以 T0 为例）定时/计数器工作在方式 0，是一个 13 位的定时/计数器。内部的 13 位计数器由 TL0 的低 5 位和 TH0 的 8 位构成，TL0 的低 5 位计满向 TH0 的低位进位，TH0 计满时（2^{13}）溢出，置位 TF0 产生中断请求，计数范围为 0~（$2^{13}-1$）。计数器受控制开关控制，由 TR0、GATE、$\overline{INT0}$ 引脚电平决定，GATE=0 时，或门的一个输入为 1，输出也为 1，即与门的一个输入为 1，这时与门的输出完全受 TR0 控制，TR0=1，计数器计数，TR0=0，计数器停止计数。如果 GATE=1，或门的一个输入为 0，要使或门输出 1，则或门的另一个输入 $\overline{INT0}$ 引脚必须是高电平，也即这时计数器的运行受 TR0 和 $\overline{INT0}$ 引脚电平共同控制。计数的信息由 $C/\overline{T}$ 选择，$C/\overline{T}=0$，计数信号来自内部的机器周期，$C/\overline{T}=1$，计数信号来自定时/计数器引脚上的脉冲事件。

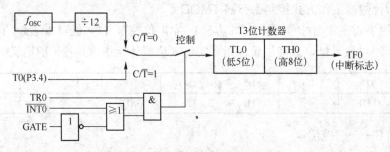

图 6-5　定时/计数器工作方式 0

使用定时/计数器，一般都利用其计满产生溢出标志的特性来工作。如果想让内部的计数器计数脉冲事件数（或机器周期）到某一数值，如果从 0 开始计数，就需要不断地检查 TH0、TL0 的值，看是否计到期望的数值，这样将占用 CPU 宝贵的时间，不能处理其他任务。通常是给计数器赋一个初值，在给定的初值基础上，计数需要的事件个数，刚好计满溢出产生溢出标志，这样就可以通过检查定时/计数器的溢出标志来判断，而不需要检查 TH0、TL0 的值。多数情况下利用该标志产生中断请求，在中断服务程序中处理任务。初值的计算按下式进行：

$$初值=2^N - 计数值$$

N 为计数器的位数，如方式 0，N 为 13，方式 1，N 为 16。如果定时/计数器作定时或延时用，初值可以按下式计算：

$$初值=2^N - 计数值=2^N - t/T$$

其中 t 为定时的时间，T 为系统的机器周期，t/T 不能超出计数范围。初值应转换为对应的二进制数，按照高位、低位分别存放到计数寄存器的高位、低位中。对于方式 0 应特别注意，13 位的二进制数，低 5 位存放在 TL0（TL1）中，高 8 位存放在 TH0（TH1）中。

【例 6-2】 已知系统晶振是 12MHz，在 P1.0 输出 2ms 的方波。T0 工作在方式 0，计算定时器的初值。

系统晶振是 12MHz，机器周期为 1μs，要产生 2ms 的方波，只要用定时器反复定时 1ms，时间到时改变 P1.0 引脚输出电平即可。定时 1ms 的初值计算如下：

$$初值 = 2^N - 计数值 = 2^N - t/T$$
$$= 2^{13} - 1ms/1μs = 2^{13} - 1000$$
$$= 7192 = 1110000011000B$$

TL0=11000B=18H，TH0=11100000B=E0H，分别为 13 位二进制数的低 5 位和高 8 位。

2．工作方式 1

当 M1M0=01B 时，定时/计数器工作于方式 1，逻辑结构如图 6-6 所示。方式 1 的逻辑结构与方式 0 类似，只是内部的计数器是 16 位的，TL0 为低 8 位，TH0 为高 8 位，计数范围为 0～（2^{16}–1）。与方式 0 相比，方式 1 的初值计算简单。例 6-2 中，如果定时/计数器工作在方式 1，初值为：TL0=00011000B=18H，TH0=11111100B=FCH。

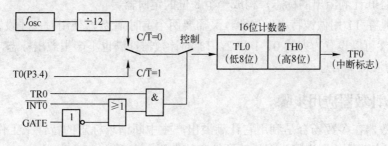

图 6-6　定时/计数器工作方式 1

3．工作方式 2

当 M1M0=10B 时，定时/计数器工作于方式 2，逻辑结构如图 6-7 所示。

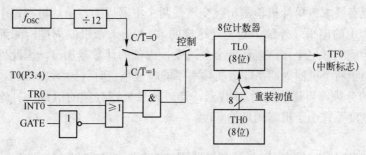

图 6-7　定时/计数器工作方式 2

方式 2 是一个 8 位的定时/计数器，初值自动重装。TL0 为计数寄存器，TH0 中存放重装值。在 TL0 计满产生溢出标志的同时，将 TH0 中的值传送到 TL0 中。其他功能与方式 0、方式 1 一样。

4. 工作方式 3

当 M1M0=11B 时，定时/计数器 T0 工作于方式 3，逻辑结构如图 6-8 所示。

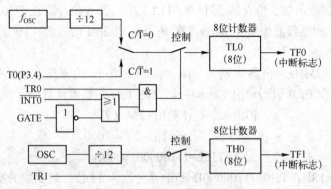

图 6-8　定时/计数器 T0 工作方式 3

只有 T0 有方式 3，T0 工作在方式 3 时将 16 位的定时/计数器拆成两个 8 位的定时/计数器。TL0 作为一个 8 位的计数单元和 T0 的其他资源构成一个 8 位的定时/计数器，功能与其他方式类似。TH0 作为另外一个 8 位计数单元，用定时/计数器 T1 的 TR1 控制计数的启停，用 TF1 作为 TH0 计满溢出的标志，构成一个 8 位的定时器。

T0 一般是在 T1 用做波特率发生器，又需要两个定时/计数器使用时，才设置为方式 3，此时的 T1 仍然可以设置为方式 0、1 和 2，T1 的计数器计满也不产生溢出标志，溢出信息送给串行口作为波特率信息。

6.3.4　定时/计数器应用步骤

定时/计数器在多数场合是利用它计满溢出产生中断请求标志的特性来工作的，它的使用步骤与外部中断的使用步骤类似，分硬件和软件两个方面。

1. 硬件

定时/计数器在对外部信息或事件进行计数时，需要通过适当的电路将其转换成脉冲信号，再加到定时/计数器的引脚上。由于内部的计数器是对引脚上的负跳变进行计数，对输入的脉冲信号也有要求。单片机检测负跳变需要两个机器周期，单片机在每个机器周期都会检测定时器引脚上的电平（外部中断也是这样的），在前一个机器周期检测到高电平，在下一个机器周期检测到低电平，就确认一个负跳变，内部的计数器加 1，因此外部被测脉冲信号的周期不能小于两个机器周期，即最高频率不能超过系统时钟频率的 1/24。对于高频信号可以进行适当的分频，再送给定时/计数器，通过软件处理分频的倍数。另外脉冲信号高电平和低电平的宽度不宜小于机器周期的宽度。

2. 软件

定时/计数器软件设计的过程与外部中断应用类似，也可分为：初始化、入口地址和服务程序。

（1）初始化

初始化一般包括 4 部分：

1）通过对 TMOD 进行设置，选择定时/计数器及其工作方式。设置应根据应用的具体情况来定，特别是工作方式的选择，分析需要定时的时间或计数的范围，从而确定内部计数器的计数范围，计数应尽可能大，避免多次产生中断。如果定时的时间长，计数的范围大，超过内部计数器的最大计数值，可以采用多次计数的方法，累加实现。

2）根据设置的工作方式，计算计数的初值，赋给计数寄存器（TH0、TL0、TH1、TL1）。定时/计数器的应用多数情况下都是利用内部计数器计满产生溢出标志来工作的，计数器的初值是计数开始的平台，计数器计满时刚好达到要求的计数值，初值的计算方法已在前面叙述过。有时也有纯粹的计数，计数的初值一般赋为 0，此时定时/计数器也不工作在中断方式，计数值的读取在其他程序中实现。

3）启动定时/计数器运行（TR0、TR1），有些情况下启动/停止受其他程序控制。

4）开通有关的中断允许位（ET0、ET1、EA）。

（2）入口地址

工作在中断方式时，在程序结构上需要用伪指令定义中断的入口地址，形式和外部中断一样，如 T0 的入口地址可用下面的指令：

ORG　　　000BH

LJMP　　INET0P　；转移到服务程序

INET0P 为 T0 服务程序的名称，和子程序的名称类似。

（3）服务程序

定时器的服务程序，就是定时或计数到时需要做的事情，和外部中断的服务程序功能一样，程序内容比外部中断多一项要求，要考虑计数器初值的重装。工作在方式 2 时，初值重装是由内部的硬件电路在产生溢出标志的同时自动实现，见定时器的方式 2 结构。工作在其他方式都要用指令实现初值重装，一般都在服务程序的开头。定时/计数器中断服务程序的结构如图6-9 所示。

保护现场和恢复现场视具体情况而定，如果服务内容处理程序用到的寄存器等存储空间与其他程序不冲突，则可省去保护现场和恢复。

如果定时/计数器不是工作在中断方式，则应用步骤的"入口地址"和"服务程序"可以省去。

图 6-9　定时/计数器中断服务程序结构

【例 6-3】 已知系统晶振是 12MHz，在 P1.0 输出 2ms 的方波，编写程序实现。

从例 6-2 知定时器需要反复产生 1ms 的定时，机器周期1μs，数 1000 个机器周期即为 1ms，选择 T0 工作在方式 1，可得到计数的初值为：FC18H。程序如下：

```
            ORG     0000H
            LJMP    SETUP       ；程序开头，跳过入口地址区
            ORG     000BH       ；T0 入口地址
            LJMP    INET0P      ；转移到它的服务程序
            ORG     0030H
   SETUP:   MOV     TMOD，#01    ；T0 方式 1 定时
```

```
            MOV   TH0, #0FCH      ; 初值高位
            MOV   TL0, #18H       ; 初值低位
            SETB  TR0             ; 启动运行
            SETB  ET0             ; 开通允许位
            SETB  EA              ; 开通总的允许位
MAIN:       SJMP  MAIN            ; 主程序, 等待
INET0P:                          ; T0 服务程序开始
            MOV   TH0, #0FCH      ; 重装初值
            MOV   TL0, #18H       ; 重装初值
            CPL   P1.0            ; 服务内容, 输出取反
            RETI                 ; 中断返回
            END
```

用 C 语言编写的程序如下:

```
#include<reg51.h>
sbit P1_0=P1^0;
void main(void)
{
    TMOD=0x01;                     //T0 方式 1 定时
    TH0=0xFC;                      //初值高位
    TL0=0x18;                      //初值低位
    TR0=1;                         //启动运行
    ET0=1;                         //开通允许位
    EA =1;                         //开通总的允许位
    while(1) ;                     //等待中断
}
void INET0P(void) interrupt 1 using 0       //T0 中断子函数
{
    TH0=0xFC ;                     //重装初值
    TL0=0x18;
    P1_0=!P1_0;                    //输出取反
}
```

【例 6-4】 在例 4-29 的基础上设计一个时钟, 数码管高两位显示分, 低两位显示秒, 系统晶振频率为 12MHz。

硬件电路不用改动, 程序设计在原数码管程序结构上修改。在软件程序的设计上, 应尽可能地利用已有的程序, 对相同功能的程序不要重复劳动, 单片机应用人员应妥善保存设计的源程序, 在以后的设计中可以借用和参考。

实现时钟, 首先要产生秒信号, 系统机器周期是 1μs, 能产生最大的定时是 65536μs, 约 66ms, 可以将定时器的定时时间设置为 50ms, 反复定时, 然后数定时器中断的次数, 20 次就到 1s, 在 1s 基础上实现分等更大时间单位。本例选择 T0 工作在方式 1, 计数器的初值计算如下:

$$初值=2^{16}-50ms/1μs=65536-50000=15536$$

初值可以转换成 16 位的二进制数, 高 8 位、低 8 位分别送入 TH0、TL0。也可以将初

值除以 8 位二进制数的模 256，整数送入 TH0，余数送入 TL0，直接以十进制形式赋初值，则 TH0=60，TL0=176。后一种方法更简单，建议采用。程序如下：

```
            ORG    0000H
            LJMP   SETUP          ; 程序开头，跳过入口地址区
            ORG    000BH          ; T0 入口地址
            LJMP   INET0P         ; 转移到它的服务程序
            ORG    0030H
SETUP:      MOV    TMOD, #01      ; T0 方式 1 定时
            MOV    TH0, #60       ; 50ms 初值高位
            MOV    TL0, #176      ; 50ms 初值低位
            SETB   TR0            ; 启动运行
            SETB   ET0            ; 开通允许位
            SETB   EA             ; 开通总的允许位
            MOV    70H, #0        ; 显示缓冲区      秒
            MOV    71H, #0        ;                10 秒
            MOV    72H, #0        ;                    分
            MOV    73H, #0        ;                10 分
            MOV    R2, #0         ; 50ms 计数单元
MAIN:       LCALL  DIS            ; 调显示子程序
            SJMP   MAIN           ;
DIS:
            …                     ; 显示子程序略，见例 4-29
            RET
            …                     ; 表格、延时子程序与例 4-29 同
INET0P:                           ; T0 服务程序开始
            MOV    TH0, #60       ; 重装初值
            MOV    TL0, #176      ; 重装初值
            INC    R2             ; 计数单元+1
            CJNE   R2, #20, N1S   ; 判断是否计到 20（1s）
            MOV    R2, #0         ; 到 1s，计数单元清 0，开始下 1s 计数
            INC    70H            ; 秒+1
            MOV    R3, 70H
            CJNE   R3, #10, N1S   ; 没有到 10s 转移
            MOV    70H, #0        ; 到 10s 清秒单元
            INC    71H            ; 10s 单元+1
            MOV    R3, 71H
            CJNE   R3, #6, N1S    ; 没有到 60s 转移
            MOV    71H, #0        ; 清 10s 单元
            INC    72H            ; 分单元+1
            MOV    R3, 72H
            CJNE   R3, #10, N1S   ; 没有到 10 分转移
            MOV    72H, #0        ; 到清分单元
            INC    73H            ; 10 分单元加 1
            MOV    R3, 73H
            CJNE   R3, #6, N1S    ; 不到 60 分转移
```

```
        MOV    73H, #0              ;到清 10 分单元
    N1S:
        RETI                        ;中断返回
        END
```

C 语言程序如下：

```c
#include<reg51.h>
unsigned char second=0;             //秒
unsigned char tensecond=0;          //10 秒
unsigned char minute=0;             //分
unsigned char tenminute=0;          //10 分
unsigned char counter=0;            //50ms 计数
void   DIS( )                       //显示子函数
{    ……          }                  //显示子函数内容略，见例 5-6
void main(void)
{
    TMOD=0x01;                      //T0 方式 1 定时
    TH0=60;                         //50ms 初值高位
    TL0=176;                        //50ms 初值低位
    TR0=1;                          //启动运行
    ET0=1;                          //开通允许位
    EA =1;                          //开通总的允许位
   while(1)                         //等待中断
   {    DIS ( );   }                //调显示函数
}
void INET0P(void) interrupt 1 using 0    //T0 中断函数
{
   TH0=60 ; TL0=176;                //重装初值
   counter++;                       //计数加 1
   if(counter= =20){ counter=0;     //计到 20，清 0
       second++;                    //秒位+1
       if(second= =10){             //判断秒位是否到 10
           second=0;                //秒变量清 0
           tensecond++;             //10 秒位变量加 1
           if(tenscond= =6){        //判断 10 秒位到 6，即 1 分钟
               tensecond=0;         //10 秒位变量清 0
               minute++;            //分变量加 1
               if(minute= =10){     //判断分位是否到 10
                   minute=0;        //分变量清 0
                   tenminute++;     //10 分变量加 1
                   if(tenminute= =6){    //判断 10 分位是否到 6
                   tenminute=0;     //到 6 即 1 小时，10 分变量清 0
                   }
               }
           }
       }
   }
```

```
            }
        }
```

6.3.5　定时/计数器应用举例

定时/计数器在单片机应用中占有非常重要的地位，几乎所有的实际应用中，都要用到定时器。对初学者来说，定时器的应用是一个难点，主要缺少将实际的问题转化为定时器处理的思路，本节通过实例进行分析，帮助读者提高这方面的能力。

【例6-5】　已知系统的晶振是 12MHz，在 P1.0 引脚输出下图所示的矩形波。

方法一：用 T0 反复产生 5ms 的定时，T1 产生 2ms 的定时。T1 定时时间到时，将 P1.0 引脚输出低电平，并停止定时。T0 定时时间到时，将 P1.0 引脚输出高电平，启动 T1 一起开始下一个周期定时。

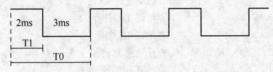

T0、T1 设置为工作方式 1 定时，初值计算按照前面讲述的方法，程序如下：

```
            ORG    0000H
            LJMP   SETUP           ; 程序开头，跳过入口地址区
            ORG    000BH           ; T0 入口地址
            LJMP   INET0P          ; 转移到它的服务程序
            ORG    001BH           ; T1 入口地址
            LJMP   INET1P          ; T1 入口地址
            ORG    0030H
    SETUP:  MOV    TMOD, #11H      ; T0 方式 1 定时，T1 方式 1 定时
            MOV    TH0, #0ECH      ;
            MOV    TL0，#78H        ; 5ms 初值
            MOV    TH1, #0F8H      ;
            MOV    TL1, #30H       ; 2ms 初值
            SETB   TR0             ; 启动 T0
            SETB   TR1             ; 启动 T1
            SETB   ET0             ; 允许 T0 中断
            SETB   ET1             ; 允许 T1 中断
            SETB   EA              ; 开通总允许位
            SETB   P1.0            ; P1.0 初始输出 1
    MAIN:   SJMP   MAIN            ; 主程序
    INET0P: MOV    TH0, #0ECH      ; T0 中断服务程序
            MOV    TL0，#78H        ; 重装 5ms 初值
            SETB   P1.0            ; P1.0 输出高电平
            SETB   TR1             ; 启动 T1
            RETI                   ; T0 中断返回
    INET1P: CLR    TR1             ; T1 停止运行
```

```
        MOV   TH1，#0F8H        ;
        MOV   TL1, #30H         ; 重装 2ms 初值
        CLR   P1.0             ; P1.0 输出低电平
        RETI
        END
```

C 语言程序如下：

```c
#include "reg51.h"
sbit P1_0=P1^0;
void main(void)
{
TMOD=0x11;                     //T0 方式 1 定时 ，T1 方式 1 定时
    TH0=0xEC; TL0 =0x78;       //5ms 初值
    TH1 =0xF8; TL1 =0x30;      //2ms 初值
    TR0 =1;                    //启动 T0
    TR1 =1;                    //启动 T1
    ET0 =1;                    //允许 T0 中断
    ET1 =1;                    //允许 T1 中断
    EA  =1;                    //开通总允许位
    P1_0=1;                    //P1.0 初始输出 1
while(1) ;                     //等待中断
}
void INET0P(void) interrupt 1 using 0    //T0 中断子程序 (1: 定时/计数器 T0 溢出中断)
{
    TH0 =0xEC;   TL0 =0x78;    //重装 5ms 初值
    P1_0=1;                    //P1.0 输出高电平
    TR1 =1;                    //启动 T1
}
void INET1P(void) interrupt 3 using 1    //T1 中断子程序 (3: 定时/计数器 T1 溢出中断)
{
    TR1 =0;                    //T1 停止运行
    TH1 =0xF8;   TL1 =0x30;    //重装 2ms 初值
    P1_0=0;                    //P1.0 输出低电平
}
```

方法二：用 T1 产生 2ms 的定时，用 T0 产生 3ms 的定时。开始时 T1 定时，T0 不定时，T1 定时时间到时，将 P1.0 引脚输出低电平，自己停止定时，同时启动 T0 开始定时。T0 定时时间到时，将 P1.0 引脚输出高电平，自己停止定时，同时启动 T1 开始定时。反复进行，可实现输出的波形。程序如下：

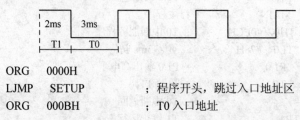

```
        ORG   0000H
        LJMP  SETUP            ; 程序开头，跳过入口地址区
        ORG   000BH            ; T0 入口地址
```

```
            LJMP    INET0P           ; 转移到它的服务程序
            ORG     001BH
            LJMP    INET1P           ; T1 入口地址
            ORG     0030H
SETUP:      MOV  TMOD，#11H          ; T0 方式 1 定时 ，T1 方式 1 定时
            MOV  TH0，#0F4H          ;
            MOV  TL0，#48H           ; 3ms 初值
            MOV  TH1，#0F8H          ;
            MOV  TL1，#30H           ; 2ms 初值
     ;      SETB  TR0               ; T0 不启动
            SETB  TR1               ; 启动 T1
            SETB  ET0               ; 允许 T0 中断
            SETB  ET1               ; 允许 T1 中断
            SETB  EA                ; 开通总允许位
            SETB  P1.0              ; P1.0 初始输出 1
MAIN:       SJMP  MAIN              ; 主程序
INET0P:     CLR   TR0               ; T0 停止运行
            MOV  TH0，#0F4H          ;
            MOV  TL0，#48H           ; 重装 3ms 初值
            SETB   P1.0             ; P1.0 输出高电平
            SETB   TR1              ; 启动 T1
            RETI                    ; T0 中断返回
INET1P:  CLR   TR1                 ; T1 停止运行
            MOV  TH1，#0F8H          ;
            MOV  TL1，#30H           ; 重装 2ms 初值
            CLR    P1.0             ; P1.0 输出低电平
            SETB   TR0              ; 启动 T0 运行
            RETI
            END
```

C 语言程序如下：

```c
#include "reg51.h"
sbit P1_0=P1^0;
void main(void)
{
  TMOD=0x11;                    //T0 方式 1 定时 ，T1 方式 1 定时
  TH0=0xF4;     TL0=0x48;       //3ms 初值
  TH1=0xF8; TL1=0x30;           //2ms 初值
  // TR0=1;                     //T0 不启动
  TR1=1;                        //启动 T1
  ET0=1;                        //允许 T0 中断
  ET1=1;                        //允许 T1 中断
  EA=1;                         //开通总允许位
  P1_0=1;                       //P1.0 初始输出 1
  while(1) ;                    //等待中断
}
```

```
void INET0P(void) interrupt 1 using 0    //T0 中断子程序(1: 定时/计数器 T0 溢出中断)
{
  TR0=0;                                 //T0 停止运行
  TH0=0xF4; TL0=0x48;                    //重装 3ms 初值
   P1_0=1;                               //P1.0 输出高电平
  TR1=1;                                 //启动 T1
}
```

C 语言程序如下:

```
void INET1P(void) interrupt 3 using 1    //T1 中断子程序 (3: 定时/计数器 T1 溢出中断)
{
  TR1=0;                                 //T1 停止运行
  TH1=0xF8; TL1=0x30;                    //重装 2ms 初值
   P1_0=0;                               //P1.0 输出低电平
  TR0=1;                                 //启动 T0 运行
}
```

【例6-6】 用定时/计数器测量脉冲信号的频率。系统晶振的频率为 6MHz。

频率的概念我们在以前的课程中已经学过，所谓频率是周期信号 1s 内重复的次数。用单片机测量频率需要用两个定时/计数器，一个用于定时，一个用于数外部脉冲，由于系统的机器周期是 2μs，最大定时 100 多毫秒，不能直接产生 1s 的定时，可以采用多次定时的方法实现，也可以设定不是 1s 的时间，如 0.1s，计数出这段时间内的脉冲个数，通过运算得到被测信号的频率。设定的测量时间通常称为"闸门"时间，可以根据测量信号频率的大小选择合适的闸门时间。频率测量示意图如图 6-10 所示。

本例选择闸门时间为 0.1s，T1 定时，T0 用于计数。程序如下:

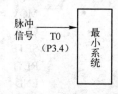

图 6-10　频率测量示意图

```
            ORG    0000H
            LJMP   SETUP          ; 程序开头，跳过入口地址区
            ORG    001BH          ; T0 入口地址
            LJMP   INET1P         ; 转移到它的服务程序
            ORG    0030H
SETUP:  MOV   TMOD, #15H      ; T0 方式 1 计数，T1 方式 1 定时
            MOV   TH1, #3CH      ; 机器周期 2μs
            MOV   TL1, #0B0H     ; 0.1s 初值
            MOV   TH0, #0        ;
            MOV   TL0, #0        ; 计数初值为 0
            SETB  TR1            ; 启动 T1 开始定时
            SETB  TR0            ; 启动 T0 开始计数
            SETB  ET1            ; 允许 T1 中断
            SETB  EA             ; 开通总允许位

MAIN:   …                     ; 显示程序略，显示测量结果
```

```
        SJMP    MAIN                ; 主程序,
INET1P: CLR     TR0                 ; 停止计数
        CLR     TR1                 ; 停止定时
        MOV     R2, TH0             ; 取出计数值放入 R2、R3 中
        MOV     R3, TL0             ; 可以运算后，送显示略
        MOV     TH1, #3CH           ;
        MOV     TL1, #0B0H          ; 重装定时初值
        MOV     TH0，#0             ;
        MOV     TL0，#0             ; 计数初值为 0
        SETB    TR1                 ; 启动下一轮定时
        SETB    TR0                 ; 启动下一轮计数
        RETI                        ; T0 中断返回
        END
```

C 语言程序如下：

```
#include <reg51.h>
#define uchar unsigned char;
uchar a,b;                      // 定义两个变量用于存储测量结果
void main(void)
{
 TMOD=0x15;                     //T0 方式 1 计数，T1 方式 1 定时
  TH1=0x3C; TL1=0xB0;           //机器周期 2μs，0.1s 初值
  TH0=0;    TL0=0;              //计数初值为 0
  TR1=1;                        //启动 T1 开始定时
  TR0=1;                        //启动 T0 开始计数
  ET1=1;                        //允许 T1 中断
  EA=1;                         //开通总允许位
  while(1)
   {
                                //显示程序略，显示测量结果
   }
}
void INET1P(void) interrupt 3 using 0   //T1 中断子程序
{
  TR0=0;                        //停止计数
  TR1=0;                        //停止定时
  a=TH0;                        //取出计数值放入 a、b 中
  b=TL0;                        //可以运算后，送显示略
  TH1=0x3C; TL1=0xB0;           //重装定时初值
  TH0=0; TL0=0;                 //计数初值为 0
  TR1=1;                        //启动下一轮定时
  TR0=1;                        //启动下一轮计数
}
```

上面的测量方法受到两个方面的限制。一方面、频率不能超过系统晶振的 1/24，即 250kHz。另一方面、在测量频率较低信号时误差较大，因为闸门是 0.1s，漏计一个脉冲就相

当于 10 个数据的误差。

在测量较低频率时通常是通过测量信号周期的方法，再计算出频率，图 6-11 为测量周期示意图。

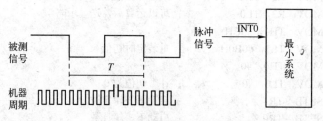

图 6-11　测量周期示意图

脉冲信号加到外部中断引脚上，脉冲的下降沿作为中断的触发信号，在外部中断的服务程序里，启动计数器数内部的机器周期，两次中断触发期间，机器周期的个数就是被测信号的周期。

【例 6-7】　用定时/计数器测量脉冲信号的周期。系统晶振的频率为 6MHz。

图 6-11 为本例的示意图，用外部中断 0 和定时器 T0，程序如下：

```
            ORG    0000H
            LJMP   SETUP          ; 程序开头，跳过入口地址区
            ORG    0003H          ; 外中断 0 入口地址
            LJMP   INEX0P         ; 转移到它的服务程序
            ORG    0030H
SETUP:      MOV    TMOD, #01H     ; T0 方式 1 定时
            MOV    TH0, #0        ;
            MOV    TL0, #0        ; 计数初值为 0
            SETB   IT0            ; 外部中断 0 下降沿触发
            SETB   EX0            ; 允许中断
            SETB   EA             ; 开通总允许位
MAIN:       …                    ; 显示程序略，显示测量结果
            SJMP   MAIN           ; 主程序，
INEX0P:     CLR    TR0            ; 停止数机器周期
            MOV    R2, TH0        ; 取出两个下降沿间的机器周期数
            MOV    R3, TL0        ; 可以换算成周期
            MOV    TH0, #0        ; 计数值清为 0
            MOV    TL0, #0        ; 为下一轮测量做准备
            SETB   TR0            ; 启动 T0 开始下一轮测量
            RETI                  ; 中断返回
            END
```

C 语言程序如下：

```
#include <reg51.h>
#define uchar unsigned char;
uchar a,b;                    //定义两个变量用于存储下降沿间的机器周期数
void main( )
```

```
    {
        TMOD=0x01;                          //T0 方式 1 定时
        TH0=0; TL0=0;                        //计数初值为 0
        IT0=1;                              //外部中断 0 下降沿触发
        EX0=1;                              //允许中断
        EA=1;                               //开通总允许位
        while(1)
            {
                                            //显示程序略，显示测量结果
            }
    }
    void INEX0P(void) interrupt 0 using 0   //外部中断 0 子程序 (0: 外部中断 0)
    {
        TR0=0;                              //停止数机器周期
        a=TH0; b=TL0;                        //取出两个下降沿间的机器周期数，可以换算成周期
        TH0=0;                              //计数值清为 0
        TL0=0;                              //为下一轮测量做准备
        TR0=1;                              //启动 T0 开始下一轮测量
    }
```

【例 6-8】 用定时/计数器测量脉冲的宽度。系统晶振的频率为 6MHz。

图 6-11 也可以用来测量信号高电平的宽度；程序在上例程序中修改一条指令即可。

将　MOV　TMOD，#01H

改为　MOV　TMOD，#09H　　即可。将 T0 的 GATE 位设置为 1，此时定时器，只有在外部中断 0 引脚上是高电平期间内才计数，低电平期间不计数，所以测出的是高电平的宽度。低电平的宽度可以先使信号通过反相器处理后再测量。

测量的程序在例 6-7 上修改（略）。

定时/计数器应用中的两个问题：

其一是计数器的"飞读"，也就是在计数过程中读取计数器的值，一般很少这样操作。其二是精确定时问题，在定时器的服务程序中，重装的初值没有考虑指令执行的时间，实际的定时时间比设想得要长。由于指令执行的时间非常短，只有几微秒，在要求不高的场合可以不考虑。本节所介绍的应用例子中，都没有考虑这一问题。

对于上面的两个问题，读者可以参考有关书籍，本书只是提醒一下，不再详述。

6.4　键盘接口

键盘是单片机应用系统的重要组成部分。键盘主要用来实现人-机交互，通过键盘向系统输入运行参数，控制和查询系统的运行状态。它和数码管显示电路一起构成单片机应用系统的最基本电路，有些课本将它们称为最小系统。

键盘分为编码和非编码键盘。编码键盘采用硬件电路实现键盘编码，内部有消抖动电路，硬件电路复杂，成本较高，在单片机应用系统较少采用。非编码键盘仅提供按键的状态，按键的编码或功能都是由软件实现，硬件电路简单，可以根据实际的需求确定按键的数

量，在单片机应用系统中被广泛使用，本书只介绍非编码键盘与单片机的接口。非编码键盘又分为独立式按键和矩阵式键盘。

6.4.1 按键的抖动问题

按键的操作过程是将按键的状态转换成电平信号，这个过程是通过机械触点的合、断实现的，由于机械触点的弹性作用，在闭合和断开瞬间都会出现抖动，如图 6-12 所示，抖动的时间与触点材料的机械特性有关，一般为 5～10ms。

键未按下时，A 点电平被电阻上拉为高，键按下时，A 点被拉到低电平，A 点的电平反映按键的状态。理想情况下应是一个方波，如图 6-12b 所示，实际的波形如图 6-12c 所示，在按下和松开的瞬间都会抖动，键的抖动会引起 CPU 对一次键的操作进行多次处理，产生错误。所以非编码键盘都要进行消抖动处理，以克服误操作。

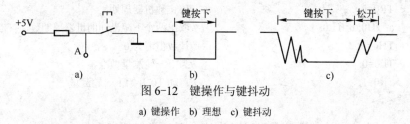

图 6-12　键操作与键抖动

a) 键操作　b) 理想　c) 键抖动

消抖动的办法有硬件消抖动和软件消抖动。硬件消抖动通常采用稳态电路或滤波电路，图 6-13 为几种硬件消抖动电路。

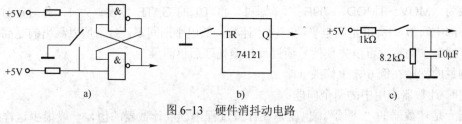

图 6-13　硬件消抖动电路

a) 双稳态消抖电路　b) 单稳态消抖电路　c) 滤波消抖电路

软件消抖动一般采用软件延时的方法实现。由于键的抖动时间小于 10 ms，在第一次检测到按键按下时，并不立即处理，而是先调用一个 10 ms 左右的延时程序，然后再确认键是否按下，只有再次确认键按下，才执行键的功能，从而消除按键抖动的影响。

本章例 6-1 中介绍的一个按键作为中断的输入信号，虽然将中断的触发方式设置为下降沿触发，键按一次，小灯可能移几位，并且键松开的时候小灯也会移位，这些都是由键的抖动造成的。读者可以按照例 6-1 做个实验，体验一下。

6.4.2 独立式按键及其接口

独立式按键就是每一个按键的状态都用一位的 I/O 口去检测，并且任一按键的状态都不影响其他按键的工作状态。独立式按键电路配置灵活，软件结构简单，由于每个按键都占用一根 I/O 口线，一般适用于按键数量较少的场合。图 6-14 是一个有 4 个按键的独立式按键接口电路。

【例 6-9】 图 6-14 是在第 4 章例题基础上设计的键盘接口电路，分别用 P2.4～P2.7 作为 4 个按键的输入。设计键盘处理的子程序如下（本例只给出程序框架，具体按键的功能由读者定义编写程序）：

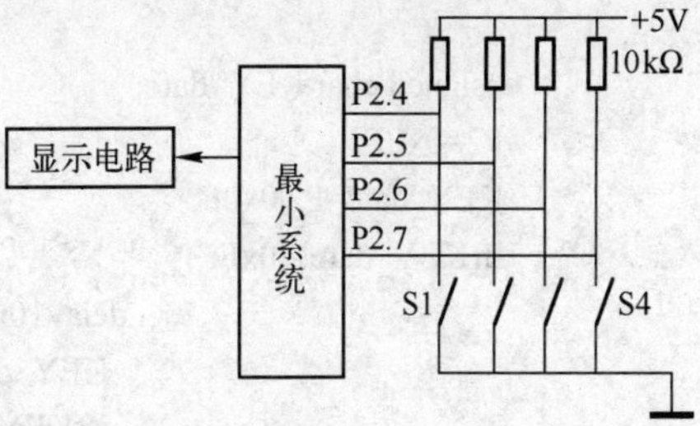

图 6-14 独立式按键接口电路

```
KEY:    MOV   P2，#0FFH  ；置 P2 口为输入口
        MOV   A，P2      ；读 P2 口
        ORL   A，#0FH    ；屏蔽低 4 位，
        CJNE  A，#0FFH，GORET
                         ；有键按下，转移
        RET              ；无键按下，返回
GORET:
        LCALL   DELAY    ；有键按下，延时 10 ms
        MOV   A，P2       ；再读 P2 口
        JNB   ACC.4，KEY1 ；转 S1 键功能程序
        JNB   ACC.5，KEY2 ；转 S2 键功能程序
        JNB   ACC.6，KEY3 ；转 S3 键功能程序
        JNB   ACC.7，KEY4 ；转 S4 键功能程序
        RET
KEY1:   …               ；S1 键功能程序
        RET
KEY2:   …               ；S2 键功能程序
        RET
KEY3:   …               ；S3 键功能程序
        RET
KEY4:   …               ；S4 键功能程序
        RET
```

用 C 语言编写的程序如下：

```
#include <reg51.h>
/*按键端口定义*/
sbit KEY1 = P2^4;
sbit KEY2 = P2^5;
sbit KEY3 = P2^6;
sbit KEY4 = P2^7;
void delay10ms( )              //10ms 延时函数
{ //略 }
void KEY1(void)                //S1 键功能程序
{ //略 }
void KEY2(void)                //S2 键功能程序
{ //略 }
void KEY3(void)                //S3 键功能程序
{ //略 }
void KEY4(void)                //S4 键功能程序
{ //略 }
void   key( )
```

```
        {
    unsigned char KEY_date;
     P2=0xFF;                                              //置 P2 口为输入口
     KEY_date=P2|0x0F;                                     //读 P2 口，屏蔽低 4 位
     if(KEY_date!=0xFF){                                   //有键按下
                        delay10ms( );                      //延时 10ms
                        KEY_date=P2|0x0F;                  //再读 P2 口，屏蔽低 4 位
                        if(KEY_date!=0xFF){                //确认有键按下
                             if(KEY1==0) { KEY1( );}       //转 S1 键功能程序
                             if(KEY2==0) { KEY2( );}       //转 S2 键功能程序
                             if(KEY3==0) { KEY3( );}       //转 S3 键功能程序
                             if(KEY4==0) { KEY4( );}       //转 S4 键功能程序
                        }
                   }
        }
```

　　有时为了节约 I/O 口资源，将独立式按键和数码管动态显示电路结合在一起设计，如图 6-15 所示。

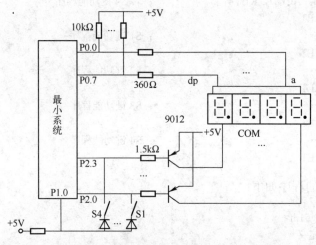

图 6-15　独立式键盘接口电路与数码管动态显示电路

　　该电路的 4 个按键共用 4 个数码管的位控制口，但并不用位控制口去检测，另外用一个 I/O 口 P1.0 去检测 4 个按键的状态。电路的工作原理：在数码管动态扫描期间，检查 P1.0 口的状态，在没有键按下时，检测到的是高电平。如果有键按下，假设 S1 按下，在显示程序扫描到该位数码管时，P2.0 输出 0 使数码管亮，与 S1 串联的二极管导通，这时检测 P1.0 的状态就为低电平。程序扫描到其他数码管时，即使 S1 按下，此时 P2.0 输出 1，检测 P1.0 的状态仍然是高电平。其他键的操作过程类似，只有在显示程序扫描到自己位上的数码管时，检测该键，可以看出每个键的操作状态不影响其他按键的状态，属于独立式键盘。

　　该电路的程序设计相对比较复杂，需要和显示程序综合考虑，也要考虑消抖动问题，这里略去。

6.4.3 键盘扫描方式

在单片机应用系统中，键盘处理只是 CPU 工作的一部分，需要协调好与其他处理程序的关系，既要能即时响应键的操作，又不能影响其他程序的执行，键盘处理程序不能占用 CPU 太多时间。CPU 处理键盘的方式有 3 种：程序扫描方式、定时扫描方式和中断扫描方式。

1. 程序扫描方式

程序扫描方式是将键盘处理程序作为主程序的一部分，最多的是和显示程序一起构成应用系统的主程序。前面程序结构中讲过，主程序一定是无限循环执行，当主程序运行到键盘处理程序时，扫描键盘，检测按键状态，检测到有键输入，执行相应键的功能程序。这种方式需要主程序循环的周期不能太长，否则会影响对键操作响应的即时性。这种工作方式在没有键操作时，仍然要执行键扫描程序，浪费 CPU 的时间，是程序扫描方式的不足之处。

2. 定时扫描方式

定时扫描方式是用定时/计数器反复产生定时中断，将键盘处理程序作为定时器的服务程序。CPU 响应中断后扫描键盘，在有按键按下时，处理相应键的功能程序。定时扫描方式存在着和程序扫描方式类似的缺陷，并另外占用了定时/计数器，在实际应用中很少采用。

3. 中断扫描方式

中断扫描方式利用外部中断源，当有键按下时产生中断请求，在中断服务程序中处理键盘程序。在没有键操作时，CPU 执行正常的程序，只在有键操作时才处理键盘程序，提高了 CPU 的运行效率，克服了前两种扫描方式的不足，在实践中经常被采用。图 6-16 为一工作在中断扫描方式的独立式键盘接口电路。

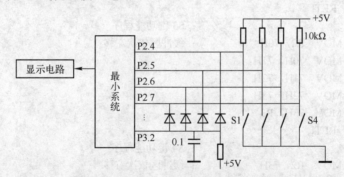

图 6-16　中断方式的独立式键盘接口电路

电路在图 6-14 基础上设计，4 个二极管和一个上拉电阻构成"与"门电路，与门的输出接外中断 0 的引脚 P3.2，在没有按键按下时，P2.4～P2.7 引脚为高电平，4 个二极管都截止，P3.2 被电阻上拉为高电平，如果某一键按下时，假定 S1 按下，则 P2.4 引脚被拉到地，P2.4 引脚上的二极管导通，P3.2 引脚电平被拉为低电平（有 0.7V 左右的电压），作为外中断的请求信号。可以用集成块与门电路代替图中的二极管与门电路，在输入较多情况下用二极管与门更方便，成本也低，图中电容起滤波作用，用于消除按键抖动。

【例 6-10】 在图 6-16 的电路中，定义 S1～S4 四个按键的功能分别为：第一个数码管上数据加 1（0～9 循环）、第二个数码管上的数据减 1（0～9 循环）、4 位显示数据左移一次、4 位显示数据右移一次。

将中断设置为下降沿触发方式，有关外中断的初始化、入口地址和数码管的显示程序前面已经讲过，这里不再重复，只编写中断服务程序如下：

```
INEX0P: SETB  P2.4              ; P2.4 置为输入口
        JNB   P2.4，KEY1        ; 转 S1 键功能程序
        SETB  P2.5              ; P2.5 置为输入口
        JNB   P2.5，KEY2        ; 转 S2 键功能程序
        SETB  P2.6              ; P2.6 置为输入口
        JNB   P2.6，KEY3        ; 转 S3 键功能程序
        SETB  P2.7              ; P2.7 置为输入口
        JNB   P2.7，KEY4        ; 转 S4 键功能程序
         RETI
KEY1:                           ; S1 键功能程序
        INC   70H               ; 加 1
        MOV   R2，70H
        CJNE  R2，#10，KEY1A    ; 判断是否为 10，否转返回
        MOV   70H，#0           ; 是清为 0
KEY1A:  RETI
KEY2:                           ; S2 键功能程序
        MOV   R2，71H
        CJNE  R2，#0，KEY2A     ; 判断是否为 0，否转移
        MOV   71H，#10          ; 是，赋为 10
KEY2A:  DEC   71H              ; 减 1
         RETI
KEY3:                           ; S3 键功能程序
        MOV   R2，70H           ; 缓冲区依次左移
        MOV   70H，71H
        MOV   71H，72H
        MOV   72H，73H
        MOV   73H，R2
         RETI
KEY4:                           ; S4 键功能程序
        MOV   R2，73H           ; 缓冲区依次右移
        MOV   73H，72H
        MOV   72H，71H
        MOV   71H，70H
        MOV   70H，R2
         RETI
```

用 C 语言编写的程序如下：

```
sbit P2_4=P2^4;
sbit P2_5=P2^5;
sbit P2_6=P2^6;
sbit P2_7=P2^7;
```

```
unsigned char data0,data1,data2,data3,Registor2 ;    //变量分别对应 70H,71H,72H,73H,R2
void INEX0P(void) interrupt 0 using 0               //外中断 0 服务函数
{
     P2_4=1;     P2_5=1;    P2_6=1;    P2_7=1;    //P2.4~ P2.7 置为输入口
     if(P2_4= =0) {                              //S1 键按下，执行加 1 功能
              data0++;
              if(data0= =10) data0=0;
              }
     if(P2_5= =0) {                              //S2 键按下，执行减 1 功能
              if(data1= =0) data1=10;
              data1--;
              }
     if(P2_6= =0) {                    //S3 键按下，执行显示数据左移一次
              Registor2= data0; data0= data1; data1= data2; data2= data3;
              data3= Registor2;
              }
     if(P2_7= =0) {                    //S4 键按下，执行显示数据右移一次
              Registor2= data3; data3= data2; data2= data1; data1= data0;
              data0= Registor2;
              }
}
```

6.4.4　矩阵式键盘及其接口

矩阵式键盘又称为行列式键盘，其结构如图 6-17 所示。图中为一个 4×4 行列式结构，共有 16 个按键，但占用的 I/O 口线只有 8 根，适合按键较多的场合。

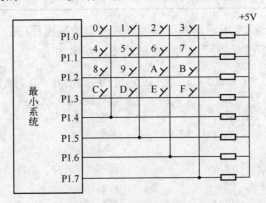

图 6-17　矩阵式键盘的接口电路

矩阵式键盘的工作思路：用一部分 I/O 口作为行线，另一部分 I/O 口作为列线，在每个行线和列线的交叉点放置一个按键，当某个按键按下，则对应的行线和列线短路，CPU 就是通过检测是否有行线和列线短路来确定是否有键按下，并确定是哪个键按下。在没有键按下时，行线和列线都被电阻上拉为高电平。

矩阵式键盘的扫描过程分 3 步：

第 1 步，将行线作为输出线，列线为输入线，所有行线输出 0，读列线状态。在没有

键按下时，读进来的都是 1，在有键按下时，则对应的列线为 0，据此可以判断是否有键按下。

D7	D6	D5	D4	D3	D2	D1	D0
r7	r6	r5	r4	X	X	X	X
列线有效				行线无效			

第 2 步，将列线作为输出口线，行线为输入口线，所有列线输出 0，读行线状态。

D7	D6	D5	D4	D3	D2	D1	D0
X	X	X	X	r3	r2	r1	r0
列线无效				行线有效			

第 3 步将前面两步行线和列线的有效数据综合起来得到一个 8 位数。

D7	D6	D5	D4	D3	D2	D1	D0
r7	r6	r5	r4	r3	r2	r1	r0

如两次读到的 r4，r0 为 0，其余位为 1（假定每次只有一个键按下），则可以确定是"0"号键按下，这时 8 位数的值为 EEH。以此类推，通过判断 8 位数的值即可确定是某个键按下。8 位数的数值与键号的对应关系如下：

数值	EEH	DEH	BEH	7EH	EDH	DDH	BDH	7DH
键号	0	1	2	3	4	5	6	7
数值	EBH	DBH	BBH	7BH	E7H	D7H	B7H	77H
键号	8	9	A	B	C	D	E	F

【例 6-11】 按照图 6-17 所示电路编写矩阵式键盘的扫描程序。

用软件消抖动，并等键释放后才执行键的功能，程序如下：

```
        KEY：    MOV  P1，#0F0H        ；行线输出低电平，列线置为输入口
                MOV  A，P1           ；读列线数据
                ORL  A，#0FH         ；屏蔽行线
                CJNE A，#0FFH，KEYA   ；不全为 1，有键按下，转移
                RET                  ；无键按下，返回
        KEYA：   LCALL DELAY          ；调延时子程序，消抖动
                MOV  A，P1           ；再读列线
                ORL  A，#0FH         ；屏蔽行线
                CJNE A，#0FFH，KEYB   ；确认键按下转移
                RET                  ；抖动，返回
        KEYB：   MOV  R2，A           ；保存列线值，高 4 位
                MOV  P1，#0FH        ；列线输出低电平，行线置为输入口
                MOV  R3，P1          ；读行线数据，并保存，低 4 位
        KEYC：   MOV  A，P1           ；读行线
                ORL  A，#0F0H        ；屏蔽列线
                CJNE A，#0FFH，KEYC   ；判断键是否释放，没有继续读
```

```asm
            MOV   A，R2                    ；合并行线和列线数据
            ANL   A，#0F0H
            MOV   R2，A
            MOV   A，R3
            ANL   A，#0FH
            ADD   A，R2                    ；合并行线和列线数据
            CJNE  A，#0EEH，NKEY0         ；与 0 号键的数值比较，不等转移
            LCALL   WORK0                 ；等调用 0 号键处理程序
            RET
NKEY0：  CJNE    A，#0DEH，NKEY1         ；与 1 号键的数值比较，不等转移
            LCALL   WORK1                 ；等调用 1 号键处理程序
            RET
NKEY1：  …                               ；类推下去
            …
            LCALL   WORKF                 ；调用 F 号键处理程序
            RET
```

用 C 语言编写的程序如下：

```c
#include <reg51.H>
unsigned   char Registor2,Registor3,key_date          //变量分别对 R2,R3, A
void   delay10ms( )                                    //延时 10ms 函数
{  …  }                                                //略
void   KEY(void)
{
P1=0xf0;                                               //行线输出低电平，列线置为输入口
key_date=P1|0x0f;                                      //读列线数据，屏蔽行线
if(key_date!=0xff){                                    //有键按下
    delay10ms( );                                      //去抖动延时
    key_date=P1|0x0f;                                  //再读列线数据，屏蔽行线
    if(key_date!=0xff){                                //确认有键按下
        Registor2=key_date;                            //保存列线值，高 4 位
        P1=0x0f;                                       //列线输出低电平，行线置为输入口
        Registor3=P1;                                  //读行线数据，并保存，低 4 位
        key_date= (Registor2&0xf0)+( Registor3&0x0f);  //合并行线和列线数据
        if(key_date= =0xee){                           //与 0 号键的数值比较，相等 0 号键按下
                    WORK0( );                          //调用 0 号键处理程序
                    }
        if(key_date= =0xde){                           //与 1 号键的数值比较，相等 1 号键按下
                    WORK1( );                          //调用 0 号键处理程序
                    }
        ……                                            //其余键值判断
        if(key_date= =0x77){                           //与 F 号键的数值比较，相等 F 号键按下
                    WORKF( );                          //调用 F 号键处理程序
                    }
        }                                              //无键按下，返回
    }                                                  //无键按下，返回
}
```

上述程序中键释放后，也可以根据保存在 R2 中的列线数据和 R3 中的行线数据，计算出键号，键号=行线号×4+列线号。然后用散转指令实现各键功能子程序的执行，程序如下：

```
            MOV   A, R2          ; 取列线数据
            MOV   R2, #3         ; 列编号赋初值
            MOV   R4, #4         ; 设置循环次数
KEYD:   RLC   A              ; 依次左移入 C 中
            JNC   KEYE          ; C=0, 该列有键按下，转移
            DEC   R2            ; C=1, 该列无键按下，修正列编号
            DJNZ  R4, KEYD      ; 所有列判完? 未完继续
KEYE:   MOV   A, R3,         ; 取行线数据
            MOV   R3, #0         ; 行编号赋初值
            MOV   R4, #4         ; 设置循环次数
KEYF:   RRC   A              ; 依次右移入 C 中
            JNC   KEYG          ; C=0, 该行有键按下，转移
            INC   R3            ; C=1, 该行无键按下，修正行编号
            DJNZ  R4, KEYF      ; 所有行判完? 未完继续
KEYG:  MOV   A, R3          ; 取行编号
            RL   A               ; (高位是 0, 可以直接转移)
            RL   A               ; 行编号×4
            ADD   A, R2         ; 行编号×4+列编号=键号
            RL   A
            RL   A               ; 键号×4（LCALL+RET 共 4 个字节）
            MOV  DPTR, TAB
            JMP   @A+DPTR       ; 散转，执行对应键的功能子程序
TAB:    LCALL  WORK0        ; 调用 0 号键处理程序
            RET
            LCALL  WORK1        ; 调用 1 号键处理程序
            RET
            …
            LCALL  WORKF        ; 调用 F 号键处理程序
            RET
```

用 C 语言编写的程序如下：

```
#include <reg51.H>
unsigned   char Registor2,Registor3,key_date   //变量分别对 R2 ,R3, A
void   delay10ms( )                              //延时 10ms 函数
{ //略   }
void   KEY(void)
{
P1=0xf0;                                          //行线输出低电平，列线置为输入口
key_date=P1|0x0f;                                 //读列线数据，屏蔽行线
if(key_date!=0xff){                               //有键按下
    delay10ms( );                                 //去抖动延时
    key_date=P1|0x0f;                             //再读列线数据，屏蔽行线
```

166

```
        if(key_date!=0xff){                              //确认有键按下
            Registor2=key_date;                          //保存列线值, 高 4 位
            P1=0x0f;                                     //列线输出低电平, 行线置为输入口
            Registor3=P1|0xf0;                           //读行线数据, 并保存, 低 4 位
            switch (Registor2) {                         //计算列号
                    case    0x70: key_date=3; break;     //0111 0000
                    case    0xb0: key_date=2; break;     //1011 0000
                    case    0xd0: key_date=1; break;     //1101 0000
                    case    0xe0: key_date=0; break;     //1110 0000
                    default:break;
                        }
            Registor2= key_date;                         //保存列号
            switch (Registor3) {                         //计算行号
                    case    0x0e: key_date=0; break;     //0000 1110
                    case    0x0d: key_date=1; break;     //0000 1101
                    case    0x0b: key_date=2; break;     //0000 1011
                    case    0x07: key_date=3; break;     //0000 0111
                    default:break;
                        }
            key_date= key_date*4+ Registor2;             //键号=行号×4+列号
            switch (key_date)                            //根据键值跳转
                {
                case 0:
                work0( );                                //调用 0 号键处理程序
                break;
                case 1:
                work1( );                                //调用 1 号键处理程序
                break;
                …
                default:break;
                }
        }                                                //无键按下, 返回
    }                                                    //无键按下, 返回
}                                                        //函数结束
```

6.5 贯穿教学全过程的实例——温度测量报警系统之五

6.5.1 温度测量报警系统键盘电路设计

温度测量报警系统键盘电路与程序设计。硬件电路在图 4-20 和图 4-21 基础上设计, 显示电路、LED 灯、报警电路只画出框图表示。

图 6-18 中设计了有 4 个按键的独立式键盘电路, 键盘采用中断控制扫描方式, 并采用

滤波电路进行硬件消抖动。4 个按键的输入分别采用 P1.0～P1.3，外部中断 0，作为按键的触发中断。

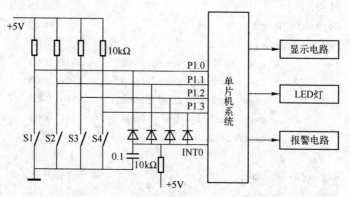

图 6-18　温度测量报警系统键盘控制电路

6.5.2　温度测量报警系统键盘功能原理

按键和显示电路配合，实现对 8 路温度的设置。由于键数少，为便于功能实现，修改参数每次都从 0 通道开始，每个按键的功能如下：

按键 1：设置/退出键。第一次按系统进入设置修改参数状态，使第一个数码管闪烁，表示该数码管显示的内容可以通过"加 1"键修改。第二次按退出设置状态，所有数码管都停止闪烁，回到测量状态。

按键 2：移位键。使闪烁的数码管停止闪烁，下位数码管开始闪烁，按照：1→2→3→4→1 的顺序循环闪烁。

按键 3：加 1 键。对闪烁的数码管显示内容进行加 1，第一位数码管表示温度通道，使数据在 0～7 间变化，其他三位数码管数据在 0～9 间变化。

按键 4：保存键。将后 3 位数码管显示的数据，根据第一位数码管显示的通道号保存到指定空间。

6.5.3　温度测量报警系统键盘功能程序设计

从本节开始，贯穿教学全过程的实例以数码管显示电路为主，1602 液晶显示电路与数码管应用类似，本书不再涉及，有关的程序设计，请读者参阅 1602 的显示程序编写。

1．显示程序修改

从上面键盘功能实现参数修改的原理中可知，数码管显示应有两种方式：正常显示方式和闪烁显示方式。而闪烁显示状态是由数码管的亮和灭两种状态交替来实现的。因此我们首先应使数码管具有亮、灭两种显示状态，下面以一位数码管的 C 语言程序来说明设计的思路。

下面 4 句程序语句是一个共阳型数码管的显示程序，其中第 2 句开通数码管的位控制，使数码管亮，它不执行，数码管将会熄灭。为了具有亮、灭两种功能，用一个位变量对其进行条件控制，修改成右边的对应程序，显然只要改变位变量 bl_m0 的值（0 或 1），就能实现数码管的亮灭。

168

```
P0= tab[ad_id];                          P0= tab[ad_id];
wei_0=0;                  ⟹             if（bl_m0）wei_0=0;
del（）;                                  del（）;
wei_0=1;                                 wei_0=1;
```

其他数码管显示程序按照同样的思路修改即可。

2．闪烁程序设计

由上面的程序可知，bl_m0 的值（0 或 1）控制数码管亮灭，bl_m0 的值有规律地交替变化，将使数码管闪烁，用定时器实现 bl_m0 的值有规律地交替变化。将定时器 T0 设置为定时方式，让其反复定时 0.05 秒，在定时器 T0 服务程序里将 bl_m0 的值取反。

显然，增加定时器服务程序后，数码管将一直闪烁，系统要求的是既能正常显示又能闪烁显示，设计的思路与数码管亮灭的控制类似，为每个数码管设置一个闪烁控制位变量，由位变量的值控制其显示状态。定义第一个闪烁控制的位变量为 bshan0，程序如下：

```
void  inet0（）  interrupt  1        //定时器 T0 的中断服务程序
{
    TH0=0x3C;  TL0=0xB0;            //重装初值
    if(bshan0)  bl_m0= bl_m0;       //bshan0=1 时，闪烁，bshan0=0 时，不闪烁
            …                       //其他程序
}
```

3．键盘程序设计

键盘程序根据设定的功能要求，通过对上述位变量的控制或根据其值进行相应的处理即可，注意在闪烁移位过程中或由设置状态回到正常工作状态时，数码管可能灭，原因是某个数码管闪烁期间，刚好在其灭的时候发生移位或退出，因此在移位后应将数码管的亮灭位设置为亮的信息，退出设置也应作相应的软件处理。

6.5.4 温度测量报警系统之五的程序

C 语言程序（斜体部分为新添加的程序或修改后的程序）：

```
#include "reg51.h"
unsigned char ad_id=0;            //存放 A/D 通道号
unsigned char da_h=0;             //存放温度百位数
unsigned char da_m=0;             //存放温度十位数
unsigned char da_l=0;             //存放温度个位数
unsigned char ad_id_s;            //存放 8 路温度状态
sbit wei_0=P2^7;                  //控制第 1 个数码管位
sbit wei_1=P2^6;                  //控制第 2 个数码管位
sbit wei_2=P2^5;                  //控制第 3 个数码管位
sbit wei_3=P2^4;                  //控制第 4 个数码管位
sbit wei_4=P2^3;                  //控制第 1 个数码管位 8 个发光二极管
sbit jian0= P1^0;                 //第 1 个键输入脚 P1.0 口
sbit jian1= P1^1;                 //第 2 个键输入脚 P1.1 口
```

```c
sbit jian2= P1^2;                          //第 3 个键输入脚 P1.2 口
sbit jian3= P1^3;                          //第 4 个键输入脚 P1.3 口
bit bl_m0=1;                               //第 1 个数码管的亮灭标志位，1 亮 0 灭
bit bl_m1=1;                               //第 2 个数码管的亮灭标志位，1 亮 0 灭
bit bl_m2=1;                               //第 3 个数码管的亮灭标志位，1 亮 0 灭
bit bl_m3=1;                               //第 4 个数码管的亮灭标志位，1 亮 0 灭
bit bshan0=0;                              //第 1 个数码管的闪烁标志位，1 闪 0 不闪
bit bshan1=0;                              //第 2 个数码管的闪烁标志位，1 闪 0 不闪
bit bshan2=0;                              //第 3 个数码管的闪烁标志位，1 闪 0 不闪
bit bshan3=0;                              //第 4 个数码管的闪烁标志位，1 闪 0 不闪
bit jian0_s=0;                             //第 1 键状态标志位，1 设置，0 退出
unsigned  char  canshu[8 ];                //存放 8 通道温度参数
unsigned  char  tab[ ]={
0xc0，0xf9，0xa4，0xb0，0x99，0x92，0x82，0xf8，0x80，0x90
};                                         //共阳型数码管十进制数字段码表格
Void   del( )                              //延时函数
{ unsigned  char  i;
  for(i=0;i<50;i++);
}
void dis( )                                //显示函数
{  P0= tab[ad_id];                         //输出 A/D 通道号
   if（bl_m0）wei_0=0;                      //开通第 1 位数码管的位
   del( );                                 //调延时
   wei_0=1;                                //关闭第 1 位数码管的位
   P0= tab[da_h];  if (bl_m1) wei_1=0; del( ); wei_1=1;   //第 2 位数码管显示
   P0= tab[da_m];   if (bl_m2) wei_2=0; del( ); wei_2=1;  //第 3 位数码管显示
   P0= tab[da_l];    if (bl_m3) wei_3=0; del( ); wei_3=1; //第 4 位数码管显示
   P0= ad_id_s;  wei_4=0; del( ); wei_4=1;  //8 路温度状态送显示
}
void  inet0 ( )  interrupt  1              //定时器 T0 的中断服务程序
{
    TH0=0x3C;   TL0=0xB0;                  //重装初值
    if(bshan0)  bl_m0= bl_m0;              //bshan0=1 时，闪烁，bshan0=0 时，不闪烁
    if(bshan1)  bl_m1= bl_m1;              //bshan1=1 时，闪烁，bshan1=0 时，不闪烁
    if(bshan2)  bl_m2= bl_m2;              //bshan2=1 时，闪烁，bshan2=0 时，不闪烁
    if(bshan3)  bl_m3= bl_m3;              //bshan3=1 时，闪烁，bshan3=0 时，不闪烁
}
void  inex0 ( )  interrupt  0              //外部中断 0 的中断服务程序
{ jian0=1; jian1=1; jian2=1; jian3=1;      //输入口先向锁存器写入 1
 if(jian0==0){                             //第 1 个键按下，设置/退出键
        jian0_s= ! jian0_s;                //第 1 个键的状态位取反
        if(jian0_s){ (bshan0=1;    )       //设置状态，让第一个数码管闪烁
        else{                              //退出状态
        bshan0=0; bshan1=0; bshan2=0; bshan3=0;   //4 个数码管停止闪烁
        bl_m0=1; bl_m1=1 bl_m2=1 bl_m3=1          //4 个数码管亮
        }
   }
```

```
    else    if(jian1==0){                                        //第 2 个键按下，移位键
            if(bshan0){ bshan0=0; bshan1=1; bl_m0=1 }            //数码管 1 闪→2 闪
        else    if(bshan1){ bshan1=0; bshan2=1; bl_m1=1 }        //数码管 2 闪→3 闪
        else    if(bshan2){ bshan2=0; bshan3=1; bl_m2=1 }        //数码管 3 闪→4 闪
        else    if(bshan3){ bshan3=0; bshan0=1; bl_m3=1 }        //数码管 4 闪→1 闪
                }
    else    if(jian2==0){                                        //第 3 个键按下，加 1 键
            if(bshan0){ ad_id++;                                 //数码管 1 闪,数据加 1
                if(ad_id= =8) ad_id=0;                           //0~7 变化
                }
            if(bshan1){ da_h ++;                                 //数码管 2 闪,数据加 1
                if(da_h = =2) da_h =0;                           //0~1 变化，最高 100 度
                }
            if(bshan2){ da_m ++;                                 //数码管 3 闪,数据加 1
                if(da_m = =10) da_m =0;                          //0~9 变化
                }
            if(bshan3){ da_l ++;                                 //数码管 4 闪,数据加 1
                if(da_l = =10) da_l =0;                          //0~9 变化
                }
                }
    else {                                                       //第 4 个键按下，保存键
        canshu[ad_id]= da_h*100+ da_m*10+ da_l;
        }
}
void    main( )                                                 //主函数
{   TMOD=0x01;                                                  //T0 方式 1 定时
    TH0=0x3C;    TL0=0xB0;                                       //12MHz 晶振，0.05s 初值
    TR0=1;                                                       //启动 T0 运行
    IT0=1;                                                       //外部中断 0 设置为下降沿触发
    EX0=1;ET0=1;EA=1;                                            //开通中断允许位
    while(1){
        dis( );                                                 //调显示函数
        }
    }
```

本章的应用程序采用了汇编语言和 C 语言两种程序，并且两者间相互对应，读者学习时要注意两者间的联系和区别，同时可以看出汇编程序比对应的 C 程序长，而且逻辑上没有 C 语言清晰。本书以后的章节中，应用程序将以 C 语言为主，汇编程序由读者参照给出的 C 语言程序编写。

6.6 习题

1. 什么是中断？
2. 中断的过程与子程序的调用有类似之处，它们的区别是什么？
3. AT89S51 单片机有几个中断源？对应的入口地址分别是什么？

4. 涉及 AT89S51 单片机中断控制寄存器有哪些？它们的作用是什么？

5. AT89S51 单片机中断优先级有几级？为什么不需要将中断优先级都设置为高？

6. 如何理解自然优先级的含义？

7. MCS-51 单片机响应中断的条件是什么？

8. 简述中断的处理过程。

9. 简述中断与堆栈的关系。为什么在设置堆栈深度时应考虑中断因素？

10. 为什么在中断服务程序中需要保护和恢复现场？画出中断服务程序的结构。

11. 简述外部中断应用的步骤。

12. 外部中断有两种触发方式，一般选择下降沿触发方式，为什么？

13. 图 6-19 为一流水线产品数量自动记录的电路，物品经过红外线检测器时，挡住红外线，接收电路产生触发信号，送给单片机的中断，在中断服务程序中计数。请编写相应的程序。

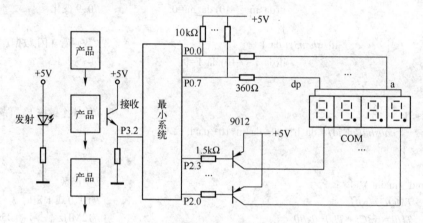

图 6-19　流水线产品检测电路

14. 在图 6-4 的基础上再设计一个按键，用外部中断 1 检测按键操作，编写控制程序。要求：第 1 个键每按一次使小灯右移一位，第 2 个键每按一次使小灯左移一位。

15. 定时/计数器的本质是计数器，它是如何实现定时、计数两种功能的。

16. 定时/计数器对外部脉冲计数时，有什么要求？

17. 简述定时/计数器的使用步骤。

18. 比较外部中断、定时/计数器中断服务程序的异同点。

19. 已知 MCS-51 系列单片机系统的 $f_{osc}=6MHz$，试编写程序，在 P1.7 口产生频率为 200Hz 的方波。

20. 假设 $f_{osc}=6MHz$，利用定时器，试编写实现电子钟的程序。时、分、秒分别存放在 60H、61H、62H 中。

21. 设单片机系统的 $f_{osc}=6MHz$，试计算定时器在方式 1 时定时 1ms、10ms、100ms 的初值。

22. 已知一单片机应用系统的 $f_{osc}=12MHz$。有负跳变脉冲从 P3.3 引脚输入，试编制程序，使实现每当满 10 个负跳变脉冲时，单片机控制 P1.0 口的小灯亮 1s 然后灭掉。

23. 在图 6-19 电路中，将红外接收的触发信号送到 T0 引脚，在定时器中计数，编写相应的程序。

24. 在例 6-4 程序的基础上修改程序，使数码管的高两位显示小时，低两位显示分钟，并用最低位数码管的小数点闪烁表示秒（闪 60 次走一分）。

25. 简述键盘的作用与分类。

26. 键盘抖动的危害是什么？消除抖动的方法有哪些？

27. 键盘扫描的控制方式有几种？各有什么特点？

28. 编写图 6-15 所示电路的程序，4 个按键的功能分别使 4 位数码管上的数据：加 1、减 1、左移、右移。

29. 简述行列式键盘的功能原理。

第 7 章　串行扩展技术

现在单片机应用的流行趋势已经发生很大变化，一般将 P0、P2 口直接作为 I/O 使用，而单片机外围的芯片控制一般都采用串行扩展技术，常用的串行扩展总线有 SPI 总线、I^2C 总线和 One-Wire 总线（单总线）。本章主要介绍 SPI 总线和 I^2C 串行总线技术，并介绍 DS1302、AT24C02 等串行接口芯片的接口电路和应用程序设计。

7.1　SPI 串行接口

7.1.1　SPI 串行总线扩展技术概述

SPI（Serial Peripheral Interface）总线是由 Motorola 公司提出的一种高速同步外设接口总线，通常采用 3 根或 4 根信号线进行数据传输，它是一种环形总线结构，由同步时钟脉冲信号（SCK）、串行数据输入线（SDI）、串行数据输出线（SDO）和从机选择线（CS）组成，如图 7-1 所示。

图 7-1　SPI 总线器件接口示意图

SPI 总线以主从方式工作，通常有一个主设备和一个或多个从设备，需要 3~4 根线（在单向传输时仅需 3 根线）。SPI 是全双工的，即数据的发送和接收可同时进行。SPI 总线最高数据传输率可达 1.05 Mbit/s，数据传送以字节为单位，并采用高位在前的数据格式。由 SCK 提供同步时钟信号，SDO、SDI 则基于此脉冲完成数据传输。数据输出通过 SDI 线，数据在时钟上升沿（或下降）沿时改变，在紧接着的下降沿（或上升沿）被读取，完成一位数据传输，输入也使用同样原理，8 次完成 1 个字节的传输。CS 是芯片的片选信号，只有片选信号有效时，对此芯片的操作才有效。

图 7-2 为有多个 SPI 从设备级联连接原理图。所有从设备的 CS 端都与系统主机的 CS 端相连，主机的 SDO 接到其中一个从设备的 SDI，该从设备的 SDO 接到下一个从设备的 SDI，依次下去，最后一个从设备的 SDO 再接回到主机的 SDI，系统输出、输入构成级联环路。主机每次都对所有从设备进行操作。

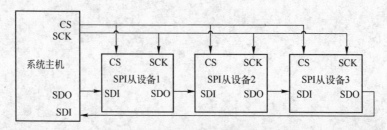

图 7-2　多个 SPI 从设备级联连接原理图

图 7-3 为有多个 SPI 从设备独立连接原理图。每个从设备的 CS 信号由主机分别控制，主机的 SDO 连接到每个从设备的 SDI，所有从设备的 SDO 都连接到主机的 SDI，主机每次只能对一个从设备进行操作，先通过片选信号选中某个从设备，再对其进行控制操作，未被选中的从设备均处于高阻隔离状态。

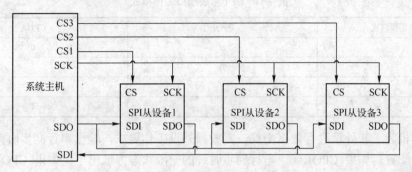

图 7-3　多个 SPI 从设备独立连接原理图

需要注意的是，SPI 总线的数据输入和输出线是独立的，允许同时进行数据的输入和输出，输入和输出是在时钟信号 SCK 控制下进行的，不同类型的 SPI 设备的实现方式不尽相同，主要是数据改变和采集的时间不同，在时钟信号上沿或下沿采集有不同定义，具体请参考相关器件设备的说明。SCK 信号只能由主设备产生。图 7-4 为 SPI 总线数据传输示意图。图 7-5 是 SPI 总线典型时序图。

主机和外设都包含一个串行移位寄存器，主机通过向它的 SPI 串行寄存器写入一个字节来发起一次传输。寄存器是通过 SDO 信号线将字节传送给外设，外设也将自己移位寄存器中的内容通过 SDI 信号线返回给主机，如图 7-4 所示。这样，两个移位寄存器中的内容就被交换了，外设的写操作和读操作是同步完成的。

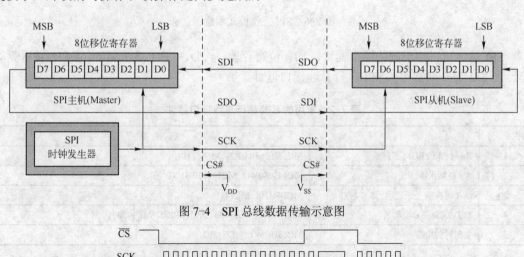

图 7-4　SPI 总线数据传输示意图

图 7-5　SPI 总线典型时序图

如果只是进行写操作，主机只需忽略收到的字节；反过来，如果主机要读取外设的一个字节，就必须发送一个空字节来引发从机的传输。

根据时钟极性 CPOL 和时钟相位 CPHA 的不同，SPI 有 4 个工作模式，如表 7-1 所示。

表 7-1 SPI 总线接口工作模式

SPI 工作模式	CPOL	CPHA
0	0	0
1	0	1
2	1	0
3	1	1

SPI 主机为了和外设进行数据交换，需根据外设工作要求，输出串行同步时钟极性和相位可以进行配置。如果 CPOL=0，串行同步时钟的空闲状态为低电平；如果 CPOL=1，串行同步时钟的空闲状态为高电平。时钟相位用于选择两种不同的传输协议，如果 CPHA=0，在串行同步时钟的第一个跳变沿（上升或下降）数据被采样；如果 CPHA=1，在串行同步时钟的第二个跳变沿（上升或下降）数据被采样。图 7-6 所示为 SPI 工作模式示意图。

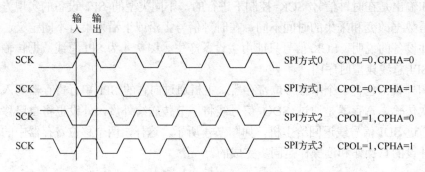

图 7-6 SPI 工作模式示意图

SPI 总线可以接不同的类型器件，如移位寄存器、A/D、LED 显示驱动、LCD 显示驱动等。表 7-2 为一些常用的 SPI 串行总线接口器件。

表 7-2 常用的 SPI 串行总线接口器件

序 号	器 件 类 型	器 件 型 号
1	RAM / EEPROM 存储器	MC68HC68R1/R2、MCM2814
2	A / D 转换器	MC145040/41、MC145050/51/52
3	D/A 转换器	MC144110、MC14111
4	LED/LCD 显示驱动器	MC14489、MC14499、MC145000、MC145001
5	实时时钟电路	MC68HC68T1、DS1302

7.1.2 SPI 总线应用举例

1. AT89S51 单片机 ISP（In System Program）接口

ATMEL 公司的 AT89S×× 系列单片机具有在线编程能力，使用其 P1 口的 P1.5、P1.6、

P1.7 的第二功能，这时的单片机为 ISP 系统中的从设备，受其他主设备控制，将程序下载到单片机内部即对单片机编程。ISP 功能为产品的调试与升级带来便利。图 7-7 为 AT89S51 单片机 ISP 接口电路。

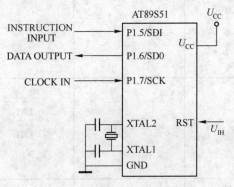

图 7-7　AT89S51 ISP 接口电路

AT89S51 单片机在线编程时复位引脚接高电平，P1.5 作为串行数据接收线，P1.6 作为串行数据输出线，P1.7 作为串行时钟输入线，串行数据以字节为单位，高位在前，低位在后，工作时序如图 7-8 所示。表 7-3 为 AT89S51 串行编程的工作模式。

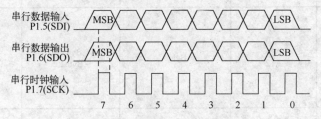

图 7-8　AT89S51 串行编程时序图

表 7-3　AT89S51 串行编程工作模式

工作模式	Byte1	Byte2	Byte3	Byte4	操作功能级条件
允许编程	1010 1100	0101 0011	××××·××××	××××·×××× 0110 1001 （OUTPUT）	在 RST 引脚 高电平时允许 编程
擦除	1010 1100	100×·××××	××××·××××	××××·××××	擦除操作
读存储器 （字节模式）	0010 0000	A8 A9 A10 A11 A12 × × ×	A0 A1 A2 A3 A4 A5 A6 A7	D0 D1 D2 D3 D4 D5 D6 D7	从存储器中读出 一个字节
写存储器 （字节模式）	0100 0000	A8 A9 A10 A11 A12 × × ×	A0 A1 A2 A3 A4 A5 A6 A7	D0 D1 D2 D3 D4 D5 D6 D7	写一个字节 到存储器中

(续)

工作模式	Byte1	Byte2	Byte3	Byte4	操作功能级条件
写加密位②	1010 1100	B2 B1 0 0 0 1 1 1	×××× ××××	×××× ××××	写加密位
读加密位	0010 0100	×××× ××××	×××× ××××	× × LB1 LB2 LB3 × × ×	读加密位
读厂商标签①	0010 1000	A0 A1 A2 A3 A4 A5 × ×	×××× ××××	标签字节	读标签
读存储器 （页模式）	0011 0000	A8 A9 A10 A11 A12 × × ×	Byte0	Byte1 ~Byte255	以页方式读存储器 （每页 256 字节）
写存储器 （页模式）	0101 0000	A8 A9 A10 A11 A12 × × ×	Byte0	Byte1 ~Byte255	以页方式写存储器 （每页 256 字节）

① 在加密模式 3 和模式 4 不能读厂商标签。

② B1=0，B2=0→模式 1，不加密； B1=0，B2=1→模式 2，1 级加密；B1=1，B2=0→模式 3，2 级加密；B1=1，B2=1→模式 4，3 级加密（不可恢复，不能再进行编程）。

2. DS1302 时钟接口电路

（1）DS1302 简介

DS1302 是美国 DALLAS 公司推出的一种涓流充电、高性能、低功耗的实时时钟芯片，芯片内部的实时时钟日历可提供秒、分、时、日、星期、月和年信息，能自动调整每月的天数，并具有闰年补偿功能，还可通过设置实现 24 或 12 小时进制格式，实时时钟工作电压为 2.5～5.5V。芯片内部具有 31×8bit 的静态 RAM。DS1302 采用 SPI 三线接口与 CPU 进行同步通信，可一次传送一个或多个字节的实时时钟数据或 RAM 数据。图 7-9 为 DS1302 芯片引脚封装图。

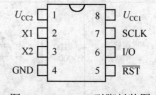

图 7-9 DS1302 引脚封装图

各引脚的功能为:

U_{cc1}: 主电源; U_{cc2}: 备份电源。当 $U_{\text{cc2}} > U_{\text{cc1}} + 0.2\text{V}$ 时,由 U_{cc2} 向 DS1302 供电,当 $U_{\text{cc2}} < U_{\text{cc1}}$ 时,由 U_{cc1} 向 DS1302 供电。

SCLK: 串行时钟输入引脚。

I/O: 数据输入/输出引脚(三线接口时的双向数据线)。

$\overline{\text{RST}}$: 复位引脚,与前面介绍的 SPI 总线中 CS 引脚功能类似。该引脚有两个功能: 第一,$\overline{\text{RST}}$ 开始控制字访问移位寄存器的控制逻辑; 其次,$\overline{\text{RST}}$ 提供结束单字节或多字节数据传输的方法。

当 $\overline{\text{RST}}$ 为高电平时,所有的数据传送被初始化,允许对 DS1302 进行操作。如果在传送过程中 $\overline{\text{RST}}$ 置为低电平,则会终止此次数据传送,I/O 引脚变为高阻态,即要求在读、写数据期间,$\overline{\text{RST}}$ 必须为高。图 7-10 为 DS1302 的内部结构图。

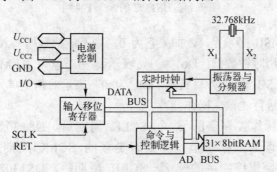

图 7-10 DS1302 的内部结构图

(2) DS1302 的寄存器

DS1302 有 12 个寄存器,其中有 7 个寄存器与日历、时钟相关,存放的数据位为 BCD 码形式,其日历、时间寄存器及其控制字见表 7-4。

表 7-4 DS1302 日历、时间寄存器

寄 存 器		命 令 码		数值范围 (BCD 码)	位 内 容							
名称	地址	写	读		D7	D6	D5	D4	D3	D2	D1	D0
秒	00H	80H	81H	00~59	CH	秒 (十位)			秒 (个位)			
分	01H	82H	83H	00~59	0	分 (十位)			分 (个位)			
时	02H	84H	85H	01~12	0(24)	时 (十位)			时 (个位)			
				或 00~23	1(12)	A/P	时(十位)					
日	03H	86H	87H	01~28,29,30,31	0	0	日(十位)		日(个位)			
月	04H	88H	89H	01~12	0	0	0	月(十位)	月 (个位)			
星期	05H	8AH	8BH	01~07	0	0	0	0	0	星期		
年	06H	8CH	8DH	00~99	年 (十位)				年 (个位)			
写保护	07H	8EH	8FH	—	WP	0	0	0	0	0	0	0
消流	08H	90H	91H	—	TCS	TCS	TCS	TCS	DS	DS	DS	DS
多字节	3EH	BEH	BFH	—	—							

"秒"寄存器的最高位 CH 为时钟暂停位，当 CH=0 时，时钟运行；当 CH=1 时，时钟暂停。

"时"寄存器的最高位 24/12 标志，当该标志位为 0 时，时钟以 24 小时制运行，否则以 12 小时制运行。

"写保护"寄存器的 D7 位为写保护位，其余位置为 0。在对时钟/日历单元和 RAM 单元进行写操作前，D7 必须为 0；当 D7=1 时，写保护位防止对其他寄存器进行写操作。

（3）DS1302 的读/写操作

图 7-11 为 DS1302 的读/写控制字。

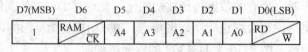

图 7-11 DS1302 的读/写控制字

控制字的最高位 MSB 必须是 1，如果它为 0，则不能把数据写入到 DS1302 中。D6 为 0，表示读/写对象为日历时钟数据；D6 为 1，表示读/写对象为 RAM。D5~D1 为当前读/写单元的地址；最低位 LSB 表示读/写状态，D0 为 0，表示对指定单元进行"写"操作，D0 为 1，表示对指定单元进行"读"操作。

在对 DS1302 写操作控制字的 8 个 SCLK 周期后，DS1302 会在接下来的 8 个 SCLK 周期的上升沿读入数据字节，如果有更多的 SCLK 周期，多余的部分将被忽略。在对 DS1302 读操作控制字的 8 个 SCLK 周期后，DS1302 会在接下来的 8 个 SCLK 周期的下降沿输出数据字节，单片机可进行读取数据。图 7-12 为 DS1302 单字节数据读/写时序。

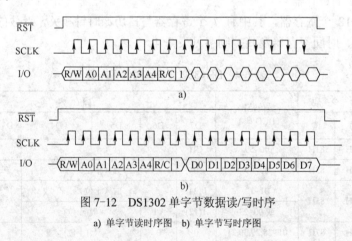

图 7-12 DS1302 单字节数据读/写时序

a) 单字节读时序图   b) 单字节写时序图

☞注意：

对 DS1302 读数据时，DS1302 输出的第一个数据位发生在命令字节最后一位时钟下降沿处，以后每来一个时钟下降沿，DS1302 输出一位数据。而且在读操作过程中，只要保持 RST 时钟为高电平，当有额外的 SCLK 时钟周期时，DS1302 将重新发送数据字节，这一输出特性使得 DS1302 具有多字节连续输出能力。图 7-13 为连续读/写时序图。

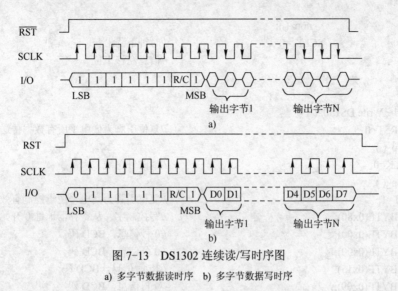

图 7-13　DS1302 连续读/写时序图

a) 多字节数据读时序　b) 多字节数据写时序

（4）DS1302 与 AT89S51 单片机接口电路

图 7-14 为 DS1302 与 AT89S51 单片机的典型接口电路。U_{cc2} 接备用电源，使系统断电时保持时钟运行。

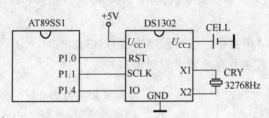

图 7-14　DS1302 与 AT89S51 单片机的典型接口电路

（5）DS1302 读写操作程序设计

参照图 7-12、图 7-13 时序图和表 7-4 寄存器可以写出对 DS1302 操作的程序。下面以具体应用实例说明。

【例 7-1】　在图 7-14 电路中，将 DS1302 运行时间设置为 2010 年 5 月 9 日 15 点整，星期日，编写相应的程序。

对应 C 语言程序如下：

```
sbit    RST=P1^0  ;                          //定义 RST 为 P1.0 口
sbit    SCLK=P1^1 ;                          //定义 SCLK 为 P1.1 口
sbit    I_O=P1^2  ;                          //定义 I_O 为 P1.2 口
void    W_BYTE(unsigned char  x)             //写字节子函数
{ unsigned char i，p;
  p=x;
  for(i=0;i<8){if(p&0x80==0)                 //判断高位数据
                  { I_O=0;    }              //输出低
              else  { I_O=1;    }            //输出高
              SCLK =1 ;                      //时钟上升沿
```

```
                        _nop_();
                        SCLK =0 ;                      //时钟下降沿
                        p<<1;                          //信息左移 1 位
                      }
              }
      void    Write DS1302( )
      {   RST=0;                                       //复位引脚为低电平所有数据传送终止
      _nop_();
      SCLK=0;                                          //清时钟总线
      _nop_();
      RST=1;                                           //复位引脚为高电平逻辑控制有效
      W_BYTE(0x80);                                    //写控制字,从寄存器地址 0 开始写数据
      W_BYTE(0x00);                                    //0 秒信息,BCD 码
      W_BYTE(0x00);                                    //0 分信息,BCD 码
      W_BYTE(0x15);                                    //15 时信息,BCD 码
      W_BYTE(0x09);                                    //9 日信息,BCD 码
      W_BYTE(0x05);                                    //5 月信息,BCD 码
      W_BYTE(0x07);                                    //星期日信息,BCD 码
      W_BYTE(0x10);                                    //10 年信息,BCD 码
      RST=0;                                           //复位引脚为低电平所有数据传送终止
      }
```

【例 7-2】 在图 7-14 电路中,编写程序读出 DS1302 的时、分、秒信息。
C 语言程序如下:(汇编程序由读者参照编写)

```
      sbit    RST=P1^0  ;                             //定义 RST 为 P1.0 口
      sbit    SCLK=P1^1 ;                             //定义 SCLK 为 P1.1 口
      sbit    I_O=P1^2  ;                             //定义 I_O 为 P1.2 口
      unsigned char   data_second;                    //定义秒数据存放单元
      unsigned char   data_minute;                    //定义分数据存放单元
      unsigned char   data_hour;                      //定义时数据存放单元
      void   W_BYTE(unsigned char   x)                //写字节子函数
      {     …       }                                 //同例 7-1,略
      unsigned char   R_BYTE( )                        //读字节子函数
      {    unsigned char i,j,k=0;
           I_O=1;                                     // I_O 置为输入口
           for (i=0;i<8;i++) {if(I_O)j=1;             //判断读入数据
                             else  j=0;
                             k=(k<<1)|j;              //移位保存
                             SCLK=1;                  //时钟上升沿
                             _nop_();
                             SCLK=0;                  //时钟下降沿
                             _nop_();
                     }                                //读 8 次,一个字节
           return(k);                                 //返回数据
      }
      void   Read_DS1302( )
```

```
{   RST=0;                              //复位引脚为低电平所有数据传送终止
    _nop_();
    SCLK=0;                             //清时钟总线
    _nop_();
    RST=1;                              //复位引脚为高电平逻辑控制有效
    W_BYTE(0x81);                       //写控制字，从寄存器地址 0 开始读数据
    data_second= R_BYTE();             //读出秒数据
    data_minute= R_BYTE();             //读出分数据
    data_hour= R_BYTE();               //读出时数据
    RST=0;                              //复位引脚为低电平所有数据传送终止
}
```

7.2 I²C 总线串行扩展技术

7.2.1 I²C 总线串行扩展技术概述

I²C 总线（Intel Integrated Circuit BUS）是由 Philips 公司推出的二线制串行总线，只要是具有 I²C 总线接口的集成电路，都可以通过 I²C 总线进行通信，这就解决了许多设计数字控制电路时遇到的接口问题。现在 Philips 公司已经生产超过 150 种兼容 I²C 总线的 IC，涵盖静态 RAM、E²PROM、I/O 口、LED/LCD 驱动、A/D、D/A 等。I²C 总线的特征如下。

1）只需要两条总线线路：一条串行数据线（SDA）；一条串行时钟线（SCL）。

2）每个连接到总线的器件都可以通过唯一的地址和一直存在的简单的主机/从机关系软件设定地址，主机可以作为主机发送器或主机接收器。

3）信息只能在主机和从机间传输，从机之间不能直接传输。

4）可以是一个多主机总线，通过冲突检测和仲裁实现主机的切换。

5）串行的 8 位双向数据传输速率在标准模式下可达 100Kbit/s，快速模式下可达 400Kbit/s，高速模式下可达 3.4Mbit/s。

6）连接到同一总线上的 IC 数量只受总线的最大电容 400pF（电容负载能力）限制。

主机是指初始化总线的数据传输并产生允许传输的时钟信号的器件，此时，任何被寻址的器件都被认为是从机。

1. I²C 总线扩展的连接方式

图 7-15 为 I²C 总线串行扩展的示意图。由于 AT89S51 单片机内部没有 I²C 总线接口，只能用 I/O 口线模拟 I²C 总线的 SDA、SCL，称为虚拟的 I²C 总线的数据线和时钟线，设为

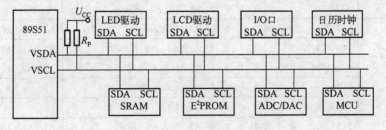

图 7-15 I²C 总线串行扩展示意图

VSDA 和 VSCL，所有具有 I^{2}C 总线的器件均可通过 SDA、SCL 连接到总线上。现在有专门带有 I^{2}C 总线接口的 LED、LCD 驱动芯片，可以利用这些芯片设计 LED、LCD 显示电路、键盘、打印机等接口电路。系统中单片机是主机，其他的芯片都是从机。从图中可以看出，利用 I^{2}C 总线扩展外围电路可以节省单片机许多的 I/O 口资源。因此 I^{2}C 总线在单片机应用系统中被越来越广泛地使用。

2. I^{2}C 总线器件的寻址方式

I^{2}C 总线上的主机是如何对挂在总线上的从机进行操作的呢？如何确定某一个具体的从机呢？挂在总线上的每一个器件都有固定的地址编码，每个从机器件的地址编码都是 8 位二进制数组成，分为 3 部分，从机器件地址格式如图 7-16 所示。

图 7-16　I^{2}C 总线器件地址格式

1）DA3~DA0 是器件内部的地址，在出厂时已经给定，用户不能进行设置或修改，它是根据不同器件类型进行划分的，如 ADC/DAC，器件内部的地址为 1001，AT24C×× 系列的 E^{2}PROM 器件内部的地址为 1010。表 7-5 为常用的 I^{2}C 器件地址。

2）A2A1A0 是器件的引脚地址，用来区别总线上相同的器件，通过将器件引脚接地或 U_{CC}，和器件内部地址一起构成某个器件的地址信息。由此可知，在同一个 I^{2}C 总线上相同的器件最多只能有 8 个。

3）R/$\overline{W}$ 位读写控制位，控制串行数据的传送方向，R/$\overline{W}$ =0 时，主机向从机写操作；R/$\overline{W}$ =1 时，主机将从机内部数据读出。

从器件地址格式可以看出，I^{2}C 总线的器件地址由前 7 位二进制数定义，同一个总线上器件总数不能超过 128 个。随着新器件的不断产生，现在 I^{2}C 总线规范已经开始用 10 位二进制数定义从机器件地址，读者使用时应遵循厂家提供的资料，现在的总线规范支持 7 位和 10 位地址的混合使用，本书仅介绍 7 位地址器件的应用。

表 7-5　常用 I^{2}C 器件地址

种　类	型　号	器件地址	引脚地址说明
静态 RAM	PCF8570/71	1 0 1 0 A2 A1 A0 R/W	A2、A1、A0
	PCF8570C	1 0 1 0 A2 A1 A0 R/W	A2、A1、A0
E^{2}PROM	PCF8582	1 0 1 0 A2 A1 A0 R/W	A2、A1、A0
	AT24C02	1 0 1 0 A2 A1 A0 R/W	A2、A1、A0
	AT24C04	1 0 1 0 A2 A1 P0 R/W	A2、A1、P0
	AT24C08	1 0 1 0 A2 P1 P0 R/W	A2、A1、P0
	AT24C16	1 0 1 0 P2 P1 P0 R/W	P2、P1、P0
I/O 口	PCF8574	0 1 0 0 A2 A1 A0 0	A2、A1、A0
	PCF8574A	0 1 1 1 A2 A1 A0 0	A2、A1、A0
LED/LCD 驱动控制器	SAA 1064	0 1 1 1 0 A1 A0 R/W	A1、A0
	PCF8576	0 1 1 1 0 0 SA0 R/W	
	PCF8578/79	0 1 1 1 1 0 SA0 R/W	
ADC/DAC	PCF8591	1 0 0 1 A2 A1 A0 R/W	A2、A1、A0
日历时钟	PCF8583/63	1 0 1 0 0 0 A0 R/W	A0

3. I²C 总线接口的电气结构与驱动能力

I²C 总线的电气结构如图 7-17 所示。SDA、SCL 都是双向线路，并且是开漏输出，所以都必须用上拉电阻（电流源）接到正的电源电压。当总线空闲时，SDA、SCL 都是高电平。

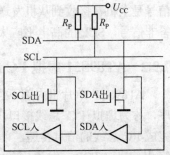

图 7-17　I²C 总线电气结构

I²C 总线的器件都是 CMOS 型器件，功耗很小，驱动能力不受电流因素影响。器件的输入端相当于一个电容，所有器件的输入端都是连在一起的，相当于电容的并联，I²C 总线的最大电容负载能力为 400pF，所有器件等效电容的和应小于 400pF。等效电容的存在会使信号波形畸变，影响数据传送。I²C 总线传送速率为 100Kbit/s，在快速模式下可达 400Kbit/s。

4. I²C 总线的工作时序

图 7-18 为 I²C 总线数据传送时序图。在总线释放期间，SDA、SCL 都是高电平，数据在 SCL 低电平时刷新，在 SCL 高电平时传送，发送器在发送完 8 位数据后，释放 SDA，在第 9 个时钟期间由接收器输出应答信号。

一个完整的数据传送时序都是由起始信号开始，到终止信号结束，起始信号和终止信号都是由主机产生的，时钟信号由主机产生。数据传送时高位在前，低位在后，与 SPI 总线数据传送类似。第一字节数据一定是主机输出的寻址信息，后面字节的数据传送方向决定于寻址信息的最低位 R/$\overline{W}$，R/$\overline{W}$ =0 时，主机写数据到从机，从机应答；R/$\overline{W}$ =1 时，主机从从机中读出数据，读入一个字节后，主机应答。

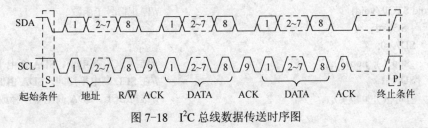

图 7-18　I²C 总线数据传送时序图

图 7-19 为 I²C 总线几个典型时序的要求，它是编写 I²C 总线器件操作程序的关键时序。

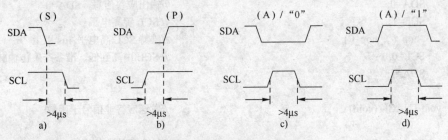

图 7-19　为 I²C 总线几个典型时序

1）起始信号（S）：在 SCL 高电平期间，SDA 由高到低的变化，启动一次数据传送过程。在 SDA 变低后，SCL 高电平应继续保持 4μs 以上。

2）终止信号（P）：在 SCL 高电平期间，SDA 由低变高的变化，结束一次数据传送过程。SDA 应在 SCL 高电平保持 4μs 以上开始由低到高变化。

3）应答信号（A）：应答信号有两种，一是在第 9 个时钟脉冲高电平期间，SDA 是低电平，应答信号；另一是在第 9 个时钟脉冲高电平期间，SDA 是高电平，应答非信号；应答非信号是主机在接收到从机发送数据，准备结束本次数据传送输出的应答信号。应答信号和应答非信号，SCL 的高电平应大于 4μs。

7.2.2　AT89S51 虚拟 I²C 总线软件包

AT89S51 单片机内部不含 I²C 总线接口，只能用它的 I/O 口线模拟产生 I²C 总线的时序，称为虚拟 I²C 总线接口，这种虚拟接口只能用在单主机系统中。从图 7-18 可以看出，完成 I²C 总线的信息传递，单片机需要有产生以下几个控制信号的程序：启动信号 START、终止信号 STOP、发送应答信号 TACK、发送应答非信号 TNACK、检测从机应答信号 RACK、写字节 WBYTE 和读字节 RBYTE。多字节读和写可以由单字节读和写实现。

下面是用 C 语言编写的 I²C 总线时序虚拟软件包。

```
void START(void)                //启动信号子函数
{  SCL=1;
   SDA=1;                       //维持 SCL、SDA 高电平
   _nop_( );_nop_( );
   SDA=0;                       //在 SCL 高电平期间，SDA 由高到低变化
   _nop_( );_nop_( );           //维持 SCL 高电平 4μs
   SCL=0;                       // SCL 由高到低，准备产生传输脉冲
}
void STOP (void)                //停止信号子函数
   {  SCL=1;
   SDA=0;
   _nop_( );_nop_( );           //维持 SCL 高电平、SDA 低电平
   SDA=1;                       //在 SCL 高电平期间，SDA 由低到高变化
   _nop_( );_nop_( );           //维持 SCL、SDA 高电平，释放总线
}
void TACK (void)                //发送应答信号子函数
{
   SDA=0;                       //输出应答信息，SDA=0
   SCL=1;                       // SCL 置高电平
   _nop_( );_nop_( );           //维持 SCL 高电平 4μs 以上
   SCL=0;                       // SCL 由高到低，准备产生传输脉冲
   SDA=1;
}
void TNACK (void)               //发送应答非信号子函数
{
   SDA=1;                       //输出应答非信息，SDA=1
   SCL=1;                       // SCL 置高电平
   _nop_( );_nop_( );           //维持 SCL 高电平 4μs 以上
   SCL=0;                       // SCL 由高到低，准备产生传输脉冲
   SDA=0;
```

```
        }
    void RACK (void)                                    //检测应答信号子函数
    {
        SDA=1;                                          //置为输入口
        SCL=1;                                          // SCL 置高电平
        if(SDA= =0)     { SCL=0; }                      // SCL 由高到低，准备产生传输脉冲
        else  {   …      }                              //不正常处理程序，从机没有正常应答
    }
    void WBYTE（unsigned char data1）                   //写字节函数
    {  unsigned char   i,  p;
            p=data1;                                    //取传送数据
            for(i=0;i<8;i++){                           //置 8 位数据长度
                        if ((p&0x80)= =0){ SDA=0;}       //取高位数据输出
                        else    { SDA=1;}
                        SCL=1;                          // SCL 置高电平
                        _nop_( );_nop_( );              //维持 SCL 高电平 4μs 以上
                        SCL=0;                          // SCL 由高到低，产生传输脉冲
                        _nop_( );_nop_( );              //维持 SCL 低电平 4μs 以上
                        P<<1;                           //数据左移一位
                    }
    }
    unsigned char RBYTE( )                              //读字节函数
    {
        unsigned char i,j,k=0;
        SDA =1;                                         //置为输入口
        for (i=0;i<8;i++){                              //置数据位数 8 位
                    SCL=1;                              // SCL 置高电平
                    if (SDA = =1) j=1;                  //读一位数据
                    else j=0;
                    k=(k<<1)|j;                         //数据左移一位
                    SCL=0;                              // SCL 由高到低，产生传输脉冲
                    _nop_( );_nop_( );                  //维持 SCL 低电平 4μs 以上
                }
            return(k);                                  //返回数据
    }
```

7.2.3   AT24C××系列 E²PROM 芯片

AT24C××系列是美国 ATMEL 公司生产的 E²PROM 存储器（IC 卡），在单片机的片外数据存储器扩展中使用广泛。常用的型号有 AT24C02/04/08/16/32/64 等，存储空间容量分别为 256×8/512×8/1024×8/2048×8/4096×8/8192×8 bit,本节以 AT24C02 为例介绍 AT24C××系列 I²C 总线串行存储器的扩展。

1. AT24C02 的接口电路

AT24C02 是 8 引脚的集成块，其 DIP 封装如图 7-20a 所示，SDA、SCL 为 I²C 总线接口，A2、A1、A0 是器件的引脚地址，WP 是芯片的写保护，WP=0 时，允许向存储器中写

操作，WP=1 时，禁止写操作。U_{cc}、GND 是芯片的电源引脚。用 AT89S51 作为虚拟主机的
接口电路如图 7-20b 所示。

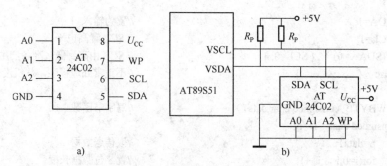

图 7-20　AT24C02 引脚与接口电路

按照图 7-20 中的接法，A2、A1、A0 都接地，对 AT24C02 写操作时的器件地址为：
A0H，读操作时的器件地址为：A1H。

AT24C02 读操作分为随机读和连续读两种方式。其数据操作格式如图 7-21 所示。图中
灰色部分由 AT89S51 发送，AT24C02 接收。白色部分 AT24C02 发送，AT89S51 接收。
SLA_W、SLA_R 为 AT24C02 写和读器件地址。SLA_W=A0H=10100000B，SLA_R=A1H=10100001B。
SADR 为 AT24C02 存储空间地址，范围为：00~FFH。DATA 为 AT24C02 内部单元中的数
据。从读数据操作格式中可以看出，读操作分两步，先发送读出单元的地址，接着再启动读
操作，并且在单片机停止操作之前应输出应答非信号。

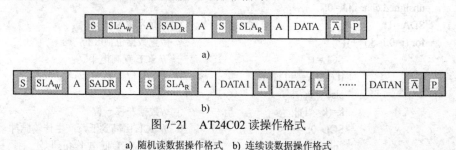

图 7-21　AT24C02 读操作格式

a) 随机读数据操作格式　b) 连续读数据操作格式

AT24C02 的写操作分为单字节写和页写，其数据操作格式如图 7-22 所示。AT24C02 页
写每次最多 8 个字节，并且应从空间地址能被 8 整除的地址空间开始写，如：00H、08H、
10H 等。超过 8 字节应分多次页写，两次页写间需要间隔 10ms 左右的时间。

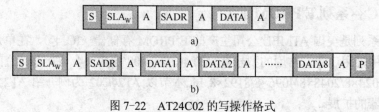

图 7-22　AT24C02 的写操作格式

a) 字节写数据格式　b) 页写数据格式

图 7-22 中灰色部分由 AT89S51 发送，AT24C02 接收。白色部分由 AT24C02 发送，
AT89S51 接收。SLA_W、SADR 与读操作数据格式中的含义相同。

2. AT24C02 编程举例

【例 7-3】 按图 7-20b，读出 AT24C02 中地址为 10H~17H 单元内容，存放在数组中。

这里仅根据数据读出的格式编写子程序，程序中调用的启动、停止、读字节、写字节等直接调用本节介绍的子程序和子函数，在以后的有关 I²C 总线接口的操作中，也采用同样的方式，不再重复说明。

C 语言程序如下：

```
unsigned char   data1[8];              //定义数组存放读出的数据
void    READ_R24C02( )
{ unsigned char   i;
  START( );                            //调启动子函数
  WBYTE（0xA0）;                        //调写字节子函数，写 SLA_W
  RACK( );                             //调检测应答子函数
  WBYTE（0x10）;                        //调写字节子函数，写 SADR，AT24C02 内部单元地址
  RACK( );                             //调检测应答子函数
  STOP( );                             //调停止子程序
  START( );                            //调启动子函数
  WBYTE（0xA1）;                        //调写字节子函数，写 SLA_R
  for(i=0;i<7;i++){
              data1[i]= RBYTE( );      //调读字节子函数
              TACK( );                 //调发送应答子程序
              }
  data1[i+1]= RBYTE( );                //调读字节子函数
  TNACK( );                            //调发送应答非子程序
  STOP( );                             //调停止子程序
}
```

本例 AT24C02 数据读写也可采用随机读的方式，每次读出一个数据，读 8 次即可，程序略去，读者可以参照上面的程序编写。

【例 7-4】 按图 7-20b，将数组 data1[8]内容写入 AT24C02 中 20H 开始的存储空间。

按照页写格式操作，C 语言程序如下：

```
unsigned char   data1[8];              //设写入 AT24C02 的数据存放在数组中
void    W24C02( )
{ unsigned char   i;
  START( );                            //调启动子函数
  WBYTE（0xA0）;                        //调写字节子函数，写 SLA_W
  RACK( );                             //调检测应答子函数
  WBYTE（0x20）;                        //调写字节子函数，写 AT24C02 内部单元首地址
  RACK( );                             //调检测应答子函数
  for(i=0;,i<8;i++){
              WBYTE（data1[i]）;        // 调写字节子函数，写数据
              RACK( );                 //调检测应答子函数
              }
  STOP( );                             //调停止子程序
}
```

7.2.4 A/D、D/A 芯片 PCF8591 扩展

1. PCF8591 的引脚

PCF8591 是 Philips 公司设计制造的具有 I^2C 总线接口的 8 位串行 A/D、D/A 芯片。图 7-23 是 DIP 封装的引脚图。PCF8591 有 4 路 A/D 输入通道，可通过内部控制寄存器设置为单端输入或差分输入，一路 D/A 输出。其中：

SDA、SCL 为 I^2C 总线接口。

A2、A1、A0 为芯片的引脚地址。

AIN0~AIN3 为 A/D 模拟信号输入端。

A_{OUT} 为 D/A 模拟信号输出端。

EXT 为内外时钟选择端，EXT=0，选择内部时钟。

OSC 为内部时钟输出端和外部时钟输入端。

V_{REF} 为参考电压输入端。

AGND 为模拟信号地。

U_{DD}、U_{ss} 为电源、接地端。

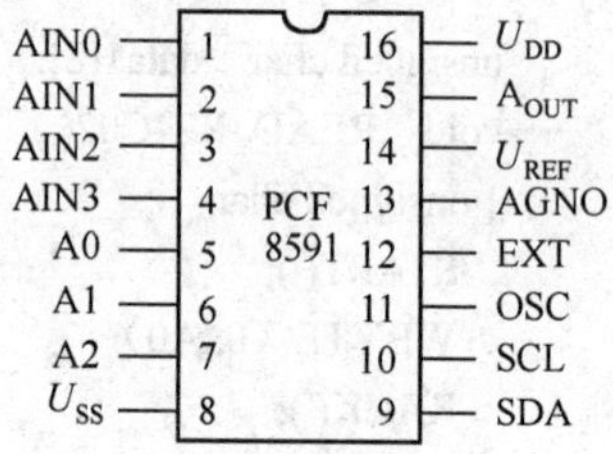

AIN0	1		16	U_{DD}
AIN1	2		15	A_{OUT}
AIN2	3		14	U_{REF}
AIN3	4	PCF	13	AGNO
A0	5	8591	12	EXT
A1	6		11	OSC
A2	7		10	SCL
U_{SS}	8		9	SDA

图 7-23　PCF8591 引脚图

2. PCF8591 控制寄存器

PCF8591 可以同时作为 A/D、D/A 器件使用，通过 I^2C 总线接口设置其内部的控制寄存器，控制其操作。PCF8591 的控制寄存器命令格式如下。

D7	D6	D5	D4	D3	D2	D1	D0

D3、D7：必须为 0。

D1、D0：选择 A/D 通道号，00 为通道是 0；01 为通道是 1；10 为通道是 2；11 为通道是 3。

D2：自动增量选择，D2=1 时，A/D 转换按通道 0~3 依次自动转换。

D5、D4：模拟量输入方式选择位，00 为方式 0（4 路单端输入）；01 为方式 1（3 路差分输入）；10 为方式 2（两路单端输入，一路差分输入）；11 为方式 3（2 路差分输入）。4 种组合模拟量输入与 A/D 通道的对应关系如图 7-24 所示。

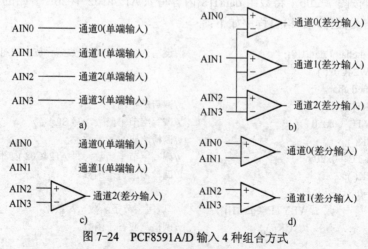

图 7-24　PCF8591A/D 输入 4 种组合方式

a) 输入方式 0(4 路单端输入)　b) 输入方式 1(3 路差分输入)

c) 输入方式 2(2 路单端，1 路差分)　d) 输入方式 3(2 路差分输入)

D6：模拟输出允许，D6=1，模拟量输出有效。该位用于 D/A 转换。

PCF8591 在上电后处于复位状态，此时控制寄存器的值为 00H，模拟量输出端为高阻状态。

3．PCF8591 A/D、D/A 操作数据格式

PCF8591 A/D、D/A 操作时的数据格式如图 7-25 所示。

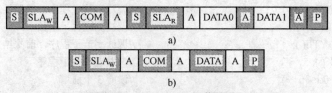

a)

b)

图 7-25　PCF8591 操作格式

a)PCF8591 A/D 数据操作格式　b) PCF8591 D/A 数据操作格式

图 7-25 中灰色部分由单片机发送，PCF8591 接收，白色部分由 PCF8591 发送，单片机接收。SLA_W、SLA_R 为器件 I^2C 总线读写操作时的从机地址。由 1001 A2 A1 A0 R/$\overline{W}$ 组成，其中 A2、A1、A0 是芯片的引脚地址，可以接地或电源。COM 是 PCF8591 控制寄存器的命令字。图 7-25a 中的 DATA0 是前次 A/D 转换结果，DATA1 是本次 A/D 转换结果，在编程时应注意这点。

4．PCF8591 应用举例

【例 7-5】　用 AT89S51 单片机作为虚拟的 I^2C 总线主机，PCF8591 使用内部时钟，引脚地址 A2、A1、A0 都接地，参考电压为 5V，应用电路如图 7-26 所示。编程将 4 路单端输入的模拟信号进行 A/D 转换。并将 A/D 转换的结果存放在内 RAM 的 40H~43H 单元。

按照图 7-26 中的电路接法，读写操作的器件地址 SLA_W =90H、SLA_R =91H。4 路 A/D 转换设置为自动增量方式，PCF8591 的控制为：00000100B=04H。采用 I^2C 总线虚拟软件包中的子程序，按照图 7-25a 数据格式编写程序。

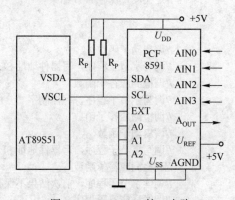

图 7-26　PCF8591 接口电路

C 语言程序如下：

```
unsigned char   data[4];                    //定义数组存放 A/D 转换结果
void   RPCE8591( )
{ unsigned char   i, j;
  START( );                                 //调启动子函数
```

191

```
        WBYTE（0x90）;                        //调写字节子程序，写器件地址 SLAw
        RACK( );                             //调检测应答子函数
        WBYTE（0x04）;                        //调写字节子程序，写控制字
        RACK( );                             //调检测应答子函数
        START( );                            //调启动子函数
        WBYTE（0x91）;                        //调写字节子程序，写器件地址 SLAR
        RACK( );                             //调检测应答子函数
        j= RBYTE( );                         //调读字节子程序，前次结果不保存
        TACK( );                             //调发送应答子程序
        for(i=0;i<3;i++){                    //读前 3 个通道
                data[i]= RBYTE( );           //调读字节子函数
                TACK( );                     //调发送应答子程序
                }
    data[3]= RBYTE( );                       //调读字节子函数，存通道 3 转换结果
    TNACK( );                                //调发送应答非子程序
    STOP( );                                 //调停止子程序
    }
```

【例 7-6】 按图 7-26，将 AIN2、AIN3 接成差分输入，并将转换结果读入内 RAM 的 30H 单元中。

分析：AIN2、AIN3 作为差分输入信号，并进行 A/D 转换，根据图 7-24 可以有 3 种方法对 PCF8591 进行操作。

方法一：D5、D4 选择方式 1，从通道 2 进行转换，不自动增量方式转换。则控制字 COM=00010010B=12H。

C 语言程序如下：

```
    unsigned char    data;          //定义变量保存 A/D 结果
    void   RPCE8591A( )
    { unsigned char   j;
      START( );                     //调启动子函数
      WBYTE（0x90）;                 //调写字节子程序，写器件地址 SLAw
      RACK( );                      //调检测应答子函数
      WBYTE（0x12）;                 //调写字节子程序，写控制字
      RACK( );                      //调检测应答子函数
      START( );                     //调启动子函数
      WBYTE（0x91）;                 //调写字节子程序，写器件地址 SLAR
      RACK( );                      //调检测应答子函数
      j= RBYTE( );                  //调读字节子程序，前次结果不保存
      TACK( );                      //调发送应答子程序
      data= RBYTE( );               //调读字节子函数，取 A/D 转换结果
      TNACK( );                     //调发送应答非子程序
      STOP( );                      //调停止子程序
    }
```

方法二：D5、D4 选择方式 2，从通道 2 进行转换，不自动增量方式转换。则控制字 COM=00100010B=22H。将方法一程序的控制字改为 22H 即可。（程序略）

方法三：D5、D4 选择方式 3，从通道 1 进行转换，不自动增量方式转换。则控制字 COM=00110001B=31H。将方法一程序的控制字改为 31H 即可。（程序略）

【例 7-7】 按图 7-26，设计程序将内部 RAM 的 30H 单元中内容送给 PCF8591 进行 D/A 转换。

D/A 转换，按照图 7-25b 数据格式编写程序，控制字 COM=01000000B=40H。

C 语言程序如下：

```
unsigned char    data;                //定义变量，D/A 转换数字量
void    WPCE8591A( )
{
    START( );                         //调启动子函数
    WBYTE（0x90）;                    //调写字节子程序，写器件地址 SLA_W
    WBYTE（0x40）;                    //调写字节子程序，写控制字
    RACK( );                          //调检测应答子函数
    WBYTE（data）;                    //写 DATA，进行 D/A 转换
    RACK( );                          //调检测应答子函数
    STOP( );                          //调停止子程序
}
```

7.3 贯穿教学全过程的实例——温度测量报警系统之六

7.3.1 温度测量报警系统存储器电路设计

存储器芯片采用 AT24C02，用来存放 8 路温度的参数，电路在图 6-20 基础上设计，电路的其他部分显示电路、LED 灯、报警电路和键盘电路只画出框图表示。接口电路如图 7-27 所示，AT24C02 的引脚地址都接地，P1.6 作为数据线，P1.5 为时钟线。

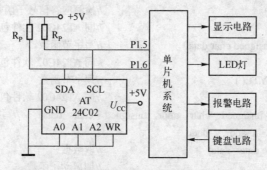

图 7-27 温度测量报警系统存储器接口电路

7.3.2 温度测量报警系统存储器程序设计

程序在 6.5.4 节的实例程序基础上设计，将按键修改后的参数保存在 AT24C02 中，本程序中只写出添加的部分，其他与 6.5.4 节的程序相同，只写出它们的结构，具体语句略去，读者可参看 6.5.4 节的程序，AT24C02 软件包也采用相同的处理方法。

8 路温度参数保存在 AT24C02 内部的 00H~07H 单元，主程序初始化部分读参数，采用连续读写方式，保存参数（向 AT24C02 写数据）采用字节写数据格式，即参照图 7-22a 时序格式编写。

C 语言程序如下：

```
#include "reg51.h"
# include "intrins.h"
sbit    SDA=P1^6;
sbit    SCL=P1^5;
...                                          //同 6.5.4 节程序
unsigned  char  canshu[8];                   //存放 8 通道温度参数
unsigned  char  tab[ ]={
0xc0，0xf9，0xa4，0xb0，0x99，0x92，0x82，0xf8，0x80，0x90
};                                           //共阳型数码管十进制数字段码表格
Void   del( )                                //延时函数
{ ··· }                                       //同 6.5.4 节程序
void dis( )                                  //显示函数
{ ··· }                                       //同 6.5.4 节程序
void   inet0 ( )   interrupt   1             //定时器 T0 的中断服务程序
{ ··· }                                       //同 6.5.4 节程序
void START(void)                             //启动信号子函数
{ ··· }                                       //同 AT24C02 软件包
void STOP (void)                             //停止信号子函数
{ ··· }                                       //同 AT24C02 软件包
void TACK (void)                             //发送应答信号子函数
{ ··· }                                       //同 AT24C02 软件包
void TNACK (void)                            //发送应答非信号子函数
{ ··· }                                       //同 AT24C02 软件包
void RACK (void)                             //检测应答信号子函数
{ ··· }                                       //同 AT24C02 软件包
void WBYTE（unsigned char data）              //写字节函数，
{ ··· }                                       //同 AT24C02 软件包
unsigned char RBYTE( )                       //读字节函数
{ ··· }                                       //同 AT24C02 软件包
void  W_canshu( unsigned  char  addr，unsigned  char  data)    //写字节参数
{ unsigned   char  x_addr, y_data;
  x_addr= addr; y_data= data;                //取数据
  START( );                                  //调启动子函数
  WBYTE（0xA0）;                              //调写字节子函数，写 SLA_W
  RACK( );                                   //调检测应答子函数
  WBYTE（x_addr）;                            //调写字节子函数，写 AT24C02 内部单元地址
  RACK( );                                   //调检测应答子函数
WBYTE（y_data）;                              //调写字节子函数，写数据
  RACK( );                                   //调检测应答子函数
STOP( );                                     //调停止子程序
}
```

194

```
void   inex0 ( )   interrupt   0                          //外中断 0 的中断服务程序
{
...                                                       //同 6.5.4 小节程序, 其他按键程序
else {                                                    //第四个键按下, 保存键
       canshu[ad_id]= da_h*100+ da_m*10+ da_l;
       W_canshu(ad_id, canshu[ad_id]);                   //调写字节函数
    }
}
void   READ_canshu( )                                     //读参数子函数
{ unsigned char   i;
  START( );                                               //调启动子函数
  WBYTE (0xA0) ;                                          //调写字节子函数, 写 SLA_W
  RACK( );                                                //调检测应答子函数
  WBYTE (0x00) ;                                          //调写字节子函数, 写 SADR, AT24C02 内部单
                                                          //元首地址
  RACK( );                                                //调检测应答子函数
  STOP( );                                                //调停止子程序
  START( );                                               //调启动子函数
  WBYTE (0xA1) ;                                          //调写字节子函数, 写 SLA_R
  for(i=0;i<8;i++){
                 canshu [i]= RBYTE( );                    //调读字节子函数, 读参数
                 TACK( );                                 //调发送应答子程序
                }
    STOP( );                                              //调停止子程序
}
void   main( )                                            //主函数
{
...                                                       //同 6.5.4 节程序
READ_canshu( );                                           //系统上电读运行参数
  while(1){
          dis( );                                         //调显示函数
          }
 }
```

7.4 习题

1. 为什么要采用串行扩展技术? 它与并行扩展技术相比有什么优缺点?

2. 常用的串行扩展总线有哪些?

3. AT89S51 单片机的 P1.5~P1.7 具有 SPI 总线功能, 能否用来对 SPI 总线器件进行串行扩展?

4. AT89S51 单片机串行口工作在什么方式下, 可以用来进行串行扩展?

5. AT89S51 单片机串行口串行扩展的时钟线、数据线分别用哪两个 I/O 口线? 串行扩展数据的帧格式如何?

6. 简述串行口扩展成并行口的操作过程。

7. 什么叫虚拟串行扩展？虚拟串行扩展的时序如何？

8. 用 P2.0、P2.1 虚拟 P3.0、P3.1，编写单字节串行输出、串行输入子程序。

9. 什么叫 I^2C 总线？

10. 简述 I^2C 总线的特征。

11. I^2C 总线的驱动能力是以什么来衡量的？最大的负载能力是多少？

12. 为什么用 AT89S51 单片机扩展的 I^2C 总线，只能是单主系统，并且需要虚拟扩展？

13. I^2C 总线传输速率有哪几种模式？传输速率分别是多少？

14. 在单片机应用系统中，常用的 I^2C 总线器件有哪些？

15. I^2C 总线只有两根线（数据线和时钟线），如何识别扩展器件的地址？

16. 写出 I^2C 总线器件的地址格式。一个 I^2C 总线上，最多扩展的器件数量是多少？同一类型的器件是多少？

17. I^2C 总线在数据传送中，如何规定起始信号和终止信号？

18. 简述应答信号在 I^2C 总线数据传送中的作用。

19. 本书的虚拟 I^2C 总线软件包中包含哪些子程序？使用时有什么要求？

20. 画出 AT24C04 读数据的操作格式。

21. 画出 AT24C04 写数据的操作格式。

22. AT24C04 进行页写时应注意什么？

23. 按图 7-20，编写程序实现下列操作：

1）将 89S51 内部 30H 开始的 8 个单元数据写入 AT24C02 60H~67H。

2）将 89S51 内部 30H 开始的 8 个单元数据写入 AT24C02 64H~6BH。

3）将 AT24C02 的 00H~0BH 中的数据读入单片机内部 40H 开始的单元。

24. 按照图 7-28 的框图，设计校园作息铃声控制电路。作息时间可以通过键盘输入并存入 AT24C02 中，时钟运行时与设定的铃响时间比较，时间到则响铃 1min，时钟采用 24 小时制。

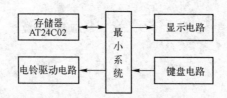

图 7-28　校园作息铃声控制系统框图

25. 简述 PCF8591 控制寄存器各位的功能。

26. 画出 PCF8591 作为 A/D 使用时的数据操作格式，读 A/D 转换结果时应注意什么？

27. 画出 PCF8591 作为 D/A 使用时的数据操作格式。

28. 在图 7-26 基础上，设计有 4 位数码管的显示电路，并将 4 路 A/D 转换的值在数码管上轮流循环显示（最高位显示通道号，低 3 位显示对应的 A/D 转换的结果）。编写相应的程序。

第8章　单片机常用测控电路

8.1　开关量输入/输出驱动接口电路

在单片机的测控系统中，常用到开关量的输入输出。所谓开关量，是指系统中某个测控对象的相反的两种状态，输入单片机时对应输入 0 和 1，单片机输出控制时分别输出 0 和 1。下面介绍几种常用的开关量的输入输出驱动接口电路。

8.1.1　光电隔离输入/输出接口电路

在工业控制领域的现场应用中，对于单片机而言，常有一些远距离开关量信号的输入和输出，如果直接接入单片机的 I/O 口，会有以下一些问题：

1）信号不匹配，输入的信号可能是交流信号、高压信号、按键接点信号等。

2）比较长的连接线路容易引进干扰、雷击、感应电等。

3）单片机的 I/O 口驱动能力有限，或者驱动的是交流强电回路。

解决这些问题的有效的方法就是利用光耦合器进行隔离。

光耦合器是把发光器件（如发光二极管）和光敏器件（如光敏晶体管）组装在一起，通过光实现耦合，构成电—光和光—电的转换器件。图 8-1 所示为常用的晶体管型光耦合器原理图。

当电信号送入光耦合器的输入端时，发光二极管通过电流而发光，光敏元件受到光照后光敏晶体管导通产生电流，当输入端无信号时，发光二极管不亮，光敏晶体管截止。

在工业控制现场环境较恶劣时，会存在较大的噪声干扰，若这些干扰随输入信号一起进入单片机系统，会使控制产生误动作。因此，在单片机的输入和输出端，用光耦合器作接口，对信号及噪声进行隔离。典型利用电路如图 8-2 所示。

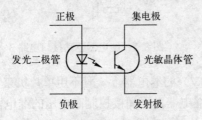

图 8-1　晶体管型光耦合器原理图

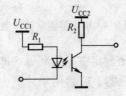

图 8-2　光耦合电路图

在利用光耦合器实现隔离时应注意：

1）光耦合器的输入部分和输出部分必须分别采用独立的电源，若两端共用一个电源，则光耦合器的隔离作用将失去意义。

2）当用光耦合器来隔离输入输出通道时，必须对所有的信号（包括数字量信号、控制量信号、状态信号）全部隔离，使得被隔离的两边没有任何电气上的联系，否则隔离是没有意义的。

8.1.2 继电器驱动接口电路

继电器是一种当输入量（电、磁、声、光、热、时间）达到一定值时，输出量将发生跳跃式变化的自动控制器件。

继电器的种类很多，有电磁继电器、固态继电器、时间继电器、温度继电器、风速继电器、加速度继电器、其他类型的继电器（如光继电器、声继电器、热继电器）等等。在单片机直接控制的电路中，主要用直流电磁继电器。它的工作原理是在它的线圈中通过一定的直流电流，线圈产生的磁力吸合内部的机械结构，使触点闭合或断开。

在用单片机控制的系统中，如果受控的对象是大电流或者高电压时，常采用继电器。用单片机控制继电器的线圈，使大电流或者高电压通过继电器的触点得到控制。

图 8-3 是用低电平驱动的继电器接口电路。第 3 章曾经介绍，单片机的 I/O 口常用低电平输出驱动，图 8-3 中 P1.0 输出低电平，晶体管饱和导通，5V 直流电压、加到继电器线圈上，继电器吸合，其动合触点接通。反之，P1.0 输出高电平，晶体管截止，继电器线圈断电，继电器不吸合。这种电路要求继电器线圈的额定电压是 5V 才能工作。在实际应用中，有时所使用的继电器线圈的额定电压并不是 5V，如 12V、24V 等，这种情况下可用图 8-4 所示的电路控制，这时单片机的 I/O 口

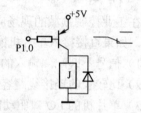

图 8-3　继电器驱动接口电路 1

输出高电平时控制继电器动作。如果考虑到单片机 I/O 口的驱动能力，采用低电平驱动，可以采用图 8-5 所示的电路。三个电路中继电器线圈上都并联一个二极管，与加在线圈上的电压极性反向，称为续流二极管，对晶体管等起保护作用，可防止继电器线圈断电时产生的高压，损坏电路中的晶体管等元器件。

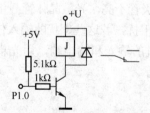

图 8-4　继电器驱动接口电路 2

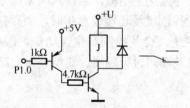

图 8-5　继电器驱动接口电路 3

对于线圈额定电压为高压（即 220V 或 380V）的继电器，一般不用单片机来直接控制，可采用光耦合器、或者用单片机先控制低电压继电器，再间接控制高电压的继电器。

8.1.3 晶闸管驱动接口电路

晶闸管是由四层半导体材料组成的，有 3 个 PN 结，对外有三个电极，如图 8-6a 所示。第一层 P 型半导体引出的电极叫阳极 A，第三层 P 型半导体引出的电极叫控制极 G，第四层 N 型半导体引出的电极叫阴极 K。电路符号如图 8-6b 所示。

在用单片机对交流强电回路进行控制的应用中，一般都使用晶闸管。由于晶闸管所在的主电路是交流强电回路，电压较高，电流较大，不宜用单片机直接控制，一般用光耦合器将单片机控制信号与晶闸管触发电路进行隔离。常用的双向晶闸管隔离驱动电路如图 8-7 所示。

为了减小晶闸管控制时的误触发，提高抗干扰性能，在晶闸管的阴极和控制极之间增加了一个电阻如图中的 R_2；为了防止负载在通断时产生的浪涌电流损坏电路，电路中利用 R_3 和 $0.1\mu F$ 电容串联电路来吸收浪涌电流。

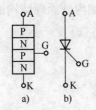

图 8-6　晶闸管符号及内部原理结构

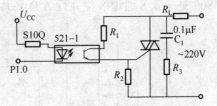

图 8-7　双向晶闸管隔离驱动电路

8.2　A/D 转换接口电路

8.2.1　A/D 转换的基本概念

在单片机应用系统中，经常要对许多连续变化的模拟量（如温度、压力等）进行测量，而这些模拟量对于内部没有 A/D 转换模块的单片机来说是无法直接进行测量的（许多新型单片机内部集成了 A/D 转换模块），单片机只能处理数字信号，因此，必须将这些模拟量数字化再送给单片机处理。将模拟量转换成数字量的过程称为 A/D 转换。市场上有许多专门的 A/D 转换芯片，如 ADC0808/0809、AD574 等。本节主要介绍并行 A/D 转换芯片 ADC0809 和串行 A/D 转换芯片 TLC1549 及其与单片机的接口技术。

A/D 转换器的主要性能指标：

1）分辨率。A/D 转换器的分辨率是指 A/D 转换器输出的数字量最低位变化一个字所对应的被转换模拟电压的变化量。例如一个 n 位的 A/D 转换器，它的分辨率等于 A/D 转换器的转换电压范围与 2^n 的比值（n 为 A/D 转换器的位数）。在转换电压范围一定的前提下，n 值越大，能分辨的电压就越精细，即分辨率就越高。常用 A/D 转换器的位数来表示分辨率。

2）转换时间。转换时间指的是 A/D 转换器完成一次 A/D 转换所需要的时间。对于快速变化的信号，为了能够实时、准确地进行测量，必须采用转换时间短的 A/D 转换器。根据内部 A/D 转换实现的原理的不同，A/D 转换的时间也不一样。

A/D 转换器的种类很多，根据内部转换原理的不同，主要可分为逐次逼近型和积分型两种。

1）逐次逼近型。逐次逼近型 A/D 转换属于直接的 A/D 转换，经过若干次的逐次比较逼近就可以直接得到 A/D 转换的结果，转换的速度快，精度高，是目前使用最为广泛的一种 A/D 转换。典型的芯片有 ADC0809 等。

2）积分型。积分型的 A/D 转换是一种间接的 A/D 转换，通过对被测信号和标准信号分别进行积分，并进行比较得到 A/D 转换的结果，这种 A/D 转换的时间长，但精度高，抗干扰能力强，适用于速度要求不高且有较多干扰但精度要求较高的场合。典型的芯片有 ICL7109 等。

3）V/F 转换型。V/F 转换即将电压信号转换为频率信号，然后对频率信号的频率进行测量来达到测量模拟电压的目的。典型的芯片有 VFC32、LM331 等。

8.2.2　并行 A/D（ADC0809）及其接口电路

ADC0809 是一款 8 通道 8 位并行 A/D 芯片。图 8-8 为该芯片的内部原理结构框图。

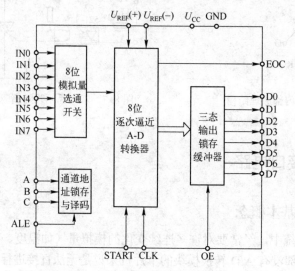

图 8-8　ADC0809 内部原理结构框图

1．主要性能指标

1）分辨率为 8 位。

2）单电源+5V 供电，参考电压由外部提供，典型值为+5V。

3）具有锁存控制的 8 路模拟选通开关。

4）具有可锁存三态输出，输出电平与 TTL 电平兼容。

5）功耗为 15mW。

6）转换时间取决于芯片的时钟，是芯片时钟周期的 64 倍。时钟的频率范围为 10~1280kHz。

2．引脚功能和典型的连接电路

图 8-9 为 ADC0809 引脚图和时序图，引脚功能说明如下。

1）IN0~IN7：8 路模拟信号输入端。

2）A、B、C：三位地址输入端。8 路模拟信号的选择由 A、B、C 决定。A 为低位，C 为高位，与单片机的 I/O 口相连，单片机通过 I/O 口输出 000 ~ 111 来选择 IN0 ~ IN7 中某一路通道的模拟信号进行转换。

3）CLK：时钟输入端。这是 A/D 转换器的工作基准，时钟频率高，转换的速度就快。时钟频率范围 10~1280kHz，通常由 89S51 的 ALE 端直接或者经分频后提供。

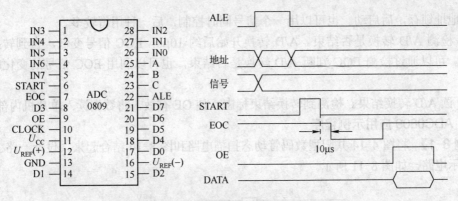

图 8-9   ADC0809 引脚图、时序图

4）D0～D7：A/D 转换后的 8 位数字量的输出端。

5）OE：A/D 转换结果输出允许控制端。高电平有效，高电平时允许将 A/D 转换的结果经由 D0～D7 端输出。通常由单片机的某一 I/O 直接控制。

6）ALE：地址锁存允许控制端。当 ADC0809 的 ALE 得到有效控制信号时，将当前转换的通道地址锁存。

7）START：A/D 转换启动信号。当 START 端输入一个正脉冲时，立即启动进行 A/D 转换。

8）EOC：A/D 转换结束信号输出端。当启动 A/D 转换后，EOC 输出低电平；转换结束后，EOC 输出高电平，表示可以读取 A/D 转换的结果。通常对该信号采用查询的方式，一旦是高电平则读取 A/D 转换的结果；也可以将该信号取反后与单片机的外中断相连，转换结束可引发单片机中断，在中断服务程序中读取 A/D 转换的结果。

9）$U_{REF(+)}$、$U_{REF(-)}$：正负参考电压输入端。通常是+5V，即 $U_{REF(+)}$ 接电源 (+5V)，$U_{REF(-)}$ 接地(GND)，这时能够转换的是 0~5V 的模拟电压。

10）U_{CC}：芯片电源正端（＋5V）。GND：电源负端，接地。

图 8-10 为 ADC0809 与 89S51 的实用接口电路。与传统的 ADC0809 接口电路不同，传统的接口电路都是用单片机扩展总线来操作 ADC0809，用外 RAM 的指令对其进行操作，本书根据芯片工作的时序要求设计接口电路，直接用单片机的基本 I/O 口进行操作，用内 RAM 的操作指令进行控制，有实用意义，读者可以将它和其他参考书上的应用比较。

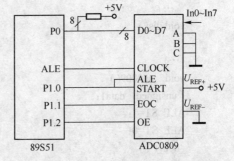

图 8-10   89S51 与 ADC0809 的接线图

图中 A、B、C 直接接地，选择模拟通道 0。根据图 8-9 中的时序图，ADC0809 转换过程分为以下几步：

1）通道选择。用单片机 I/O 口输出通道信息控制 A、B、C。只有一路模拟信号需要转换时，可以将通道地址 A、B、C 接固定的电平（高电平或低电平），选择某一固定通道，如图 8-10 选择 0 通道。

2）锁存通道地址（ALE）和启动 A/D 转换开始（START）。可以按照时序图的顺序，先控制地址锁存，后启动。也可以用一个信号同时控制，后一种用得较多。

3）检测 A/D 转换是否结束。A/D 转换开始后约 10μs，EOC 信号变低，直到转换结束再变高。可以通过检测 EOC 判断 A/D 转换是否结束，也可以利用 EOC 信号的变化触发中断。

4）读 A/D 转换结果。检测到转换结束标志，使 OE 有效，将数据读入单片机内部。

3．ADC0809 应用示例程序

【例 8-1】 将图 4-14 共阳型数码管动态扫描电路和图 8-10 结合起来，设计一路 A/D 测量和显示电路，如图 8-11 所示。

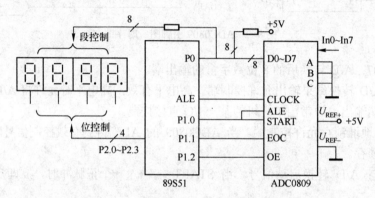

图 8-11 单片机控制 A/D 测量和显示电路

图中数码管电路只画出其示意图，与图 4-14 中的电路一样，P0 口既作为 A/D 转换数据读入口，又作为数码管的段输出口。程序设计在数码管动态扫描基础上修改，把 A/D 转换程序作为主程序的一部分和显示程序并列。初始化和主程序如下：

```
#include "reg51.H"
sbit   ALE_ST=P1^0;               //P1.0 锁存和启动控制
sbit   EOC=P1^1;                  //P1.1 A/D 转换结束检测
sbit   OE=P1^2;                   //P1.2 A/D 转换输出允许控制
  …                               //显示子函数相关程序见例 5-6，本例略去
void dis( )                       //显示子函数
{
  …}
void   ad0809( )
{ unsigned   data1;
ALE_ST=1;
ALE_ST=0;                         //输出地址锁存与启动信号
_nop_( );
_nop_( );
_nop_( );
_nop_( );
_nop_( );                         //延时 10μs
EOC=1;                            //置为输入状态
while(EOC==0);                    //等待转换结束
OE=1;                             //数据信号允许，准备读
```

202

```
    P0=0xff;                        / P0 口置为输入口
    data1=P0;                       //读 A/D 转换结果
    OE=0;                           //关闭 A/D 输出
    ucled3= data1/100;              //取出百位数
    ucled2= （data1%100）/10;       //取出十位数
    ucled1= data1%10;               //取出个位数
    }
    void main( )
    {
      ALE_ST=0;                     //锁存和启动初始状态
      OE=0;                         //输出控制初始状态
      while(1){
              dis( );               //调显示子函数
              adc0809( );           //调 A/D 转换子函数
              }
    }
```

【例 8-2】 将图 8-11 的 EOC 输出，通过图 8-12 所示的晶体管反向器送给单片机的中断引脚，作为中断触发信号，用定时器定时每 0.1s 控制一次 A/D 转换，用中断的方法检测 A/D 转换结果。

程序如下：

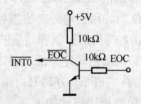

图 8-12   EOC 信号反相处理电路

```
    #include <reg51.h>
    sbit   ALE_ST=P1^0;             //P1.0 锁存和启动控制
    sbit   EOC=P1^1;                //P1.1 A/D 转换结束检测
    sbit   OE=P1^2;                 //P1.2 A/D 转换输出允许控制
      ……                          //显示子函数相关程序略去
    void dis( )                     //显示子函数
    { …… }
    void main( )                    //定时器 0、外部中断 0、A/D 转换初始化；
      {
      TMOD=0X01;
      TH0=0X3C;
      TLO=0XB0;                     //定时器 0 初值；
      TR0=1;
      ET0=1;
      IT0=1;                        //下降沿触发；
      EX0=1;
      EA=1;                         //开中断；
      ALE_ST=0;                     //锁存和启动初始状态
      OE=0;                         //输出控制初始状态
      while（1）{
              dis( );               //调显示程序
              }
      }
    void T0_inter( ) interrupt 1    //定时器 0 中断服务程序；
```

```
    {
        TH0=0X3C;
        TLO=0XB0;                        //定时器重装;
        ALE_ST=1;
        ALE_ST=0;                        //启动并锁存地址;
    }
    void INT0_inter( ) interrupt   0     //外部中断 0 服务程序，A/D 结束时产生下降沿
    {
        OE=1;                            //数据信号允许，准备读
        P0=0xff;                         //P0 口置为输入口
        data1=P0;                        //读 A/D 转换结果
        OE=0;                            //关闭 A/D 输出
        ucled3= data1/100;               //取出百位数
        ucled2= （data1%100）/10;         //取出十位数
        ucled1= data1%10;                //取出个位数
    }
```

传统的 ADC0809 与单片机的接口电路如图 8-13 所示。将 8 路模拟量通道设计为外部的 I/O 口，用访问外部的指令对 I/O 口操作，实现 A/D 转换的控制和结果的读取，按照并行扩展的口地址的确定方法，图中 8 路 A/D 通道的地址为：7FF8H~7FFFH。用中断的方式检测转换结果，程序设计如下，读者可以和图 8-10、图 8-11 比较，可以发现不管从电路硬件成本上，还是程序设计上，图 8-10、图 8-11 都有优势。传统方式的 A/D 转换 C 语言程序由读者自行完成。

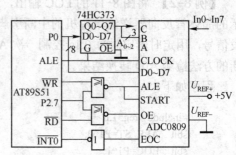

图 8-13   传统 ADC0809 与单片机接口电路

8.2.3   串行 A/D（TLC1549）及其接口电路

TLC1549 是一个十位的串行 A/D 转换芯片。其内部原理框图如图 8-14 所示。引脚图如图 8-15 所示。

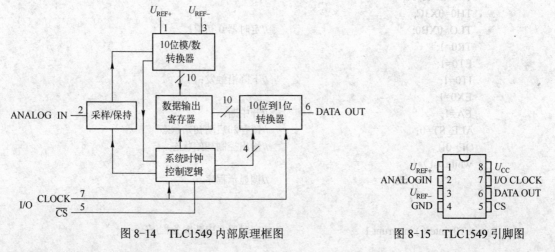

图 8-14   TLC1549 内部原理框图

图 8-15   TLC1549 引脚图

引脚功能说明如下。

1）ANALOG　IN：模拟信号输入端。

2）DATA：转换结果串行输出端。

3）$\overline{CS}$：片选端。

4）I/O　CLOCK：芯片工作驱动脉冲输入端。

5）$U_{REF}+$、U_{REF}-：正负电压基准输入端。通常与芯片电源并接，$U_{REF}+$接+5V，U_{REF}-接GND。

6）U_{CC}、GND：芯片工作电源，4.5~5.5V。

串行 A/D（TLC1549）转换时序图如图 8-16 所示。

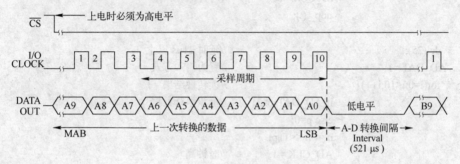

图 8-16　TLC1549 时序图

TLC1549 操作时序高位在前，共计 10 位，操作时需要先预读一次，启动转换，等待一段时间后再输入 10 个移位脉冲，输出 10 位的 A/D 结果。图 8-17 为 TLC1549 的应用电路。

【例 8-3】　按图 8-17，P1.0、P1.1、P1.2 分别作为 TLC1549 的时钟、数据和片选控制。编写 TLC1549 转换程序。

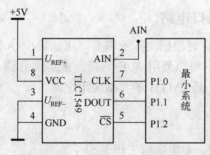

图 8-17　TLC1549 应用电路

按照图 8-16 所示的时序图设计程序：

```
#include"reg51.h"
#include " intrins.h "
sbit AD_CS = P1^2;                    //片选
sbit AD_DAT = P1^1;                   //串行输出端口
sbit AD_CLK = P1^0;                   //时钟
void DelayMS(unsigned int T)          //延时子程序
{    for(;T>0;T--); }
```

```
unsigned   int   CATOD( )                                    //TLC1549 转换子函数
     {   unsigned   char i,p;
   unsigned   int   n=0;
   AD_CS =1;                                                  //片选置 1
   del(25);                                                   //延时
    AD_CS =0;                                                 //片选有效
    del(25);
    for(i=0;i<10;i++){                                        //输出 10 个移位脉冲，进行预读
                          AD_CLK =1;                          //时钟高
                          _nop_ ( );
                          AD_CLK =0;                          //时钟低
                          _nop_ ( );
                          }

    del(25);                                                  //延时 21μs 以上
   AD_DAT =1;                                                 //置为输入方式
    for(i=0;i<10;i++){                                        //读转换结果
                          if(AD_DAT)p=1;                      //检测串行数据
                          else p=0;
                          n =( n <<1)|p;
                          AD_CLK =1;                          //时钟高
                          _nop_ ( );
                          AD_CLK =0;                          //时钟低
                          _nop_ ( );
                          }
          return   n;                                         //返回 A/D 值
          }
```

8.2.4 常用的 V/F 转换接口电路

在单片机应用系统中，有时根据实际的需要，比如缺少 A/D 转换器，或者转换的数字量要经过较远距离的传输等，可以采用 V/F 转换，来实现测量。常用的 V/F 转换元器件是 LM331、VFC32 等。图 8-18 是 LM331 的典型应用电路。

LM331 的性能特点：

1）最大线性度为 0.01%；

2）双电源或单电源工作。单电源可工作于 5V；

3）脉冲输出为集电极开路形式；

4）满量程频率范围：1Hz ~ 100kHz；

图 8-18 中，在电压的输入端 7 脚上增加了由 R_1、C_1 组成的低通滤波电路；在 C_L、R_L 原接地端增加了偏移调节电路；在 2 脚上增加了一个可调电阻，用来对基准电流进行调节，以校正输出频率；由于 3 脚输出端是集电极开路输出，为了使输出的信号能被单片机接收，在输出端 3 脚上接有一个上拉电阻。

V/F 转换是将电压信号转换成频率信号，对其信号测量的程序设计可以参照第 6 章中例 6-6 频率测量。

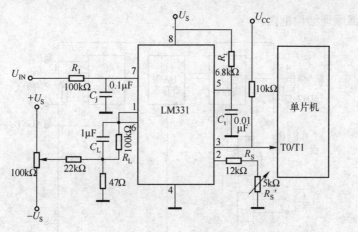

图 8-18　V/F 转换电路

8.3　D/A 转换接口电路

8.3.1　D/A 转换的基本概念

　　D/A 转换是单片机测控系统控制量输出的典型的接口，如果实际被控对象要求的控制量是模拟量，而单片机本身不可能直接输出模拟量，则由单片机根据具体的要求，输出一定的数字量，再转换成对应的模拟量。这种将数字量转换成模拟量的过程称为 D/A 转换，实现 D/A 转换的器件称为 D/A 转换器。本节主要介绍并行的 D/A 转换芯片 DAC0832 和串行 D/A 芯片 TLC5615 及其应用。

　　D/A 转换器的主要性能指标有：

　　1）分辨率。D/A 转换器的分辨率是指当 D/A 转换器输入的数字量变化一个字的时候，对应转换输出的模拟量的变化量。例如一个 n 位的 D/A 转换器，它的分辨率等于输出模拟电压的满量程与 2^n 的比值（n 为 D/A 转换器的位数）。在输出模拟电压满量程一定的前提下，n 值越大，能输出的电压就越精细，即分辨率就越高。通常会用 D/A 转换器的位数来表示分辨率。

　　2）线性度。指的是在转换量程范围内对应于一定比例的数字量，转换输出的模拟量不成比例的非线性程度。

　　3）转换精度。指的是转换后得到的实际值对于理想值的接近程度。通常用综合误差的形式来表示。

　　4）建立时间。指的是 D/A 转换器的输入数字量发生变化后，转换输出的模拟量达到稳定数值所需要的时间。

　　5）温度系数。指的是温度对转换精度的影响力的大小。

8.3.2　并行 D/A（DAC0832）及其接口电路

　　DAC0832 是 8 位的并行 D/A 转换器，是目前应用最为广泛的一种 D/A 芯片。图 8-19

为该芯片的内部原理结构框图。

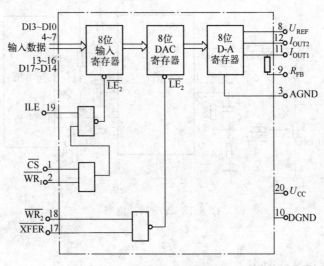

图 8-19 DAC0832 内部原理结构框图

1. 主要性能指标

1）分辨率：8 位。

2）输出稳定时间：1μs。

3）功耗：20 mW。

4）工作电源：+5～+15V。

5）非线性误差：0.20%。

6）工作方式：直通、单缓冲、双缓冲。

2. 引脚功能

图 8-20 为 DAC0832 引脚图，引脚功能说明如下。

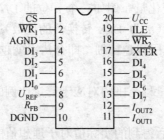

图 8-20 DAC0832 引脚图

1）$DI_0 \sim DI_7$：8 位数据输入端。

2）ILE：输入数据允许锁存。

3）$\overline{CS}$：片选端，低电平有效。

4）$\overline{WR_1}$：输入寄存器写选通信号，低电平有效。

5）$\overline{WR_2}$：DAC 寄存器写选通信号，低电平有效。

6）$\overline{XFER}$：数据传送信号，低电平有效。

7）I_{OUT1}：电流输出 1 端。当输入数据为 00000000 时，I_{OUT1}= 0；当输入数据为 11111111 时，I_{OUT1} 为最大值。

8）I_{OUT2}：电流输出 2 端。$I_{OUT1} + I_{OUT2} =$ 常数。

9）R_{FB}：反馈电流输入端。

10）U_{REF}：基准电压输入端。

11）U_{CC}：工作电源正端。

12）AGND：模拟地。

13）DGND：数字地。

3. DAC0832 的工作方式

从图 8-19 可以看出，在 DAC0832 内部有两个寄存器，输入信号要经过这两个寄存器，才能进入 D/A 转换器进行 D/A 转换。而控制这两个寄存器的控制信号有 5 个：输入寄存器由 ILE、$\overline{CS}$、$\overline{WR_1}$ 控制；DAC 寄存器由 $\overline{WR_2}$、$\overline{XFER}$ 控制。因此，只要编程时用指令控制这 5 个控制端，就可以实现它的 3 种工作方式：

（1）直通工作方式

直通工作方式是将两个寄存器的 5 个控制信号都预先置为有效，两个寄存器都开通，处于数据接收状态，只要数字信号送到数据输入端 $DI_0 \sim DI_7$，就立即进入 D/A 转换器进行 D/A 转换，一般这种方式用于没有单片机的电路中。

（2）单缓冲工作方式

若应用系统中只有一路 D/A 转换或虽然有多路但不要求同步输出，这时可以采用单缓冲方式接口，图 8-21 是 AT89S51 与 DAC0832 单缓冲方式接口电路，ILE 直接接电源，其余的 4 个控制信号接在一起，用一位的 I/O 口控制，其目的是，当 8 位数据输入端数据准备好以后，单片机一次选通 4 个控制信号，实现 D/A 转换的控制。下面两条指令即可实现单缓冲方式的 D/A 转换。

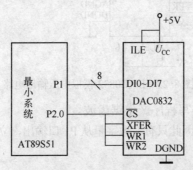

图 8-21　单缓冲方式接口电路

MOV　P1，A；数字量从 P1 口输出

CLR　P2.0　；使控制信号有效，启动 D/A 转换并输出。

（3）双缓冲工作方式

当应用系统有多路 D/A 转换，并要求同步输出时，必须采用双缓冲工作方式。双缓冲工作方式的思路是，分步向各路 D/A 输入寄存器写入需要转换的数字量，然后单片机对所有的 D/A 转换器发控制信号，使各个 D/A 输入寄存器中的数据输入 DAC 寄存器，实现同步输入。图 8-22 为双缓冲同步方式接口电路。

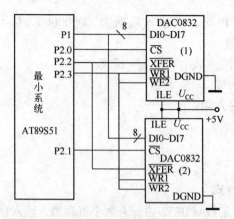

图 8-22　DAC0832 双缓冲同步方式接口电路

4．DAC0832 应用实例

由于 DAC0832 是电流输出型 D/A 转换器，需要外加转换电路才能获得模拟电压输出，图 8-23 为两级运算放大器组成的模拟电压输出电路。R_f 和 ADC0832 反馈电流输入端的电阻，构成第一级运放的反馈电阻和输入电阻，调节 R_f 可以使第一级运算放大器的输出在 $0\sim$ $-5V$ 变化，经第二级运算放大器构成的加法器，可以输出双极性的模拟电压 $-5\sim+5V$。

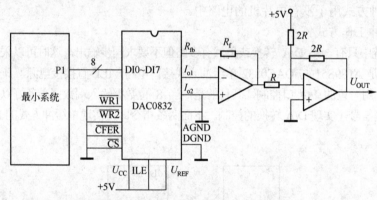

图 8-23　DAC0832 模拟电压输出电路

【例 8-4】　按图 8-23，编写程序产生锯齿波。

图 8-22 是直通工作方式，因此只有将数字量从 P1 口输出，立即完成 D/A 转换。程序如下：

```
#include <reg51.h>
unsigned char   V=0;              //输出电压赋初值；
void Delayms(unsigned int k)      //延时子程序略；
{…}
main( )
{
    while(1) {
        P1=V;                     //输出电压从 P1 口送给 DAC0832 进行转换；
        Delayms(1);               //毫秒延时；
        if(V<255)                 //设定最大值；
        V=V++;
        else   V=0;               //输出电压归零；
```

```
            }
    }
```

【例 8-5】 按图 8-23，编写程序产生三角波。

三角波数据从 0 增加到 FFH 后，再依次减，减到 0 再依次加，反复循环就可以产生三角波。程序如下：

```
#include <reg51.h>
unsigned char V=0;                          //输出电压赋初值；
unsigned  int  count=0;                     //计数器赋初值；
void Delayms(unsigned int k)                //延时子程序略；
{…}
main( )
{
    while(1) {
        P1=V;                               //输出电压从 P1 口送给 DAC0832 进行转换；
        Delayms(1);                         //毫秒延时；
        if(count<255)                       //设定最大值；
            {V=V++;
             count=count++;}
        else if((count>255)&(count<510))
            { V=V--;                        //输出电压递减；
                count=count++;}
        else count=0;                       //重新开始下一周期；
        }
}
```

图 8-24 是例 8-4、例 8-5 输出的波形。

图 8-21、图 8-22 分别是 DAC0832 实用的单缓冲方式和双缓冲同步方式输出口电路，图 8-25 是它们传统的接口电路，留给读者对照比较。

图 8-25a 是单缓冲方式接口，D/A 转换的地址为：7FFFH。

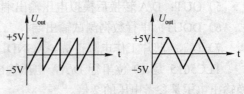

图 8-24 例 8-4 和例 8-5 的输出波形

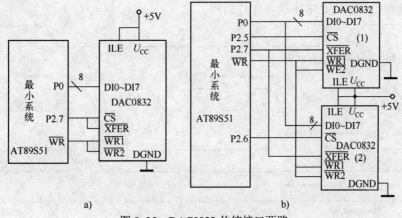

图 8-25 DAC0832 传统接口两路

a) 单缓冲方式 b) 双缓冲同步输出方式

8.3.3　串行 D/A （TLC5615）及其接口电路

TLC5615 是一个十位的串行 D/A 转换芯片，其内部原理框图如图 8-26 所示。引脚图如图 8-27 所示。

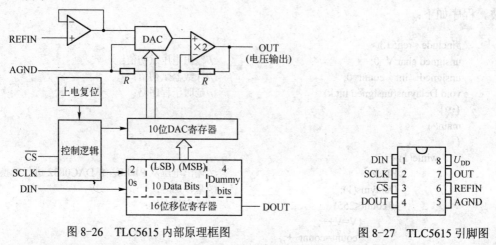

图 8-26　TLC5615 内部原理框图　　　　　图 8-27　TLC5615 引脚图

引脚功能说明如下。

1）DIN：串行数据输入端。

2）SCLK：时钟信号。

3）$\overline{CS}$：片选端，低电平有效。

4）REFIN：参考电压输入端。

5）OUT：D/A 转换后模拟电压输出端。

6）DOUT：串行数据测试输出端。

7）U_{DD}：芯片工作电源正端。AGND：芯片工作地。

TLC5615 是 10 位串行 D/A，电压输出型，可以把数字量直接转换为模拟电压，最大转换输出电压是参考电压的 2 倍。

在片选有效的条件下，将 10 位的数字量依次输入芯片的串行数据输入端，高位在前，低位在后，图 8-28 是 TLC5615 转换工作时序。

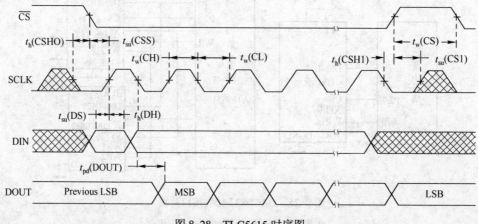

图 8-28　TLC5615 时序图

图 8-29 为 TLC5615 应用电路，分别用 P1.0、P1.1、P1.2 作为芯片的片选、串行时钟和串行数据输入控制。

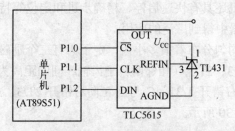

图 8-29   TLC5615 电路连接

【例 8-6】   按图 8-29，编写 TLC5615 芯片的 D/A 转换程序。

按照芯片的工作时序，编写程序如下：

```
#include <reg51.h>
sbit    cs  =    P1^0;                        //片选
sbit    clk =    P1^1;                        //时钟
sbit    din =    P1^2;                        //数据入口
void da5615(unsigned int da1)                 //串行 D/A1
{
     unsigned i;
     da1<<=6;                                 //10 位数据左移 6 位
     cs =0;                                   //片选有效
     for(i=0;i<12;i++){                       //12 位数据串行移位
             clk =0;                          //时钟低电平
             if ((da1&0x8000)!=0){ din =1;}   //取出最高位数据，送数据线
             else               { din =0;}
             clk =1;                          //时钟高电平，完成 1 位数据传送
             da1<<=1;                         //数据整体左移 1 位
             }
             cs =1;    clk1=0;                //片选无效，时钟清 0
     for(i=0;i<12;i++);                       //短暂延时
}
void main( )
{
  da5615(0x02cc);                            //本例转换的 10 位数据为 1011001100B
   while(1) ;
}
```

8.4 步进电动机接口电路

8.4.1 步进电动机工作原理

步进电动机是工业过程控制及仪器仪表中常用的控制元件之一。例如在机械装置中可以

用丝杠把角度位移变为直线位移，也可以用步进电动机带动螺旋电位器，调节电压或电流，从而实现对执行机构的控制。步进电动机可以直接接收数字信号，不必进行数模转换，使用起来非常方便。步进电动机还具有快速启停、精确步进和定位等特点，因而在数控机床、绘图仪、打印机以及光学仪器中得到广泛的应用。

步进电动机的转子上均匀分布着很多小齿，定子齿有三个励磁绕组，其几何轴线依次分别与转子齿轴线错开 0、T/3、2T/3，（相邻两转子齿轴线间的距离为齿距以 T 表示），即 A 与齿 1 相对齐，B 与齿 2 向右错开 T/31，C 与齿 3 向右错开 2T/3，A'与齿 5 相对齐，（A'就是 A，齿 5 就是齿 1）如图 8-30 所示。

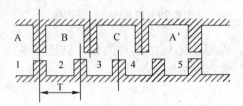

图 8-30　三相步进电动机定转子展开示意图

如 A 相通电，B、C 相不通电时，由于磁场作用，齿 1 与 A 对齐，（转子不受任何力以下均同）。如 B 相通电，A，C 相不通电时，齿 2 应与 B 对齐，此时转子向右移过 1/3T，此时齿 3 与 C 偏移为 1/3T，齿 4 与 A 偏移（T−1/3T）=2/3T。如 C 相通电，A，B 相不通电，齿 3 应与 C 对齐，此时转子又向右移过 1/3T，此时齿 4 与 A 偏移为 1/3T 对齐。如 A 相通电，B，C 相不通电，齿 4 与 A 对齐，转子又向右移过 1/3T，这样经过 A、B、C、A 分别通电状态，齿 4（即齿 1 前一齿）移到 A 相，电动机转子向右转过一个齿距，如果不断地按 A，B，C，A…通电，电动机就每步（每脉冲）1/3T,向右旋转。如按 A，C，B，A…通电，电动机就反转。由此可见：电动机的位置和速度与通电次数（脉冲数）和频率成一一对应关系。而方向由导电顺序决定。不过，出于对力矩、平稳、噪声及减少角度等方面考虑。往往采用 A-AB-B-BC-C-CA-A 这种导电状态，这样将原来每步 1/3T 改变为 1/6T。甚至于通过二相不同电流的组合，使其 1/3T 变为 1/12T，1/24T，这就是电动机细分驱动的基本理论依据。不难推出：电动机定子上有 m 相励磁绕阻，其轴线分别与转子齿轴线偏移 1/m,2/m…(m-1)/m,1，并且导电按一定的相序，电动机就能正反转被控制——这是步进电动机旋转的物理条件。只要符合这一条件，理论上可以制造任何相的步进电动机，出于成本等多方面考虑，市场上的步进电动机一般以二、三、四、五相为多。

步进电动机性能指标如下。

1）相数：产生不同对极 N、S 磁场的激磁线圈对数。常用 m 表示。

2）拍数：完成一个磁场周期性变化所需脉冲数或导电状态。用 n 表示，或指电动机转过一个齿距角所需脉冲数，以四相电动机为例，有四相四拍运行方式即 AB-BC-CD-DA-AB，四相八拍运行方式即 A-AB-B-BC-C-CD-D-DA-A.。

3）步距角：对应一个脉冲信号，电动机转子转过的角位移用 θ 表示。θ=360°（转子齿数 J*运行拍数），以常规二、四相，转子齿为 50 齿电动机为例。四拍运行时步距角为 θ=360°/（50×4）=1.8°（俗称整步），八拍运行时步距角为 θ=360°/（50×8）=0.9°（俗称半步）。

4）步距角精度：步进电动机每转过一个步距角的实际值与理论值的误差。用百分比表示：误差/步距角×100%。不同运行拍数其值不同，四拍运行时应在 5%之内，八拍运行时应在 1.5%以内。

5）失步：电动机运转时运转的步数不等于理论上的步数，称为失步。

6）最大空载起动频率：电动机在某种驱动形式、电压及额定电流下，在不加负载的情况下，能够直接起动的最大频率。

7）最大空载的运行频率：电动机在某种驱动形式，电压及额定电流下，电动机不带负载的最高转速频率。

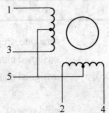

图 8-31 励磁线圈

8.4.2 步进电动机接口电路

以 35BYJ46 型四相八拍步进电动机为例（DC12V），介绍步进电动机的接口与控制。图 8-31 和表 8-1 为步进电动机的励磁线圈和励磁顺序。

表 8-1 励磁顺序表

	步　序							
	1	2	3	4	5	6	7	8
5	+	+	+	+	+	+	+	+
4	—	—						—
3		—	—	—				
2				—	—	—		
1						—	—	—

从图 8-31 可以看出，端口 5 是 4 组线圈的公共端，如果将其接到电源的正，通过电路控制另外的端口接到电源的负端，相应线圈得电，只要按照表 8-1 的步序控制线圈得电，就可以控制步进电动机旋转。

图 8-32 是 4 相八拍步进电动机的接口电路，由于单片机 I/O 的电平是 0~5V，并且驱动能力小，不能直接驱动步进电动机，要通过驱动电路控制步进电动机。

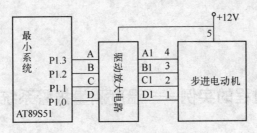

图 8-32　步进电动机的连接电路

【例 8-7】 按图 8-32，编写步进电动机的驱动程序。

用定时/计数器产生反复定时，在定时器服务程序中控制步进电动机走一步，这样通过修改定时/计数器的初值可以控制步进电动机的速度。将表 8-1 励磁顺序转换为 P1 口的输出电平，如表 8-2 所示。程序设计如下：

表 8-2　P1 口的电平在各步中的情况

步　序	P1.3	P1.2	P1.1	P1.0	P1 输出值	步　序	P1.3	P1.2	P1.1	P1.0	P1 输出值
0	1	1	1	0	FEH	4	1	0	1	1	FBH
1	1	1	0	0	FCH	5	0	0	1	1	F3H
2	1	1	0	1	FDH	6	0	1	1	1	F7H
3	1	0	0	1	F9H	7	0	1	1	0	F6H

```
#include <reg51.h>
unsigned char code table[]={0xfe,0xfc,0xfd,0xf9,0xfb,0xf3,0xf7,0xf6};        //步序表;
unsigned char step;

void timer0_init( )                                                          //定时器 0 初始化;
  {
    TMOD=0X01;
    TH0=0X3C;
    TL0=0XB0;
    TR0=1;
    ET0=1;
    EA=1;
  }
void T0_inter( ) interrupt 1                                                 //定时器 0 中断服务程序;
  {
    TH0=0X3C;
    TL0=0XB0;                                                                //定时器 0 重装;
    P1=table[step];                                                         //输出步序信息
    step++;                                                                  //步序调整
    if(step= =8) step=0;                                                    //8 拍重新开始
  }
void main(void)
  {
  timer0_init( );                                                          //定时器 0 初始化;
  step=0;                                                                   //步序赋初值;
  while(1) ;                                                                //等待定时器中断
  }
```

8.5　贯穿教学全过程的实例——温度测量报警系统之七

8.5.1　温度测量报警系统 A/D 转换接口电路设计

A/D 转换芯片采用 ADC0809，接口电路在图 7-29 基础上添加，电路如图 8-33 所示。P0 口作为 A/D 数据输入口，和显示电路公用（显示时作为输出口使用，读 A/D 转换结果时作为输入口使用），ADC0809 的通道选择 A、B、C 分别接 P0 口的 P0.0~P0.2，由 P0 口输出通道选择信号，ADC0809 的转换时钟由单片机的 ALE 提供（ALE 在每个机器周期都输出两个脉冲），OE、ALE、START、EOC 分别接 P2.0、P2.1、P2.2，参考电压 5V，8 路模拟电压信号分别加在 IN0~IN7。

温度检测电路，温度传感器的种类很多，本系统采用 PN 结测温，PN 结随着温度的变化其正向压降呈负温度系数而变化，在恒定正向电流 1mA 条件下，温度每升高 1℃，PN 结的正向压降降低约 2~2.5mV，反之，温度每降低 1℃，PN 结的正向压降升高约 2~2.5mV，在 100℃范围温差范围内线性度优于 1%。温度测量调理电路如图 8-34 所示。U_1、R_1、二极管组成可调恒流源，调节 R_1 使 U_1 同相端电压为 2V，则流过二极管的电流恒定为 1mA，环境温度变化时二极管正向压降变化，U_1 输出电压为 $2+U_d$，U_d 随温度变化而变化，所以 U_1 输出电压随温度变化而变化（温度升高，输出减小）。U_2、R_2、R_3 等构成差分放大电路，调节 R_2 可以使在某一温度时，U_2 输出 0V，使放大器只对变化信号进行放大。本系统要测量的温度范围是 0~100℃，在 0℃时调节 R_2，使 U_2 输出 0，在 100℃时调节 R_3 使 U_2 输出 5V，调理电路实现将 0~100℃的温度变化转变成 0~5V 电压信号，与 ADC0809 的量程对应。每一路温度分别设计这样的调理电路，将它们的输出信号送图 8-33 中的模拟信号输入端，然后由单片机对 ADC0809 操作控制，实现温度测量。

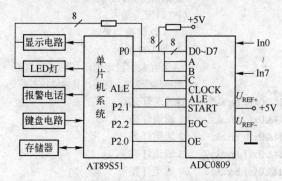

图 8-33　温度测量报警系统 A/D 转换接口电路

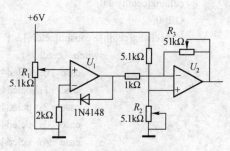

图 8-34　温度与调理电路

8.5.2　温度测量、显示与报警

系统要实现 8 路温度的测量与显示，由于显示采用 8 个通道循环显示，每个通道显示 5 秒钟左右，但测量和报警应具有实时性，也就是说在显示某一路温度时，后台应对所有通道进行测量并报警，程序设计思路如下：数码管每显示扫描一次，做一次 A/D 转换，A/D 通道循环切换，实现实时测量，测量后设定参数比较，超过设定范围报警，实现实时报警。显示通道切换，利用显示扫描程序自身循环次数控制通道切换。程序在 7.3.2 节的程序基础上设计，相同的部分略去，由读者对照阅读。

C 语言程序如下：

```
#include  "reg51.h"
# include  "intrins.h"
sbit  ALE_ST=P2^1;                        //P2.1 锁存和启动控制
sbit  EOC=P2^2;                           //P2.2 A/D 转换结束检测
sbit  OE=P2^0;                            //P2.0 A/D 转换输出允许控制
...                                       //同 7.3.2 节程序
```

```c
unsigned   char   canshu[8];                              //存放 8 通道温度参数
unsigned   char   celiang[8];                             //存放 8 通道测量结果
unsigned   char   cetdh=0;                                //测量通道号
unsigned   char   xstdh=0;                                //显示通道号
void   ad0809( )
{
P0=cetdh;                                                 //P0 输出通道选择信号
ALE_ST=1;                                                 //
ALE_ST=0;                                                 //输出地址锁存与启动信号
_nop_( );
_nop_( );
_nop_( );
_nop_( );
_nop_( );                                                 //延时 10μs
EOC=1;                                                    //置为输入状态
while(EOC==0);                                            //等待转换结束
OE=1;                                                     //数据信号允许，准备读
P0=0xff;                                                  // P0 口置为输入口
celiang[cetdh]=P0;                                        //读 A/D 转换结果
OE=0;                                                     //关闭 A/D 输出
if（celiang[cetdh]> canshu[cetdh]）{                      //测量值大于设定值，相应通道灯亮
          switch（cetdh）{                                //对应位清为 0，灯亮，其他位状态不变
                 case   0：ucled4=ucled4&0xfe;break;       //0 通道灯亮
                 case   1：ucled4=ucled4&0xfd;break;       //1 通道灯亮
                 case   2：ucled4=ucled4&0xfb;break;       //2 通道灯亮
                 case   3：ucled4=ucled4&0xf7;break;       //3 通道灯亮
                 case   4：ucled4=ucled4&0xef;break;       //4 通道灯亮
                 case   5：ucled4=ucled4&0xdf;break;       //5 通道灯亮
                 case   6：ucled4=ucled4&0xbf;break;       //6 通道灯亮
                 case   7：ucled4=ucled4&0x7f;break;       //7 通道灯亮
                 default：   break;
                        }
                  }

else    {                                                 //测量值不大于设定值，相应通道灯灭
          switch（cetdh）{                                //对应位置为 1，灯灭，其他位状态不变
                 case   0：ucled4=ucled4|0x01;break;       //0 通道灯灭
                 case   1：ucled4=ucled4|0x02;break;       //1 通道灯灭
                 case   2：ucled4=ucled4|0x04;break;       //2 通道灯灭
                 case   3：ucled4=ucled4|0x08;break;       //3 通道灯灭
                 case   4：ucled4=ucled4|0x10;break;       //4 通道灯灭
                 case   5：ucled4=ucled4|0x20;break;       //5 通道灯灭
                 case   6：ucled4=ucled4|0x40;break;       //6 通道灯灭
                 case   7：ucled4=ucled4|0x80;break;       //7 通道灯灭
                 default：   break;
                        }
          }
```

```
        cetdh++;                                                    //测量通道切换
        if（cetdh==8）cetdh=0；
        }
        void   main（）                                             //主函数
        { unsigned  int  j；
        …                                                          //同 7.3.2 节程序
        ALE_ST=0；                                                  //锁存和启动初始状态
        OE=0；                                                      //输出控制初始状态
          READ_canshu（）；                                         //系统上电读运行参数
          while(1){ for（j=0；j<500；j++）{
                            dis（）；                                //调显示函数
                            ad0809（）；                            //调 A/D 转换函数
                            ucled3= celiang[xstdh]/100；            //取出百位数
                            ucled2=（celiang[xstdh]%100）/10；       //取出十位数
                            ucled1=celiang[xstdh]%10；              //取出个位数
                            ucled0=xstdh；                          //通道号送显示
                            }
                    xstdh++；                                        //显示通道切换
                    if（xstdh==8）xstdh=0；
                }
        }
```

8.6 习题

1．在单片机应用系统中，为了消除远距离传送的干扰、电平配平等，常采用光电隔离的方法，单片机系统和外电路分别用独立的电源供电，两个电源的地线能否共地？为什么？

2．单片机输出的开关量电平为 0V（0）和 5V（1），为提高传输距离，降低线路衰减的影响，也可采用光电隔进行电平转换，参照图 8-2 设计电路，将 0~5V 电平转换为 0~12V。

3．继电器等感性负载，单片机在驱动时都要在线圈上并接一个二极管，简述二极管在电路中的作用。

4．驱动控制强电大功率的负载一般都采用晶闸管隔离驱动，简述图 8-7 中 $R2$、$R3$ 和电容的作用。

5．什么叫 A/D？恒量 A/D 的指标有哪些？

6．简述 ADC0809 内部结构工作原理。

7．图 8-10 是 ADC0809 实用的转换接口电路，如果模拟信号的范围在 2~3V，想提高测量的精度，如何修改电路（参考电压）？按照修改的电路计算转换精度可达多少位的 A/D？

8．比较图 8-10 与图 8-13 的区别。

9．TLC1549 是一个 10 位串行 A/D，读 A/D 转换结果时应注意什么？

10．什么叫 V/F 转换？它与 A/D 转换的不同点有哪些？

11．在图 8-18 基础上设计数码管显示电路，将测量的值在数码管上显示出来。（0.1 秒测量一次）

12．什么叫 D/A？恒量 D/A 的指标有哪些？

13. DAC0832 是电压型还是电流型芯片？

14. DAC0832 有几种工作方式？

15. DAC0832 的双缓冲方式主要用于多路 D/A 同步转换输出，简述其工作原理。

16. 按图 8-23，编写程序产生正弦波输出。（用查表程序）

17. 在例 8-5、例 8-6 中，如果想改变输出波形的频率，如何设计程序？

18. 比较 DAC0832 传统接口电路与实用接口电路的区别。

19. TLC5615 是一个 10 位的串行 D/A，它是什么类型的 D/A？

20. 启动 TLC5615 进行 D/A 转换，先传送低位还是高位？

21. 简述步进电动机的工作原理。

22. 恒量步进电动机性能的指标有哪些？

23. 什么叫步距角？计算步距角的公式是什么？

24. 参照例 8-6，编写程序使步进电动机反转。

25. 如何调整上题中步进电动机的转速？

第9章 串行通信

9.1 串行通信概述

计算机的 CPU 与外部设备之间的信息(0、1)交换，以及计算机与计算机之间的信息交换过程称为通信。通信的基本方式可分为并行通信和串行通信两种。根据线路的连接方式不同计算机通信又分为有线通信和无线通信。计算机在通信中除硬件接口要通过有线或无线的方式连接起来，而且还要遵循相应的通信协议，如通信方式、波特率、命令码的约定等。

AT89S51 单片机内部有一个全双工的串行口，该串行口有 4 种工作方式，波特率可用软件设置，由片内的定时/计数器产生。串行口发送、接收数据均可触发中断系统，使用十分方便。硬件接口与相应软件的结合可实现双机或多机通信。

9.1.1 并行通信与串行通信

1. 并行通信

所传送数据的各位同时发送或接收的通信方式称为并行通信。并行通信的优点是数据传输速度快，缺点是占用的传输线条数多，适用于近距离通信，如图 9-1a 所示。

2. 串行通信

所传送数据的各位按顺序一位一位地发送或接收的通信方式称为串行通信。串行通信的特点是大大减少了传输线条数，从而降低了成本，抗干扰能力也有所增强，适用于远距离的数据传送，但速度较慢，如图 9-1b 所示。

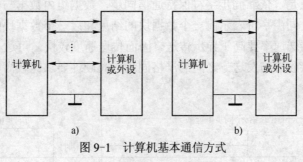

图 9-1　计算机基本通信方式

a) 并行通信　b) 串行通信

9.1.2 异步通信和同步通信

在串行通信中，为了保证数据的正确接收，接收方与发送方应保持同步。所谓同步是指接收端接收到一连串的数据流后，能正确地识别各个数据起始和结束位置。同步的方式又可分为（串行）异步通信和（串行）同步通信两种通信方式。

1. 异步通信 (Asynchronous Communication)

异步通信是按帧的格式进行传送的，每一个数据帧由 1 个起始位、7 个或 8 个数据位、1~2 个停止位（含 1.5 个停止位）和 1 个校验位组成，如图 9-2 所示。通信中的约定起始位为 0，停止位为 1，两个数据帧之间可发空闲位，空闲位为 1。

异步通信的特点是，每个数据帧要用起始位和停止位作为帧开始和结束的标志保持通信同步。甲乙通信双方采用独立的时钟，每个数据帧均以起始位触发甲乙双方的同步时钟。发送和接收的每 1 位并不严格同步。每个帧内部的各位均采用固定的时间间隔，而各个数据帧之间的时间间隔可以改变，没有固定的时间，完全靠每个数据帧附加的起始位和终止位来进行识别，所以叫"异步"。

此外，异步通信对硬件要求低，实现起来比较简单，灵活，适用于数据的随机发送/接收场合，但由于每个数据帧都要额外附加两位，每个数据帧都要建立一次同步，所以工作速度较低。异步通信可以用于计算机与单片机或单片机与单片机之间的串行通信。

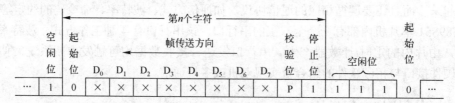

图 9-2　异步通信的传送格式

2. 同步通信 (Synchronous Communication)

同步通信是按数据块进行传送的。每个数据块由多个数据构成，其中包含有两个（或一个）同步字符作为起始位以触发同步时钟开始发送或接收数据，其余是没有间隙的有效数据块。空闲位需发送同步字符。因此，同步是指发送、接收双方的数据之间严格同步，而不是像异步通信中每个数据帧内位与位之间的同步。而同步字符是一种特殊代码，如在电网调度系统通信规约中常用 EB90（十六进制）作为同步字。同步通信的传送格式如图 9-3 所示。

同步通信的特点是，依靠同步字符保持通信同步，数据组内数据与数据之间不需插入同步字符，没有间隙，同步字符表示前一个数据块的结束和后一个数据块的开始，因此，同步传送的有效数据位传送速率要高于异步传送。因而传送速度较快，可达几 Mbit/s，但要求有准确的时钟来实现接收方与发送方之间的严格同步，对硬件要求比较高，适用于传送速度要求较高的场合。

图 9-3　同步通信的传送格式

9.1.3　串行通信波特率

在串行通信中，通信各方应遵守通信协议。波特率是其中的一个重要的参数设置，协议中规定通信各方分别设置的波特率应相同。

所谓波特率就是单位时间里传输的数据位数，单位是比特/秒(bit/s)，或波特(baud)，1 波特=1bit/s。波特率是衡量数据传送速率的指标。每位数据的传送时间为波特率的倒数。数据传输率是指单位时间里传送的有效数据位数（起始位和停止位除外），从异步通信传送格式看波特率和数据传输率并不一致，一般后者要小于前者。

串行通信波特率的设置将在下一节中介绍，根据国际通信委员会的规定，波特率的数值应采用标准波特率系列，如 110、300、600、1200、1800、2400、4800、9600 和 19200bit/s 等。串行异步通信的波特率一般为 50~9600bit/s，串行同步通信的波特率可达 8Mbit/s。

发送和接收是由同步时钟触发发送器和接收器而实现的。发送/接收时钟频率与波特率有关，同步通信中数据传输的波特率即为同步时钟频率；而异步通信中，时钟频率可为波特率的整数倍。

9.1.4 串行通信的制式

串行通信有单工、半双工和全双工通信制式，分别如图 9-4a、b、c 所示。

1. 单工通信(Simplex)

只允许一个方向传送数据，A 机只能作为数据发送器，B 机只能作为数据接收器，数据只能从 A 端发送到 B 端，不能进行相反方向的传输。

2. 半双工通信(Half Duplex)

允许两个方向传送数据，但不能同时传输。A 发 B 收或 B 发 A 收，交替进行。目前移动通信中的对讲机、传真机通信都采用该制式。

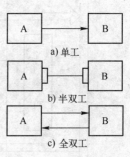

图 9-4　串行通信制式

3. 全双工通信(Full Duplex)

允许两个方向同时进行数据传输，A 收 B 发的同时可进行 A 发 B 收，计算机网络通信都采用该制式。AT89S51 单片机内部有异步全双工的串行口，外部有两根串行通信传输线分别为 RXD(第 10 脚)和 TXD(第 11 脚)，从而实现全双工通信。

计算机为了实现远距离(15m 以上)串行通信，还采取了调制与解调、校验等措施。由于计算机通信是一种数字信号的通信，它要求传送的频带很宽，而远距离通信通常是利用电话线传送的，其频带较窄。若直接将数字信号经过电话线传送，就会导致信号的严重畸变。解决这一问题的方法是采用调制与解调。所谓调制是指在发送端把数字信号 0 和 1 转换成不同频率的模拟信号，再发送出去。所谓解调是指在接收端将不同频率的模拟信号还原成数字信号 0 和 1。为了实现计算机的全双工通信，信号的调制与解调通过专门的调制解调器(Modem)实现的。

串行通信用于远距离传送数据时，容易受到噪声的干扰，使接收的数据产生错误。为了保证通信质量，对传送的数据必须进行校验。串行通信采用奇偶校验、循环冗余校验、累加和校验等方法。单片机中常采用串行异步通信，对于串行异步通信，常用奇偶校验法。

9.2　AT89S51 单片机串行口

9.2.1　与串行口有关的特殊功能寄存器

1．AT89S51 串行口的构成

为了更好认识与串行口有关的特殊功能寄存器，先分析 AT89S51 串行口的构成。AT89S51 的串行口仅占用了单片机的 P3.0(10 脚)和 P3.1(11 脚)，分别为接收端 RXD 和发送端 TXD。当非串行口方式工作时，这两根口线还可以作为一般的 I/O 口线用。

AT89S51 的串行口主要由两个物理上独立的串行数据缓冲器 SBUF、发送控制器、接收控制器、输入移位寄存器和输出控制门组成，如图 9-5 所示。两个数据缓冲器可同时发送、接收数据，发送数据缓冲器只能写入不能读出，接收数据缓冲器只能读出不能写入，两个缓冲器共用一个字节地址。

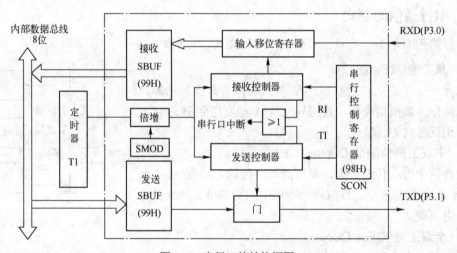

图 9-5　串行口的结构框图

AT89S51 单片机与串行口控制有关的寄存器有两个：SCON(98H) 控制串行口的工作方式，PCON(87H)的最高位 SMOD 控制串行通信的波特率倍增。定时/计数器 T1 用做串行口的波特率发生器。

2．串行口控制寄存器 SCON

串行口控制寄存器 SCON 的字节地址是 98H，SCON 不仅可以字节操作，而且每一位可以位寻址和位操作，其格式如下：

位地址	9FH	9EH	9DH	9CH	9BH	9AH	99H	98H	(98H)
SCON	SM0	SM1	SM2	REN	TB8	RB8	TI	RI	(字节地址)

各位功能如下：

（1）SM0、SM1

SM0、SM1 是串行口的工作方式选择位，可选择四种工作方式，如表 9-1 所示。

表 9-1　串行口工作方式选择及功能

SM0	SM1	工 作 方 式	功 能 说 明
0	0	0	移位寄存器方式，波特率为 $f_{osc}/12$，用于扩展 I/O 口
0	1	1	8 位 UART，波特率可变(T1 溢出率/n, n=32 或 16)
1	0	2	9 位 UART，波特率为 $f_{osc}/64$ 或 $f_{osc}/32$
1	1	3	9 位 UART，波特率可变(T1 溢出率/n, n=32 或 16)

注：表中 f_{osc} 为晶振频率；UART 为通用异步接收发送器。

（2）SM2

SM2 是多机通信控制位。在方式 2 或方式 3 中，TB8 是要发送的第 9 位数据，可用软件置 1 或清零；RB8 是接收到的第 9 位数据。若 SM2=1，而接收到的第 9 位数据(RB8)为 0，则 RI(接收中断)不被激活。利用这个特点可以进行多机通信。

在方式 0 时，SM2 必须是 0，不用 TB8 和 RB8。

（3）REN

REN 是允许串行接收位，由软件置 1 或清 0。REN=1 允许串行接收，REN=0 则禁止串行接收。

（4）TB8

TB8 是工作在方式 2 和方式 3 时，要发送的第 9 位数据。需要时由软件置 1 或清 0。

（5）RB8

当工作在方式 2 和方式 3 时，RB8 为接收到的第 9 位数据。当工作在方式 1 时，如 SM2=0，则为接收到的停止位。工作在方式 0 时，不使用该位。

（6）TI

TI 是发送中断标志位。每当发送完一帧串行信息，就由硬件置 1，表示一帧数据发送结束。可以通过检测 TI 判断发送过程是否结束，也可利用 TI 向 CPU 申请中断。TI 必须由软件清 0。

当工作在方式 0 时，串行发送第 8 位数据结束时，由硬件置 1。在其他方式下工作时，串行发送停止位的开始时，由硬件置位。

（7）RI

RI 是接收中断标志位。在 REN=1 的条件下，每接收到一帧完整数据由硬件置 RI 为 1。方式 0 下工作时，串行接收到第 8 位数据结束时置 1。在其他方式下工作时，串行接收到停止位的中间点时置 1。当 RI=1 时，向 CPU 申请中断，表示收到一帧完整数据，通知 CPU 取走数据。RI 必须由软件清 0。

需要说明的是，RI 和 TI 引起的中断，使用同一个中断入口地址(0023H)，因此在进入中断服务子程序之前，CPU 并不知道中断是由 RI 还是 TI 申请的，应该在中断服务程序中通过检测 RI 和 TI 的状态来区分，随后由软件清除这两个标志，否则将产生多余的中断。上电复位时，SCON 的所有位都被清零。

3. 特殊功能寄存器 PCON 和波特率的选择

特殊功能寄存器 PCON 没有位寻址功能，格式如下：

	D7	D6	D5	D4	D3	D2	D1	D0	(87H) (字节地址)
PCON	SMOD	—	—	—	GF1	GF0	PD	IDL	

除了 SMOD 位外，其他位为掉电方式控制位。

SMOD 为波特率倍增位，当 SMOD=1 时，波特率加倍，串行通信的速度提高一倍。

在访问 PCON 时必须采用字节寻址，例如 MOV PCON，#80H 或 MOV PCON，#00H 来使 SMOD 位置 1 或清 0。

串行口的波特率表明了串行口接收或发送二进制数的速率。在 51 系列单片机中是用定时/计数器 T1 做波特率发生器，因此，波特率除了与振荡频率、PCON 的 SMOD 位有关以外，还与定时/计数器 T1 的设定有关，在 T1 用作波特率发生器时一般工作在方式 2 定时方式，此时 T1 的资源 TR1、TF1 可以作为 T0 工作在方式 3 时的控制位和中断标志（见 6.3 节）。

由表 9-1 可知，串行口方式 0 的波特率是固定不变的，为 $f_{OSC}/12$。方式 2 的波特率也只有两种 $f_{OSC}/64$ 或 $f_{OSC}/32$，可由 SMOD 来选择。

串行口方式 1 与方式 3 的波特率设定如下。

波特率=定时器/计数器 T1 的溢出率/n

其中：

$$n = \begin{cases} 16 & (\text{SMOD}=1) \\ 32 & (\text{SMOD}=0) \end{cases}$$

定时/计数器 T1 的溢出率取决于计数速率和定时时间常数。

当定时/计数器 T1 工作于自动重装初值的方式 2 时，TL1 作计数用，自动重装的初值放在 TH1 中，溢出率可由下式确定：

$$溢出率=计数速率/[256-(TH1)]$$

若波特率已给定，就可以计算出定时/计数器的溢出率，根据溢出率就可以确定定时/计数器 T1 的 TL1 和 TH1 的预置值。

例如，设振荡频率 f_{OSC}=11.0592MHz，SMOD=0，选定波特率为 1200，确定定时/计数器 T1 的计数预置值。

当 SMOD=0 时，n=32，定时/计数器 T1 的溢出率为：

$$溢出率=波特率×n=1200×32=38400$$

当定时/计数器 T1 设定为定时器模式时，计数速率=$f_{OSC}/12$=0.9216MHz。根据溢出率的计算公式可以计算出 TL1 及 TH1 的预置值。其计算公式如下：

TH1=256－计数速率/溢出率=256－0.9216×10^6/38400=256－24=232=0E8H

表 9-2 列出了常用波特率与其他参数选取的关系。

表 9-2　常用波特率与其他参数选取关系

波特率/Kbit/s		f_{osc}/MHz	SMOD	定时器 T1		
				C/$\overline{T}$	方式	重装初值
方式 0 最大:	1000	12	×	×	×	×
方式 2 最大:	375	12	1	×	×	×
方式 1、3:	62.5	12	1	0	2	FFH
	19.2	11.0592	1	0	2	FDH
	9.6	11.0592	0	0	2	FDH
	4.8	11.0592	0	0	2	FAH
	2.4	11.0592	0	0	2	F4H
	1.2	11.0592	0	0	2	E8H
	137.5	11.9860	0	0	2	1DH
	0.110	6	0	0	2	72H
	0.110	12	0	0	2	FEEBH

☞说明:

　　从表中看出,单片机的时钟频率 f_{osc} 选取数值在方式 1、3 时,大部分为 11.0592 MHz。其原因是当 AT89S51 单片机设置为串行口工作在方式 1、3 时,根据通信协议要求波特率选取为整数值,此时若单片机的晶振频率 f_{osc} 仍然取 12MHz 或 6MHz,则根据上述公式计算得出的 T1 定时初值将不是一个整数,从而导致收发双方的波特率产生误差,影响串行通信的质量。所以要通过改变单片机的晶振频率,适当选取 SMOD 以及计算得到的 T1 的计数预置值使通信双方波特率相同。

9.2.2　串行口工作方式

　　AT89S51 的串行口具有 4 种工作方式,它们由串行口控制寄存器 SCON 的最高两位 SM0、SM1 的状态来定义。我们从应用的角度重点讨论各种工作方式的功能和外部特性,对串行口的内部逻辑和时序的细节,不作详细讨论。

1. 工作方式 0

　　串行口的工作方式 0 为同步移位寄存器输入/输出方式。以扩展 I/O 接口,也可以外接串行同步 I/O 设备。

　　AT89S51 单片机串行口方式 0 为移位寄存器式的输入输出,可通过外接移位寄存器来实现单片机的接口扩展。

　　在这种方式下,发送接收的是 8 位数据,从 RXD 端串行输出或输入,低位在前,高位在后,没有起始位和停止位。TXD 端输出移位时钟,使系统同步。波特率固定为振荡频率的 1/12,即每一个机器周期输出或输入一位。

　　(1)方式 0 发送

　　数据从 RXD 端串行输出,TXD 端输出同步移位脉冲信号。当一个数据写入串行口发送缓冲器后,串行口即将 8 位数据以 f_{osc}/12 的固定波特率从 RXD 引脚串行输出,低位在前。发送完 8 位数据时,置 1 发送中断标志 TI。再次发送数据时,必须用软件将 TI 清零。

【例9-1】 设计一个发送程序，将数组 send_data[15]中的数据串行发送至移位寄存器，并由移位寄存器并行输出。

解：硬件电路的连接方式如图9-6所示。图中 74HC164 为串入并出移位寄存器。单片机串行口的输出数据通过 RXD 端接到 74HC164 的串行数据输入端；单片机串行口输出的移位时钟通过 TXD 端加到 74HC164 的时钟端，用另一条 I/O 线 P1．0 控制 74HC164 的清除端（也可将清除端直接接高电平）。

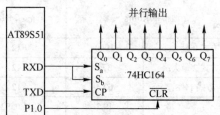

图 9-6　串行口工作方式 0 发送

程序清单如下：

```
#include<reg51.h>              //定义 51 单片机库
chav data send_data[15];      //定义串口发送数组
sbit start_164=P1^0;          //定义 74HC164 启动位
void main(void)
{
    unsigned char i;          //定义循环变量
    SCON=0x00;                //选择方式 0，禁止接收
    for(i=0;i<16;i++)         //定义循环体
    {
        start_164=1;          //启动 74HC164
        SBUF=send_data[i];    //写入 SBUF，启动发送，经 RXD 逐位输出
        while(TI!=1);         //等待 SBUF 发送完成
        TI=0;                 //清除发送完成标志位
        start_164=0;          //关闭 74HC164
    }
}
```

该程序对 TI 的判断采用查询的方法，也可采用中断的方法。每执行一条 SBUF= send_data[i]语句，就可以串行输出一个字节的内容；经过 74HC164 移位，在 74HC164 输出端以并行方式出现，这样可以达到扩展单片机 I/O 口线的目的。

（2）方式 0 接收

当允许串行接收位 REN=1 时，就会启动接收过程。此时，引脚 RXD 为串行数据输入端，TXD 为同步移位脉冲信号输出端，接收器以 $f_{osc}/12$ 的固定波特率接收 RXD 端输入的数据信息。当接收器接收到 8 位数据时，置 1 接收中断标志 RI。CPU 可以读取一个字节的信息。RI 也必须由用户软件清 0。

【例9-2】 将并行数据通过并入串出移位寄存器输入单片机串行口。设计一个接收程序，并将接收的数据存放在 receive_data[15]中。

解：硬件连接如图 9-7 所示。图中采用 74HC165 并入串出移位寄存器，将 8 位并入的数据送入 74HC165 移位寄存器，74HC165 的串行输出数据接到 RXD 端作为单片机串行口的数据输入，而 74HC165 的移位时钟由串行口的 TXD 提供。当串行口定义为方式 0，并置位 REN 后，就开始一个接收的过程。

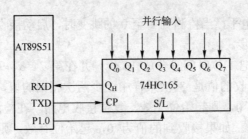

图 9-7 工作方式 0 接收

程序如下：

```
#include<reg51.h>                    //定义 51 单片机库
chav data receive_data[15];         //定义串口接收数据数组
sbit start_165=P1^0;                //定义 74HC165 启动位
void main(void)
{
    unsigned char i;                //定义循环变量
    SCON=0x10;                      //选择方式 0，允许接收
    for(i=0;i<16;i++)               //定义循环体
    {
        start_165=1;                //启动 74HC165
        while(RI!=1);               //等待 SBUF 接收完成
        RI=0;                       //清除发送完成标志位
        start_165=0;                //关闭 74HC165
        receive_data[i]=SBUF;       //将 SBUF 数据存入数组中
    }
}
```

2. 工作方式 1

串行口定义为工作方式 1 时，则被控制为波特率可变的 8 位异步通信接口，波特率由下式确定：

$$波特率=2^{SMOD} \times T1 的溢出率/32$$

工作于方式 1 时，一帧信息为 10 位，其中 1 位为起始位(0)，8 位数据位(先低位后高位)，1 位停止位(1)，其格式如下：

起始位	D0	D1	D2	D3	D4	D5	D6	D7	停止位
0	×	×	×	×	×	×	×	×	1

（1）方式 1 发送

串行口以方式 1 发送数据时，数据由 TXD 端输出。CPU 执行一条数据写入发送缓冲器 SBUF 的指令，数据字节写入 SBUF 后，就启动串行口发送器发送。发送完一帧信息的数据位后，在发送停止位的开始时，置 1 发送中断标志。

（2）方式 1 接收

在 REN 置 1 后，就允许接收器接收，数据从 RXD 端输入。接收器以所选波特率的 16

倍的速率采样 RXD 端的电平，当检测到 1 至 0 的跳变时，启动接收器接收并复位内部的 16 分频计数器，以便实现同步。

计数器的 16 个状态把 1 位时间等分成 16 份，并在第 7、8、9 个计数状态时，位检测器采样 RXD 的电平，接收的值是 3 次采样中至少两次相同的值，以保证可靠无误。如果在起始位接收到的值不是 0，则起始位无效，复位接收电路。在检测到另一个 1 到 0 的跳变时，再重新启动接收器。如果接收到的值为 0，起始位有效，则开始接收本帧的其余信息。当满足以下两个条件时：(1)RI=0；(2)收到的停止位=1 或 SM2=0 时，停止位进入 RB8，接收到的 8 位数据进入接收缓冲器 SBUF，置 1 接收中断标志 RI。若这两个条件不满足，信息将丢失。接着接收器开始搜索另一帧信息的起始位。RI 标志必须由用户的中断服务程序(或查询程序)清 0。通常情况下，串行口以方式 1 工作时，SM2=0。方式 1 可以应用于双个单片机控制系统之间的信息交换或单片机与 PC 机之间的通信，通信双方的波特率应保持一致。

【例 9-3】 一个单片机应用系统的晶振频率 f_{OSC} =11.0592MHz，要求以 2400bit/s 的波特率将 send_data[15]中的数据传送给 PC 机。

解：T1 用作波特率发生器，使其工作在方式 2 定时，根据波特率与溢出率的关系计算 T1 的初值：（取 SMOD=0）

$$T1值 = 256 - \frac{2^0}{32} \times \frac{11059200}{12 \times 2400} = 244 = F4H$$

单片机发送程序如下：（假定无其他功能）

```
#include<reg51.h>              //定义头文件
chav data send_data[15];       //定义串口发送数据数组
void main(void)
{
    unsigned char i;           //定义循环变量
    SCON=0x40;                 //串行口方式 1，禁止接收
    PCON=0x00;                 //波特率不加倍
    TMOD=0x20;                 //T1 方式 2 定时
    TL1=0xF4;                  //T1 初值，低 8 位
    TH1=0xF4;                  //T1 初值，高 8 位
    TR1=1;                     //启动 T1
    for(i=0;i<16;i++)          //定义循环体
    {
        SBUF=send_data[i];     //发送数据给 SBUF
        while(TI!=1);          //等待数据发送完成
        TI=0;                  //清楚数据发送完成标志位
    }
}
```

和 PC 机间通信，需要将单片机的串行口与 PC 机的 RS-232 口相连，由于 RS-232 的标准电平是±15V，因此需要进行电平转换后才能相连，具体的硬件连接电路读者可以参阅有关参考书或上网搜索。PC 机接收程序可用其他语言（如 VB、VC 等）编写，也可用串口调试助手将波特率设置和上述程序一致，来测试上述程序。

3. 工作方式 2、3

串行口工作于方式 2 和方式 3 时，则被定义为 9 位异步通信接口。传送一帧信息为 11 位，其中 1 位起始位(0)、8 位数据位(低位在先)、1 位可程控位 1 或 0 的第 9 位数据、1 位停止位(1)。其格式如下：

起始位	D0	D1	D2	D3	D4	D5	D6	D7	D8	停止位
0	×	×	×	×	×	×	×	×	×	1

方式 2 和方式 3 的差别仅仅在于波特率不同。方式 2 的波特率是固定的：

方式 2 的波特率 $= 2^{SMOD} \times f_{OSC}/64$。

方式 3 的波特率是可变的，与方式 1 相同：

方式 3 的波特率 $= 2^{SMOD} \times$ T1 的溢出率/32

（1）方式 2 和方式 3 发送

数据由 TXD 端输出，附加的第 9 位数据为 SCON 中的 TB8 的值，TB8 由软件置 1 或清 0，可以作为多机通信中的地址或数据的标志位，也可以作为数据的奇偶校验位。在要发送的数据写入发送缓冲器 SBUF 前，先要把附加的第 9 位数据写入 TB8，当数据写入 SBUF 后便立即启动发送器发送。发送完一帧信息时，由硬件置 1 发送中断标志 TI。

（2）方式 2 和方式 3 接收

串行口被定义为方式 2 或方式 3 接收时，与方式 1 接收的过程基本相同，但有如下区别：方式 2 或方式 3 接收是 9 位数据，第 9 位数据存放在 RB8 中，而且在 SM2=1 时，只有接收到的第 9 位数据 RB8 是 "1" 时，才将前面的 8 位数据送入 SBUF，并置位 RI，如果接收到的第 9 位数据 RB8 为 "0"，则将本次接收的数据丢弃，不置位 RI；在 SM2=0 时，则不管接收到的数据 RB8 是 "1" 还是 "0"，都将前面接收的 8 位数据送入 SBUF，同时置位 RI。

【例 9-4】 甲乙两机以串行方式进行数据传送，两个系统的 f_{OSC} =12MHz，甲机将数组 send_data[15]内容发送给乙机，乙机接收甲机的数据，并对接收到的数据进行奇偶校验，奇偶性正确回送数据 55H，奇偶性不正确的回送 AAH，请求甲机重新发送，同时将其中满足偶校验的数据送到数组 receive_data_2[15]，满足奇校验的数据传送到数组 receive_data_1[15]。

解：显然本例串行口需设置为方式 2 或方式 3，将数据的奇偶校验位作为第 9 位数据来发送。乙机收到数据先对接收数据进行奇偶校验，然后回复甲机，并进行数据的存放。

本例将两个系统串口设置为方式 2，且 SM2=0，乙机采用中断接收，甲机采用查询接收，甲机、乙机工作的思路为：甲机在发送完一个数据后，等待乙机的回复信息，回复信息奇偶校验正确发下一个数据，不正确重发刚才的数据；乙机中断接收，在中断服务程序中先取出 8 位数据，并判断其奇偶性是否与 RB8 一致，如果一致就认为接收正确，按奇偶性分别保存到指定空间，并回复奇偶校验正确信息给甲机；如果 8 位数据的奇偶性与 RB8 不一致，不保存数据并回复奇偶校验错误信息给甲机。

甲机程序如下：

```
#include<reg51.h>                    //定义头文件
```

```
chav data send_data[15];                    //定义待发送数组
void main(void)
{
    unsigned char i;                         //定义循环变量
    SCON=0x80;                               //串口方式2，禁止接收
    for(i=0;i<16;i++)                        //定义循环体
    {
        do
        {
            REN=0;                           //重发或准备发下一个数据，禁止接收
            ACC=send_data[i];                //取数据到ACC，并得到其奇偶校验
            TB8=P;                           //奇偶检验位送TB8
            SBUF=send_data[i];               //启动发送数据
            while(TI!=1);                    //等待发送结束
            TI=0;                            //清发送完成标志位
            REN=1;                           //允许接收
            while(RI!=1);                    //等待乙机回复信息
            RI=0;                            //清接收完成标志位
        }while(SBUF!=0x55);                  //奇偶校验错误转（重发）
    }
}
```

乙机程序如下：

```
#include<reg51.h>                           //定义头文件
chav data receive_data_1[15];               //定义存奇校验数据数组
chav data receive_data_2[15];               //定义存偶校验数据数组
chav i=0,j=0;                               //定义变量
void serial( ) interrupt 4 using 3          //定义串口中断服务程序
{
    RI=0;                                   //清串口接收中断标志
    ACC=SBUF;                               //取接收8位数据
    if(RB8==P)                              //比较串口接收数据是否正确，正确
    {
        if(RB8==1)                          //比较奇偶校验位，奇校验
        {
            receive_data_1[i]=ACC;          //把数据存入奇校验数组
            i++;                            //数组变量加1
        }
        else
        {
            receive_data_2[j]=ACC;          //把数据存入偶校验数组
            j++;                            //数组变量加1
        }
        REN=0;                              //关闭接收
        ES=0;                               //关闭串口中断
        SBUF=0x55;                          //发送校验正确信息
```

```
            while(TI!=0);                      //等待发送结束
            TI=0;                              //清发送中断标志
            REN=1;                            //允许接收
            ES=1;                             //开中断
        }
        else
        {
            REN=0;                            //关闭接收
            ES=0;                             //关闭串口中断
            SBUF=0xAA;                        //发送校验不正确信息
            while(TI!=0);                      //等待发送结束
            TI=0;                              //清发送中断标志
            REN=1;                            //允许接收
            ES=1;                             //开中断
        }
    }
    void main(void)
    {
        SCON=0x90;                            //串口方式2，允许接收
        ES=1;                                 //开串口中断
        EA=1;                                 //开总中断
        while(1);                             //等待串口接收中断
    }
```

9.2.3 双机通信及实例

单片机串行口的双机通信，可以在两个单片机应用系统之间，或单片机与其他设备之间进行，通信双方需采用一致的帧格式和相同的波特率。本节只讨论时钟相同的两个单片机应用系统之间的通信，可以根据需要采用方式 1、方式 2 或方式 3。为了简化设置可以采用方式 2，波特率固定，可以省却有关对波特率参数设置。如果对波特率有要求，可以采用方式 1 或方式 3。如果传送过程中需要校验，只可以采用方式 2 或方式 3，将数据的奇偶校验位作为第 9 位数据发送和接收。

一般情况下串行口不使用发送中断，采用查询方式检测发送是否结束。接收一般使用中断方式接收（特别是第一次接收），因为单片机系统可能有其他任务，不可能一直不断地查询接收中断标志。在第一次接收中断后，双方已经建立了联系，可以根据甲机和乙机间的通信约定进行查询接收。

不管采用那种工作方式，单片机串行口的使用（软件编程）步骤如下：

1）初始化。串行口初始化的内容包括工作方式选择、波特率的设置、开中断等。波特率设置涉及定时/计数器 T1 的工作方式（一般采用方式 2）和初值，以及 PCON 的最高位 SMOD（波特率倍增位）设置，如果采用 f_{osc} =11.0592MHz，标准波特率的设置可以从表 5-2 中选择。如果采用中断方式接收或发送，需要对串口中断允许位（ES）进行设置。

2）提供入口地址。串行口工作在中断方式接收或发送时，需要提供中断的入口地址，串行口中断入口地址为：0023H。

3）中断服务程序或子程序。如果采用中断方式接收和发送，则需要编写中断服务程序，有时需要判断是发送中断还是接收中断，然后再做相应的操作。不使用中断方式工作，则可以把有关串行口操作的程序设计成子程序，并在需要的时候调用。

上面几部分内容，应添加在程序一般结构中的相应位置，保证程序结构的完整性，与其他程序一起构成完整的应用程序。

【例 9-5】 在图 6-16 电路的基础上（将原理图中的显示电路、键盘电路用框图代替），设计一个双机通信系统，将两个电路的串行口交叉对接，如图 9-8 所示。

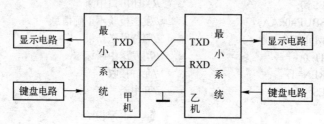

图 9-8　双机通信实例

在例 6-10 程序的基础上设计双机通信程序。要求将甲机的第一个按键功能修改为发送功能，将数码管上显示的内容发送给乙机，乙机在本机数码管上显示出来。

解： 本例采用方式 1，由于甲机、乙机是完全相同的电路，波特率的设置只要一致即可，乙机采用中断方式接收。

甲机程序如下：

```
#include<reg51.h>                                    //定义头文件
#define disp_data_1 1                                //定义显示缓冲区初值
#define disp_data_2 2
#define disp_data_3 3
#define disp_data_4 4
…                                                    //同例 6-10
void INEX0P(void) interrupt 0 using 0                //外中断 0 服务函数
{
    P2_4=1;    P2_5=1;    P2_6=1;    P2_7=1;          //P2.4~ P2.7 置为输入口
    if(P2_4= =0) {                                   //S1 键按下,执行发送功能
                        SBUF=disp_data_1;            //发送第 1 个数码管显示缓冲区内容
                        while(TI!=1);                //等待发送结束
                        TI=0;                        //清发送中断标志
                        SBUF=disp_data_2;            //发送第 2 个数码管显示缓冲区内容
                        while(TI!=1);                //等待发送结束
                        TI=0;                        //清发送中断标志
                        SBUF=disp_data_3;            //发送第 3 个数码管显示缓冲区内容
                        while(TI!=1);                //等待发送结束
                        TI=0;                        //清发送中断标志
                        SBUF=disp_data_4;            //发送第 4 个数码管显示缓冲区内容
                        while(TI!=1);                //等待发送结束
                        TI=0;                        //清发送中断标志
```

```
            }
    if(P2_5= =0) {      ...      }                   //按下 P2.5 按键执行 S2 功能程序
    if(P2_6= =0) {      ...      }                   //按下 P2.6 按键执行 S3 功能程序
    if(P2_7= =0) {      ...      }                   //按下 P2.7 按键执行 S4 功能程序
}
void disp(void)                                      //定义的显示程序
{
 ...
}
void main(void)
{
    P2=0xFF;                                         //置 P2 口为全高电平
    SCON=0x40;                                       //串口方式 1，禁止接收
    PCON=0x00;                                       //倍增位取 0
    TMOD=0x20;                                       //T1 方式 2 定时
    TL1=0xF6;                                        //计数初值
    TH1=0xF6;                                        //重装初值
    IT0=1;                                           //外中断 0 下降沿触发
    EX0=1;                                           //允许外部中断
    TR1=1;                                           //启动 T1
    EA=1;                                            //开通总中断允许
    while(1){disp( );}                               //调用显示程序，等待中断
}
```

乙机程序如下：

```
#include<reg51.h>                                    //定义头文件
unsigned char disp_data_1;                           //定义显示变量
unsigned char disp_data_2;
unsigned char disp_data_3;
unsigned char disp_data_4;
...                                                  //同例 6-10
void int0 ( ) interrupt 0 using 1                    //定义外部中断 0 函数
{
    ...
}
void serial( ) interrupt 4 using 3                   //定义串口中断服务程序
{
    RI=0;                                            //清接收中断标志，乙机不发送只有接收中断
    disp_data_4=disp_data_3;                         //将接收的数据送数码管低位显示，将原来 4
    disp_data_3=disp_data_2;                         //位数码管上的数据向前依次移一位显示
    disp_data_2=disp_data_1;
    disp_data_1=SBUF;
}
void disp(void)                                      //定义显示程序函数
{
    ...
```

```
        }
        void main(void)
        {
            disp_data_1=5;                          //给显示缓冲区赋初值
            disp_data_2=6;
            disp_data_3=7;
            disp_data_4=8;
            SCON=0x50;                              //串行口方式 1，允许接收
            PCON=0x00;                              //倍增位取 0，波特率与甲机一致
            TMOD=0x20;                              //T1 方式 2 定时
            TL1=0xF6;                               //计数初值
            TH1=0xF6;                               //重装初值
            TR1=1;                                  //启动 T1
            IT0=1;                                  //外中断 0 下降沿触发
            EX0=1;                                  //允许外部中断 0
            ES=1;                                   //允许串行口中断
            EA=1;                                   //开通总中断
            while(1){disp( );}                      //调用显示程序，等待中断
        }
```

按甲机的第一个键发送，观察乙机数码管上数据的变化，结果是否与甲机一致，通过按键改变甲机和乙机数码管上的显示，可以反复实验。

要想确保通信成功，仅有硬件连接还不够，通信双方必须在软件上有一系列约定，这种约定称为软件协议。例如：

作为发送方，必须知道什么时候发送信息，发送的信息内容是什么？对方是否收到了？收到的内容有没有错？要不要重发？怎样通知对方结束等。

作为接收方，必须知道对方是否发送了信息，发送的信息内容是什么？收到的信息内容是否有错？如果有错怎样通知对方重发？怎样判断结束等。

9.2.4　多机通信及实例

单片机组成的多机通信一般都是由一个主机和若干个从机构成的主从式分布系统，通信只在主机和从机之间进行，从机间不能直接进行通信。并且整个系统的通信过程完全由主机控制，主机寻址到某个从机，从机才和主机进行通信，也就是说，任何从机都不会主动和主机通信，只有在接到主机控制命令时才和主机通信。

1. 多机通信的连接电路

多机通信的连接电路如图 9-9 所示。所有从机的 TXD 端连在一起，接到主机的 RXD 端。所有从机的 RXD 端连在一起接到主机的 TXD 端。另外主机和所有从机间有公共的地线（图中未画出），如果主机与从机的距离较远，应通过调制解调器。

2. 多机通信原理

单片机组成的多机通信是主从式的，只有主机寻址到的从机才和主机通信，因此主机发给从机的通信内容分为两类：地址、数据（命令）。地址信息是发给所有从机的，数据只能发给被寻址的从机。如何正确识别地址信息和数据信息，被主机寻址到和主机建立通信联系，接收主机的命令和数据信息是从机的核心任务。

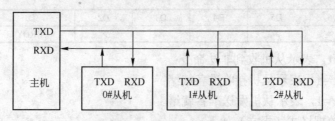

图 9-9　多机通信连接电路

AT89S51 和其他 51 系列单片机一样，利用串行口控制寄存器 SCON 的多机控制选择位 SM2，让串行口工作在方式 2 或方式 3，利用发送的第 9 位数据 TB8 表示地址信息还是数据信息，TB8=1，表示发送的是地址，TB8=0，表示发送的是数据信息。SM2=1 时，从机只能接收主机发送的地址信息（TB8=1），对数据信息（TB8=0）忽略，而在 SM2=0 时可以接收所有信息。利用 SM2 的特性，并将所有从机设置为 SM2=1，主机首先发送地址信息（TB8=1），所有的从机都能接收，从机在接收到地址信息后和自己的地址编号比较，如果一致，将自身的 SM2 位清 0，为接收数据信息做好准备，并将自己的地址编号作为数据信息发给主机，如果接收的地址信息与自身的地址编号不一致，则不做任何处理。主机在接收到从机的回复地址信息后，再发送数据信息（TB8=0），这时只有 SM2=0 的从机才能接收，其他从机都不接收，实现主机和某一从机的通信。在通信结束后从机再将自身的 SM2 置为 1，等待主机的下一次寻址。通信过程可以分为以下几步：

1）主机的 SM2 置为 0，所有从机初始化时置 SM2=1，只能接收主机的地址信息（TB8=1）。

2）主机发送地址信息（TB8=1）。

3）所有从机接收地址信息后，与自身地址编号比较，如一致，将自身的 SM2 清为 0，并回发地址编号（TB8=0），不一致，不做任何处理。

4）主机接收从机的回复地址，确认已寻址到从机，然后发送数据信息（TB8=0），只有指定的从机（SM2=0）能接收；如果等待接收回复地址超时，可重新发送前面地址信息或寻址其他从机。

5）被寻址的从机与主机通信完毕，将 SM2 重新置为 1，回复初始状态。

3．多机通信协议

要保证通信的可靠和有条不紊，相互通信时应有严格的通信协议。通用的标准协议比较完善，但比较复杂，这里不做介绍，仅介绍最基本的几条规定。

1）系统从机数量为 255 台，地址分别为 00H~FEH。

2）地址 FFH 作为对所有从机的控制命令，命令各从机恢复 SM2=1 状态。

3）制定主机发送的控制命令代码，代码按 00H、01H、02H、…顺序设置，其他为非法码。如：00H——向从机发送设置参数，01H——从机向主机传送数据，02H——从机接收主机的远程操作命令，等。

4）控制参数。与控制命令配合的参数，如主机传送参数的长度、从机上传数据的长度、空间地址等。

5）从机的状态字。表明从机的工作状态，本例定义如下：

D7	D6	D5	D4	D3	D2	D1	D0
ERR	×	×	×	×	×	RRDY	TRDY

其中：ERR=1，表示从机收到非法命令；

RRDY=1，表示从机接收准备就绪；

TRDY=1，表示从机发送准备就绪。

主机发送的数据格式（报文）如下：

9.3 贯穿教学全过程的实例——温度测量报警系统之八

9.3.1 温度测量报警系统串行通信接口电路设计

串行通信接口电路在图 8-33 电路的基础上设计，本例采用 MAX232 芯片将单片机的串行口转换为 RS-232 接口，电路如图 9-10 所示，图 9-11 为 MAX232 芯片的引脚图。

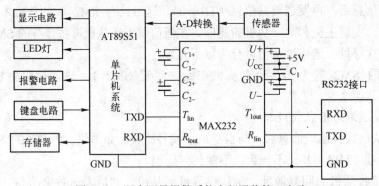

图 9-10　温度测量报警系统串行通信接口电路

图中的 C_1 为 0.1μF 电容，其他电容为 1μF 电解电容。MAX232 内部包含两路接收器和驱动器，可以实现两个通道的串行接口转换，其内部有一个电源电压变换器，可以将+5V 电压转换成为 RS-232 输出电平所需的±10V 电压。图 9-10 中使用了其中一路接收器和驱动器，单片机的发送端 TXD 通过 MAX232 内部的驱动器将数据信号转换为 RS-232 电平信号输出，RS-232 输入信号通过 MAX232 内部的接收器将 RS-232 的电平信号转换为 0V 或 5V 的电平，经单片机的接收端 RXD 到内部的接收缓冲器 SBUF。

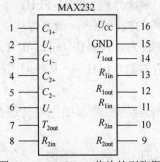

图 9-11　MAX232 芯片的引脚图

9.3.2 温度测量报警系统串行通信接口程序设计

每次测量温度后将温度通道和测量值通过串行口发送出去，因此发送程序可以嵌在 A/D 转换程序的后面，实现数据的实时传送，将串行口设置为方式 1，选择合适的波特率（接收设备据此设置自身的波特率），有关串行口初始化的程序读者参阅例 9-3，串行口发送程序在 8.5.2 程序基础上设计，相同的部分略去，由读者对照阅读。

```
void    ad0809( )
{
...                          //A/D 转换，状态判断同 8.5.2，略
SBUF= cetdh;                 //发送通道号
while(TI!=1);                //发送等待
TI=0;
SBUF= celiang[cetdh];        //发送测量结果
while(TI!=1);                //发送等待
TI=0;
cetdh ++;                    //测量通道切换
if（cetdh==8）cetdh=0;
}
```

9.4 习题

1．什么叫通信？通信的方式有哪几种？

2．串行通信和并行通信有什么区别？各有什么优点？

3．同步通信与异步通信的区别是什么？

4．串行通信有哪几种制式？

5．什么叫波特率？波特率与通信速率的区别是什么？串行通信对波特率有什么要求？

6．简述串行通信常用的校验方法。

7．简述 AT89S51 串行口的结构组成。

8．51 系列串行口的缓冲器有什么特点？简述其发送和接收数据的过程。

9．简述串行口控制寄存器 SCON 各位的名称、含义和功能。

10．TI 和 RI 为串行口发送和接收中断的标志，它们与其他中断源的中断标志有何不同？如何使用和处理？

11．简述串行口的 4 种工作方式。

12．为什么 T1 在作波特率发生器使用时，最好应工作在方式 2？

13．简述 51 系列单片机串行口的使用步骤。

14．简述双机通信的过程，通信的基本协议有哪些？

15．简述多机通信的原理和基本协议。

16．图 9-12 为串行口扩展的循环流水灯，试编写程序，使小灯依次亮灭，反复循环。如果再增加 8 个小灯，试设计电路并编写程序。

17．图 9-13 为串行口扩展的开关检测电路，试编写程序将开关状态读入单片机，并存

放在 RAM 30H 单元。如果再增加 8 个开关，试设计电路并编写程序。

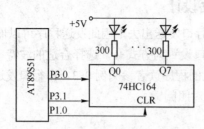

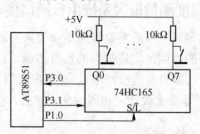

图 9-12　串行口扩展的循环流水灯　　　图 9-13　串行口扩展的开关输入电路

18．已知内部 RAM 的 30H~3FH 单元存放一组 ASCII 码数据，取出该 ASCII 码并加上奇校验位后由串行口发出，波特率为 1200 波特，f_{osc}=11.059MHz。试编写相应的程序。

19．与上题相对应，编写串行口接收程序。将收到的 16 个字节数据存放在 30H~3FH 单元，波特率同上。

20．已知 f_{osc}=11.059MHz，波特率取 1200bit/s，SMOD=0，串行口工作在方式 1，试计算 T1 的定时初值，如果 SMOD=1，T1 的定时初值又是多少？

21．已知一双机通信系统的 f_{osc}=11.059MHz，波特率要求是 4800bit/s，将甲机 30H~3FH 单元内容发送到乙机，乙机每接收一个都回发给甲机，甲机判断是否一致，不一致发一特殊数据给乙机，如 FFH，表明前面发的数据无效，下面从头开始发送，直到全部发送完，乙机接收数据存放在 30H~3FH，试编写程序。

22．已知一双机通信系统的 f_{osc}=11.059MHz，波特率要求是 4800bit/s，将甲机 30H~3FH 单元内容发送到乙机，存放在 30H~3FH 单元，要求对发送的数据块进行累加和校验，如果校验错误，乙机通知甲机重发。试编写程序。

第 10 章　单片机综合应用

单片机的实际应用是学习的最终目的，和学习中做的实验，课堂上的举例不同，实验举例都是有针对性地验证，基本上都是单一资源的应用，而实际的单片机应用都是多资源综合的应用，需要全盘考虑硬件资源的分配和软件程序的架构。为了提高效率，一般需要使用仿真器，使用的语言也不仅局限于汇编语言，特别是有复杂的运算时，更多使用的是 C 语言。实际中还需考虑系统抗干扰性能和软件的加密。

10.1　单片机应用系统的设计

10.1.1　总体设计

1．确定功能技术指标，选择合适的单片机芯片

分析产品的功能和技术指标要求，选择单片机的型号。如系统需要的 I/O 口线较少，需要程序存储器空间不大，可以选用 AT89C2051（15 个 I/O，2KB 程序存储器，一个模拟比较器）。如果程序复杂，需要的存储空间大，可以选择 89S8253（与 AT89C52 引脚完全兼容，12KB 的程序存储器，2KB 的 EEPROM 数据存储器，内部看门狗）。现在单片机的应用已经基本上不使用需要扩展外部程序存储器的单片机芯片。如果系统中有模拟量的测量和控制，可以选择内部含有 A/D、D/A 转换模块的单片机，如 Philips 公司的 51LPC 系列单片机。

根据产品的功能要求合理分配单片机的资源，I/O 口、中断、定时器/计数器等，尽量减少单片机外围器件，尽量用软件实现硬件电路的功能，从而降低产品的成本。对处理速度要求快的功能，用中断处理，并合理设置中断的优先级，如关系到系统安全性的功能模块最好用高优先级来处理。对必须用外围电路实现的功能，也应使用简单的电路实现，有时分立器件的性价比不低于集成电路。

不要一味追求高性能，以满足技术指标为度，如系统时钟，频率太高也会产生干扰，影响其他电路的性能。A/D、D/A 转换等外围芯片的选择也以够用为原则，片面追求高指标反而会降低产品的性价比，没有竞争力。批量产品的设计，还应考虑软件的保密，需采用可加密的 OTP（One Time Program）型单片机。

从长远的角度看，还应考虑产品的升级，为以后的产品性能提高预留单片机的资源。

2．选择合适的编程环境和开发工具

产品的开发，在硬件确定的情况下，主要工作就是软件程序的设计，为提高开发的效率，需要选择合适的编程环境和编程语言，并且最好有硬件的仿真器。编程的语言一般都使用 C 语言，业内常用的是 KEIL C51 集成开发环境，支持汇编语言、C 语言或混合语言编程。汇编语言和 C 语言各有优势，实时性要求高的场合使用汇编语言较好，处理复杂的计算或逻辑判断，则用 C 语言较好。可根据产品性能要求选择。

产品开发工具除了计算机外，还需要仿真器和编程器。目前市场上 51 系列单片机仿真器的产品很多，一般都支持汇编语言、C 语言编程，并具有汇编、反汇编和在线调试功能。如南京万利电子有限公司的 insight 系列仿真器，南京伟福电子有限公司的 Wave 系列仿真器。编程器种类也很多，如南京西尔特公司的 Superpro 系列编程器，现在许多单片机芯片有 SPI 串行口线，利用它在系统板设计 ISP（在系统编程）或 IAP（在应用编程）接口，直接对系统板进行编程，不再需要专用的编程器设备。

单片机产品的开发也可以在以前产品设计的基础上展开，利用可以公用的硬件资源和驱动程序。以前成功的硬件电路和编程技巧也是新产品开发的基础之一，有效利用可以缩短开发的周期，不必每次都从"0"开始。每次产品开发都应注意整理保存资料，为以后的产品开发提供资源。新产品的开发也可以在一些功能强的单片机实验箱上进行，利用实验箱已经连接好的硬件电路，参考相应的实验程序，也可以提高产品开发的速度。如江苏洪泽瑞特电子设备有限公司生产的新型 ISP 单片机实验箱，具有单片机应用中常用的外围接口电路和实验程序：LED 指示灯和 LED 数码管动态扫描、开关量的输入电路、键盘接口（独立式按键/4×4 行列式键盘）、点阵式液晶显示接口电路、A/D（8×8 并行、1×10 串行）、D/A（1×8 并行、1×10 串行）、V/F 转换、E^2PROM 接口电路、串←→并相互转换接口、步进电动机和直流电动机接口和驱动电路。且各部分电路都是独立的，可以任意用单片机的资源去控制，并留有外围接口，扩展实验箱上没有的电路，非常适合初学者使用。

10.1.2　硬件设计

硬件电路设计是按照总体方案的要求，进行由硬件框架到具体硬件电路设计。在所选择型号单片机的基础上，根据技术指标要求，确定系统所要使用的元器件，设计出系统的电路原理图，对关键性的功能电路做一些验证实验，以确定电路的正确性。

单片机产品的设计较好的方法是各功能模块分步实施，硬件和软件同步进行，逐步构成硬件和软件系统，下面简要介绍设计的步骤供参考。

1．最小硬件系统设计

这里的最小系统指的单片机工作的必要条件：电源、时钟电路、复位电路和存储器的确定。有些单片机芯片本身就有内部的 RC 时钟电路和复位电路，但内部的 RC 时钟电路精度不是太高，在对时间要求不高的场合，可以采用内部时钟，时钟引脚还可以作为 I/O 使用。如果系统对定时或延时时间精度要求较高，最好是外接晶振构成振荡电路。需要使用手动复位的单片机应用系统，一般不用内部的复位电路，而将上电复位和手动复位综合考虑，统一设计。程序存储器一般都使用单片机内部的存储空间，现在已经基本没有使用外部存储器，数据存储也主要以内部的 RAM 为主，即使是数据量大的系统，需要扩展也主要使用串行扩展的存储器芯片，常用的芯片有美国 ATMEL 公司生产的 AT24C×× 系列 E^2PROM 存储器，具有 I^2C 总线接口。电源是系统工作稳定的重要条件，应首先设计，注意强电和弱电的隔离，数字电路和模拟电路电源的隔离，并保证单片机工作的电源有一定的余量。

2．显示电路设计

一般的单片机应用系统中都有显示电路，指示系统工作的状态或显示数据。显示电路的设计应先于其他电路，因为其他电路的工作状态可以通过显示电路指示，提高其他电路的调试速度。多数的显示电路采用 LED 数码管动态扫描电路，LED 指示灯比较多时也把它们接成数码管形式，与动态扫描电路一起控制，以节约 I/O 资源。只有在程序运行任务重，影响动态显示效果时采用静态扫描电路。要求高的场合可以采用 LCD 液晶显示器，LCD 液晶显示器有数码型和字符型，显示器一般自带驱动模块，使用者按照驱动接口的要求，用单片机的 I/O 口去控制。批量大的产品可以定做。

3．键盘电路设计

键盘电路也是单片机应用系统的常用电路，和显示电路一起构成人—机交换的渠道。通常在显示电路基础上设计键盘电路，一方面可以综合考虑显示电路和键盘电路资源的分配，另一方面键盘的状态可以通过显示电路显示出来，可以判定键盘接口的正确与否。单片机应用系统一般都采用非编码键盘，即独立式按键或行列式键盘。应尽可能减少键盘占用的口资源，可以考虑将按键设计成复用功能（主要利用软件编程实现）。

4．其他功能电路设计

其他功能电路设计都是在键盘和显示正常的基础上进行，常用的功能模块有：输入缓冲电路、输出驱动接口、A/D 转换接口、D/A 转换接口等。按功能模块分步设计，先输入后输出。

10.1.3　软件设计

软件设计与硬件设计应协调一致，同步进行，提高系统的综合调试效率。根据硬件设计的步骤同步设计相应的驱动程序，及时发现硬件电路的缺陷，修改设计方案。设计过程应该注意以下几点。

1．程序结构

如果使用汇编语言，程序结构应满足汇编语言程序的一般结构。

```
            …              ；伪指令定义
            ORG   0000H     ；汇编程序开头
            LJMP  SETUP     ；跳过中断入口地址区
            …              ；中断入口地址区
            ORG   0030H
    SETUP:
            …              ；初始化区
    MAIN:
            …              ；主程序区
            LJMP  MAIN      ；主程序一般是反复循环执行程序
                           ；子程序和中断服务程序区
            END            ；汇编程序结束
```

每步功能程序设计都按照结构要求添加到相应位置。主程序区一般是显示程序和键盘程序，主程序区的程序不宜长，可将需要处理的内容写成子程序形式放在子程序区，主程序只是对这些子程序的调用，使程序结构简洁，便于总体上把握程序的运行思路。

合理分配内 RAM 单元，预留足够的堆栈深度，对已经使用的内 RAM 空间单元在注释区说明，避免冲突，最好在子程序的开头注释清楚所使用到的单元，入口参数和出口结果使用的单元，有利于其他程序的调用。

如果使用 C 语言，程序编写也应按照 C 语言的程序结构要求，C 语言的结构包括以下几个部分。

```
#include  "reg51.h"
    …                          //预处理区
    …                          //全局变量定义区
    …                          //子函数区和中断服务程序区
void main( )
{
    …                          //初始化区
    while(1){
        …                      //主函数区
        }
}
```

（1）预处理区

该部分主要是 51 单片机特殊功能寄存器的定义和程序中所用的一些功能函数所在库，用#include 指令装入，如#include <reg51.h>。

（2）全局变量定义区

C 语言用到的变量都必须先定义，然后才能使用，不同类型的变量分别用不同的指令去定义。

（3）函数区和中断服务程序区

该部分和汇编语言的子程序区和中断服务区类似。C 语言的函数和汇编语言的子程序功能类似，对比情况如下：

1）都可以调用和被调用。

2）都可以传递参数和返回处理结果。

3）汇编语言任意一个子程序都可以放在子程序区的任意位置，不受调用关系的影响。而 C 语言的函数，被调用的函数一般放在调用函数的前面（或者在前面对函数进行声明）。

（4）主程序区

C 语言的主函数一般放在整个程序结构的后面。它可以调用其他函数，不可以被调用。

所有的函数中用到的局部变量需在函数内部开始位置定义，然后使用。编写的函数最好加上一定的注释。

2. 可移植性

程序的可移植性很重要，可以移植到其他产品的设计中。C 语言的移植性较好，因为它所用的变量都进行了定义和预处理。汇编语言移植性较差，主要是运算使用的 RAM 单元非常具体，移植时可能会和其他程序用到的单元冲突，为提高汇编语言的移植性，可以把应用到的单元用伪指令定义，在具体的指令中用字符串代替，移植冲突时，可以通过修改伪指令的方法来调整，如：LED0   EQU   30H，在整个程序中都可以用 LED0 表示 30H 单元，如果想换其他单元，只要修改上述伪指令为：LED0   EQU 40H，用 40H 单元代替原来的 30H 单元，而不必修改具体的程序。位的定义也有类似的伪指令：KEY1   BIT   P1.0，KEY1 可以用来代替 P1.0。这种处理方式类似于 C 语言中的预处理指令功能。

程序的模块化设计也可提高程序的可移植性。每个模块不宜太大，模块之间界限明确，在逻辑上相互独立。

有效移植以往的程序，可以提高软件设计的效率。

3. 多延时程序设计

单片机的实践应用中，经常遇到多个同时（3 个以上）与延时有关的程序设计，这样的程序称为多延时任务程序。由于单片机内部的定时器数量总是有限的，如 MCS—51 系列单片机，内部只有 2~3 个定时器。通常用一个专门的定时/计数器来处理多延时任务程序，设计的思路是用一个定时器作为所有时间任务的计时部件，让定时器反复产生相同的定时，在定时器的中断服务程序中计数进入中断的次数。根据计数次数多少判断是否达到动作时间。具体可以分为以下几步：

1）为每个时间任务分配一个计时标志（用位寻址区的位存放，1 计时，0 不计时）、计时单元（一般用内部 RAM）和执行标志（1 有效，0 撤销）。

2）找出所有时间任务的公倍时间值，这个时间值要小于单片机系统的定时器能产生的最大定时值，定时值时间越长越好，可以减少定时器中断的次数。

3）分配一个定时器反复产生确定的公倍时间。

4）在需要执行某一时间任务时，置位该任务的计时标志并清除其计时单元。该操作可能在系统初始化时执行，也可在主程序中，或者是某一延时任务动作时执行，根据具体的任务间关系而定。在定时器的服务程序中，判断这些任务的计时标志是否为 1，为 0 不计时，去判断下一任务的标志。如果为 1，相应计时单元加 1，并和设定的值比较，达到设定值时，置该任务的执行标志为 1，同时清除其计时标志。图 10-1 为定时器服务程序的结构。

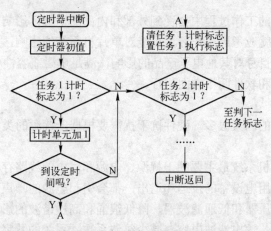

图 10-1　定时器服务程序的结构

5）主程序或其他程序检查到某一任务执行标志时执行相应的操作。

在图 10-1 所示的定时器服务程序中，只给出了某一延时任务的执行标志，并没有执行，具体的操作一般是在主程序中完成。主程序的内容包括常规的非延时程序和需要延时执行的操作，非延时程序一般是一个反复的操作，如显示程序等。这时可以把主程序设计成如图 10-2 所示的结构。主程序在执行非延时程序后依次判断各延时任务执行标志，执行标志为 1 时执行该任务，否则跳过。

如果延时任务要执行的只是简单操作，执行时间短，也可以直接在定时器服务程序中执行，置换图 10-1 中该任务执行标志处，这时不需为该任务分配执行标志位。对于执行时间较长的延时任务操作，最好如图 10-2 中那样放在主程序中执行，以免影响其他延时任务的延时计数。对于需要周期反复延时的任务，在定时器服务程序中不需清其计数标志位，只要清它的计数单元即可。有些操作任务动作的执行和取消都需要延时，这时可以把它们分为两个独立的延时任务程序来处理。

另外，在编排延时程序任务时，应把对时间要求精确的任务排在前面，并且在定时器服务程序中执行。

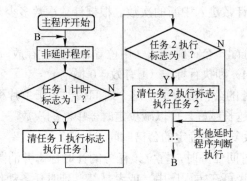

图 10-2　主程序结构框图

10.1.4　抗干扰设计

单片机系统在实际的工作过程中会受到外部和内部的干扰，影响到系统的正常工作，甚至死机，在设计的时候就应考虑工作环境可能对单片机系统的影响，采取必要的措施，加强抗干扰能力，也要降低自身对其他电子产品的影响，满足电磁兼容性（EMC）要求。

抗干扰可以从硬件和软件两个方面进行。

1．硬件抗干扰

干扰系统正常运行的因素很多，硬件抗干扰需要根据干扰源的类型采用不同的措施。

（1）电源的干扰

电源的干扰是单片机系统最主要的干扰源，电源和供电的线路存在着内阻、分布电容和分布电感，线路中其他用电设备的投运和退出，都会引起电源的噪声干扰，克服和降低干扰的方法有：使用隔离变压器和低通滤波器，降低浪涌和高次谐波的影响。采用性能优良的直流稳压电路，增大输入、输出滤波电容，减少纹波系数。系统的数字地和模拟地分开布线，不能相混，只能在电源端地线处一点相连。

（2）空间电磁波的干扰

空间电磁波的干扰主要指电磁场在线路、导线、壳体上的辐射、吸收和调整。干扰来自应用系统的外部和内部。可以采取屏蔽措施、合理的布局和地线设计降低空间电磁波的干扰。

（3）输入输出通道的干扰

单片机应用系统的前向通道和后向通道是信息传输的路径，长线传输是造成干扰的主要因素，特别是系统主频高的情况下。抗干扰的主要措施有光电耦合隔离、双绞线传输、阻抗匹配等。

另外印制电路板走线设计合理，可以提高系统的抗干扰能力。强电电路和弱电电路间保留足够的距离；电源线应尽量加粗，集成电路配置去耦电容；功能电路间信号传递要注意电平匹配，CMOS 电路没有用到的输入应根据需要接地或接电源正，避免由于浮空而受到外界干扰，产生误动作。

2. 软件抗干扰

干扰对单片机造成的影响有两个方面，一是测量结果误差增大，二是软件受到干扰造成程序失控或进入死循环。软件设计可以采取适当的措施分别应对不同的干扰。

在数据采集系统中，人们常采用以下几种方法来消除干扰造成的影响。

（1）算术平均值法

对一点数据连续多次采样，计算平均值，作为该点的采样结果。

（2）比较取舍法

对一点数据连续多次采样，比较每次的采样值，剔除偏差大的值，从偏差不大的数值中取一个作为采样结果。

（3）中值法

对一点数据连续多次采样，并对这些采样值进行比较，取中值作为该点的采样结果。

（4）一阶递推数字滤波法

利用软件完成 RC 低通滤波器的算法，代替硬件实现 RC 滤波，计算公式为：

$$Y_n = (1-Q) Y_{n-1} + QX_n$$

式中　　Q——数字滤波器时间常数（采样周期 T/RC 滤波器时间常数 τ）；

　　　　X_n——第 n 次采样值（滤波器输入）；

　　　　Y_n——第 n 次采样滤波器输出。

程序失控进入死循环，是由于系统受到干扰引起 PC 的改变，使 PC 错误地指向了操作数单元，把操作数当做操作码执行，致使整个程序混乱失控，甚至会跳转到非程序区执行，有时干扰还会使程序偶然进入死循环状态。通常有两种解决方法。

1）设置软件陷阱。在程序区每隔一段连续安排 3 条 NOP 指令，MCS-51 系列单片机指令字节最长为 3 字节指令，程序失控后只要是连续执行，就会运行到 NOP 指令的机器码，使其下面的程序恢复正常（PC 正确指向操作码和操作数）。在非程序区连续用下面两条指令的机器码填充。

```
LJMP    0000H    ; 02  00    00H
NOP              ; 00H
```

当程序飞到非程序区就会转移到程序的起始单元执行，被强制复位。

2）设置"看门狗"。设置软件陷阱能解决一部分程序失控问题，当程序失控进入死循环，软件陷阱可能不被执行，不能使程序恢复正常。使程序从死循环状态恢复到正常状态一般使用时间监视器又称"看门狗"。单片机系统的主程序一般都是循环程序，执行一个循环所要时间有一个范围，设置一个时间监视器监视主程序的运行。时间监视器的设定时间比主程序执行一次循环时间长一些，在主程序的开头位置（或其他位置）对监视器进行复位，称为"喂狗"，使定时器从头开始定时，这样在程序未受干扰正常运行时，CPU 每隔一段时间"喂狗"一次，使监视器不溢出。如果由于受到干扰，程序进入死循环，不能循环到主程序的开头位置，监视定时器不被复位，就会溢出，用监视器的溢出信号复位单片机系统，使系统重新开始工作，这就是看门狗的工作原理。看门狗有硬件看门狗和软件看门狗。软件看门狗一般使用单片机内部的定时/计数器实现。

有些单片机内部就有看门狗的电路，并可通过特殊功能寄存器进行设置，如 AT89S51 单片机。看门狗时间寄存器是 WDTRST（0A6H），设置寄存器为 AUXR（8EH）。AUXR 的格式如下：

D7	D6	D5	D4	D3	D2	D1	D0
—	—	—	WDIDLE	DISRTO	—	—	DISALE

DISRTO=0　RESET 复位引脚在看门狗溢出时被置高电平，单片机复位。

DISRTO=1　RESET 复位引脚只有外部输入复位。

DISALE=0　看门狗在 IDLE 模式继续工作。

DISALE=1　看门狗在 IDLE 模式停止工作。

启动看门狗和复位看门狗的指令如下：

  MOV WDTRST，#1EH

  MOV WDTRST，#0E1H

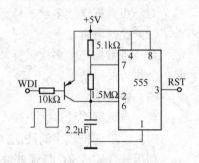

图 10-3　看门狗电路

硬件看门狗也可用外围的电路实现。图 10-3 为多谐振荡器构成的看门狗电路。图中的振荡电路受控，当 WDI（喂狗输入端）为高电平时，晶体管截至，其他电路构成多谐振荡电路，RST（看门狗输出）振荡信号，接到单片机的复位端，其中的高电平信号将使单片机复位。当 WDI 为低电平，晶体管导通，振荡器停止振荡，并且 RST 输出低电平，不会使单片机复位。我们只要用一个 I/O 口，在执行主程序过程中输出方波（矩形波），控制振荡器不起振，单片机系统就可以正常工作。如果程序受到干扰进入死循环，将不能输出所要求的方波，振荡器振荡使单片机复位，恢复正常运行。振荡器的时间常数可以根据主程序循环一次的时间调整，使系统正常工作。

10.2　交通灯控制系统

10.2.1　系统控制要求和方案

1．系统要求

1）运行过程中有时间提示。

2）系统运行参数可以在运行现场修改。

3）控制灯切换原则：某一个方向的红灯显示时间比另外一个方向绿灯显示多 3 秒钟，绿灯结束黄灯闪烁两秒，然后变红灯，红灯结束后变绿灯。

4）在修改参数过程中各个方向都黄灯闪亮，指示车辆减速慢行。

5）提供具体的修改参数方法，便于用户操作。

6）为简化设计，不考虑行人通道。

2．控制方案

1）本例中用普通的 LED 数码管作为时间显示器件，LED 二极管作为交通控制的指示灯（实际交通灯都是高亮度的二极管点阵构成的，和本例的区别仅是驱动电路，控制的过程是一致的）。共需要 8 个数码管，12 个二极管（红、绿、黄各 4 个），由于相对方向码管显示的时间和二极管的状态是一致的，可以用同一个驱动电路控制，所以只需要设计 4 个数码管和 6 个二极管的控制电路，二极管接成数码管形式，和数码管一起设计成动态扫描电路。

2）现场修改参数系统必须设计键盘，本例设计由 4 个按键组成的独立式键盘，采用中断控制扫描方式，定义键的功能如下。

第 1 个键：从指挥交通状态进入参数修改状态，并调出系统原来的参数，前面两个数码管显示南北方向红灯时间，后两个显示南北方向绿灯时间（东西方向可以根据切换规则计算出来，修改参数只需改变某一方向的参数），以备修改，修改时有一个数码管闪烁，表示该位显示的数可以修改。

第 2 个键：（在指挥交通状态该键不起作用，后面两个键也是这样）加 1 键，使闪烁的数码管加 1，并在 0~9 之间变化。

第 3 个键：移位键，使 4 个数码管闪烁状态依次循环切换，和第 2 个键配合可以修改 4 个数码管上的数据，达到修改参数的目的。

第 4 个键：运行键，保存设置的参数，并按照修改的参数进入指挥交通状态。

3）考虑到现场可能会停电，为防止参数丢失，设计片外的数据存储器来保存参数，数据量不是很多，也不经常变动，采用 ATMEL 公司的 AT24C02。

系统的框图如图 10-4 所示。

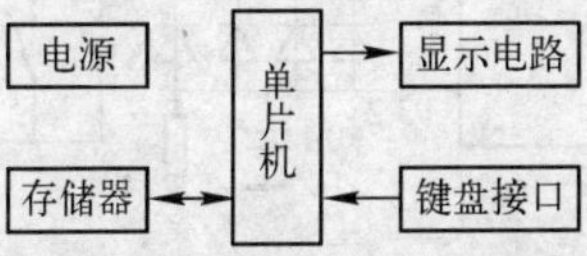

10.2.2 硬件设计

1．最小硬件系统

本系统采用 ATMEL 公司的 AT89S51 单片机，程序量不大，使用内部的程序存储器，单片机的基本系统采用第 3 章介绍的电路。

2．数码管显示电路

图 10-5 为数码管的显示电路。

采用共阳型数码管，6 个 LED 灯接成共阳型数码管，灯的负极依次接到数码管的 a~f 段，采用动态扫描电路，并把显示程序作为主程序。数码管的段用 P0 口控制，P2.0~P2.3 作为数码管的位控制，P2.4 作为指示灯的控制。

图 10-4 交通灯控制系统框图

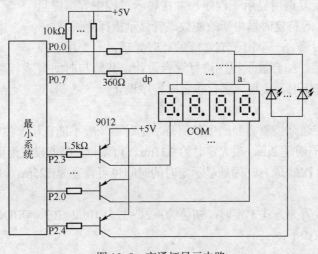

图 10-5 交通灯显示电路

3. 键盘接口电路

键盘接口电路如图 10-6 所示。

P1.0~P1.3 作为按键的输入信号，采用中断控制扫描方式，采用简单的二极管与门电路，与门输出接到外部中断 0，外中断设置成边沿触发方式。任意键按下时都会在 P3.2 引脚产生下降沿，从而触发中断，在中断服务程序中检测 P1.0~P1.3 引脚，判断是哪个键按下，执行该键功能。采用滤波消抖动电路。

4. 存储器电路

存储器接口电路如图 10-7 所示。

芯片引脚地址全部接地，用 P2.6 作为串行的数据线 SDA， P2.7 作为串行的时钟线 SCL。

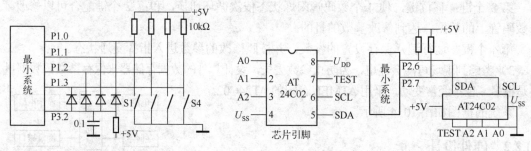

图 10-6　交通灯键盘接口电路　　　　　　图 10-7　存储器接口电路

10.2.3　软件设计

1. 总体设计

程序模块包括：主程序（系统初始化、显示程序）、外中断服务程序（按键处理）、定时器服务程序（倒计时处理）、AT24C02 操作程序等。

主程序的框图如图 10-8 所示。主程序包括对定时/计数器、外部中断的初始化，读出系统运行参数，将交通灯时间参数送对应的显示缓冲区，然后反复调用显示子程序。并在显示过程中等待键盘中断处理键盘功能，等待定时器中断改变数码管显示指挥交通。

系统用两个定时器，一个用于交通灯的计时处理，一个用于控制数码管的闪烁显示，结合显示程序进行综合设计。其他与时间有关的处理程序也用该定时器实现，进行多延时程序设计。

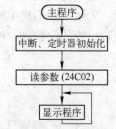

图 10-8　主程序框图

2. 主程序设计

定时器设置，交通灯控制需要产生秒信号，定时器一般不能直接产生，如系统晶振采用 6MHz，系统的机器周期是 $2\mu s$，最大定时约 131ms，可以将定时器设置为反复定时 125 ms，数中断的次数，每 8 次就是 1s。闪烁显示定时的时间也可设置为 125ms，1s 亮灭几次可以看出闪烁效果。

两个定时器都设置为方式 1 定时，初值为：$2^{16}-125\times10^3/2=3036=0BDCH$

C 语言的主函数如下：

```
#include  "reg51.h"                                    //变量定义、子函数
    ...
void main( )                                           //主函数
{
    TMOD=0x11;                                         //T0、T1 方式 1 定时
    TH0=0x0b;  TL0=0xdc;                               //125ms 初值
    TH1=0x0b;  TL1=0xdc;                               //125ms 初值
    TR0=1;                                             // T0 启动运行
    TR1=1;                                             // T1 启动运行
    ET0=1;                                             //开通 T0 中断
    ET1=1;                                             //开通 T1 中断
    IT0=1;                                             //外中断 0 下降沿触发
    EX0=1;                                             //开通外中断 0
    EA=1;                                              //开通总允许位
    O_status( );                                       //调系统初始状态设置子函数
    rcs( );                                            //调用读系统参数子函数
    while(1){
        WDTRST=0x1e;  WDTRST=0xe1;                     //看门狗清零
        dis( );                                        //调显示子函数
        }
}
```

3. 显示及闪烁程序设计

表 10-1 为汇编语言显示程序分配的 RAM 资源。

表 10-1 显示程序资源分配表

	数码管 4	数码管 3	数码管 2	数码管 1	状态灯
显示缓冲区单元	73H	72H	71H	70H	74H
驱动的 I/O 口	P2.3	P2.2	P2.1	P2.0	P2.4
亮灭标志位	53H	52H	51H	50H	无
闪烁标志位	57H	56H	55H	54H	58H/59H

注：58H、59H 分别是两个方向黄灯闪烁标志，假定接到 a 和 b 段的二极管是黄灯。

数码管闪烁控制的原理：在显示程序中判断该数码管的亮灭标志决定是否跳过位开通指令，从而达到控制数码管亮和灭的控制，在定时器程序中判断该位的闪烁标志，决定是否对该数码管亮灭标志位的求反操作，实现数码管的闪烁控制。以后只要对闪烁标志设置就可控制数码管的闪烁。

控制灯的闪烁控制与数码管的闪烁控制不同，控制状态灯是我们自己用二极管设计的数码管的笔画，某一时刻会有多个灯同时亮，如果采用前面控制数码管闪烁的方法，其他灯也会同时闪烁，不符合题意要求。控制的方法是判断闪烁标志位，通过对显示缓冲区内容的改变（该位亮或灭信息），达到闪烁的效果，这部分程序留给读者练习。

C 语言显示子程序：

```
    sbit   p20=P2^0;                                   //定义位变量 p20 对应 P2.0 口
```

```
    sbit   p21=P2^1;                    //定义位变量 p21 对应 P2.1 口
    sbit   p22=P2^2;                    //定义位变量 p22 对应 P2.2 口
    sbit   p23=P2^3;                    //定义位变量 p23 对应 P2.3 口
    sbit   p24=P2^4;                    //定义位变量 p24 对应 P2.4 口
    unsigned  char  uc70h;             //定义 uc70h 变量对应数码管 1
    unsigned  char  uc71h;             //定义 uc71h 变量对应数码管 2
    unsigned  char  uc72h;             //定义 uc72h 变量对应数码管 3
    unsigned  char  uc73h;             //定义 uc73h 变量对应数码管 4
    unsigned  char  uc74h;             //定义 uc74h 变量对应状态灯
    bit   b50h=0;                       //定义位变量 b50h 数码管 1 亮灭控制，0 亮，1 灭
    bit   b51h=0;                       //定义位变量 b51h 数码管 2 亮灭控制，0 亮，1 灭
    bit   b52h=0;                       //定义位变量 b52h 数码管 3 亮灭控制，0 亮，1 灭
    bit   b53h=0;                       //定义位变量 b53h 数码管 4 亮灭控制，0 亮，1 灭
    unsigned  char  code  tab[ ]=      //共阳型数码管十进制数字符表格
    { 0xC0, 0xF9, 0xA4, 0xB0, 0x99, 0x92, 0x82, 0xF8, 0x80, 0x90 };
    //以上变量定义应在全局变量定义区，本例是为了和程序对应，便于对照
    void   del( )                       //延时函数
    { unsigned char i;
    for（i=0；i<50；i++）;
    }
    void   dis( )
    {
        P0=tab[uc70h];                 //字段码送段输出口
        If（b50h= =0）P20=0;          // b50h 亮灭标志为 0 时开通位
        del( );                         //延时
        P20=1;                         //关断数码管位控制
        ...
        P0=tab[uc73h];                 //第四位数码管控制
        If（b53h= =0）P23=0;
        del( );
        P23=1;
        P0=uc74h;                      //状态灯输出
        P24=0;                         //开通状态灯位控制
        del( );                         //延时
        P24=1;                         //关断位控制
    }
```

C 语言定时器 T1 服务函数：

```
    bit   b54h=0;                       //定义位变量 b54h 数码管 1 闪烁控制，0 不闪，1 闪
    bit   b55h=0;                       //定义位变量 b55h 数码管 2 闪烁控制，0 不闪，1 闪
    bit   b56h=0;                       //定义位变量 b56h 数码管 3 闪烁控制，0 不闪，1 闪
    bit   b57h=0;                       //定义位变量 b57h 数码管 4 闪烁控制，0 不闪，1 闪
    bit   b58h=0;                       //定义位变量 b58h 东西方向黄灯闪烁，0 不闪，1 闪
    bit   b59h=0;                       //定义位变量 b59h 南北方向黄灯闪烁，0 不闪，1 闪
    //以上变量定义应在全局变量定义区，本例是为了和程序对应，便于对照
    void   inet1p ( )interrupt  3       //定时器 T1 服务函数
```

```
{
    TH1=0x0b；TL1=0xdc；                        //重装初值
    if（b54h= =0）b50h=! b50h；                 // b54h 为 0 时，数码管 1 亮灭标志取反
    if（b55h= =0）b51h=! b51h；                 // b55h 为 0 时，数码管 2 亮灭标志取反
    if（b56h= =0）b52h=! b52h；                 // b56h 为 0 时，数码管 3 亮灭标志取反
    if（b57h= =0）b53h=! b53h；                 // b57h 为 0 时，数码管 4 亮灭标志取反
    …                                           //其他时间处理程序
}                                               //中断函数结束返回
```

4．交通控制时间处理程序

因为每个方向交通灯的状态有 3 种：红、绿、黄。可以用一个单元存放状态信息，用 65H 和 66H 分别存放南北和东西方向交通灯状态，0 表示绿灯状态，1 表示黄灯状态，2 表示红灯状态。状态切换的规则为：0→1→2→0，两个方向规律是一致的。程序处理的思路为：定时器反复定时 125ms，在服务程序中数中断次数，到 8 次为 1 秒，处理倒计时，直接将南北方向的显示缓冲区数值取出，转换为二进制，判断是否为 0，不为 0 直接减 1 后再转换为十进制数，送显示缓冲区，不改变交通灯状态；如果为 0，判断交通状态，并按切换的规则切换，将参数送显示缓冲区。然后处理东西方向的数据，工作过程一样。图 10-9 是处理的程序框图，C 语言程序如下（汇编语言程序略去，读者可对照编写）。

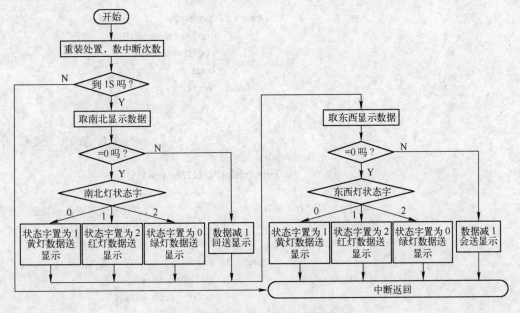

图 10-9 服务程序（交通灯控制处理）

```
unsigned   char   ucjs=0;                        //秒计时单元
unsigned   char   ucnbs;                         //南北交通灯状态
unsigned   char   ucdxs;                         //东西交通灯状态
unsigned   char   ucnb_y;                        //南北黄灯参数
unsigned   char   ucnb_r;                        //南北红灯参数
unsigned   char   ucnb_g;                        //南北绿灯参数
```

```c
unsigned   char   ucdx_y;                                    //东西黄灯参数
unsigned   char   ucdx_r;                                    //东西红灯参数
unsigned   char   ucdx_g;                                    //东西绿灯参数
//以上变量定义应在全局变量定义区，本例是为了和程序对应，便于对照
void   inet0p( )interrupt   1                                 //T0 中断服务程序
{  unsigned   char ucjs1;
TH0=0x0b; TL0=0xdc;                                           //重装初值，125ms
  ucjs++;                                                     //数中断次数
  if（ucjs= =8）{ ucjs=0;                                      //数到 8 次 1s，重新计数
                ucjs1= uc73h*10+ uc72h;                       //取南北方向显示数据，处理
            if（ucjs1= =0）{                                   //为 0，数据切换
                   switch（ucnbs）{                            //判断南北灯状态字
                            case   0：ucnbs=1;                 //绿→黄
                                  uc73h= ucnb_y/10;
                                  uc72h= ucnb_y%10;
                                 break;
                            case   1：ucnbs=2;                 //黄→红
                                  uc73h= ucnb_r/10;
                                  uc72h= ucnb_r%10;
                                 break;
                            case   2：ucnbs=0;                 //红→绿
                                  uc73h= ucnb_g/10;
                                  uc72h= ucnb_g%10;
                                 break;
                            default：  break;
                            }
                   }
        else           {                                      //不为 0，减 1 后送显示
                   ucjs1--;
                   uc73h= ucjs1/10;  uc72h= ucjs1%10;
                   }
        ucjs1= uc71h*10+ uc70h;                               //取东西方向显示数据，处理
        if（ucjs1= =0）{                                        //为 0，数据切换
            switch（ucdxs）{                                    //判断东西灯状态字
                            case   0：ucdxs=1;                 //绿→黄
                                  uc71h= ucnb_y/10;
                                  uc70h= ucnb_y%10;
                                 break;
                            case   1：ucdxs=2;                 //黄→红
                                  uc71h= ucnb_r/10;
                                  uc70h= ucnb_r%10;
                                 break;
                            case   2：ucdxs=0;                 //红→绿
                                  uc71h= ucnb_g/10;
                                  uc70h= ucnb_g%10;
                                 break;
```

```
                              default:    break;
                            }
                       }
         else          {//不为 0，减 1 后送显示
                         ucjs1--;
                         uc71h= ucjs1/10;  uc70h= ucjs1%10;
                       }
              }
       }
```

5．键盘功能处理程序设计

键盘用外部中断来处理，首先判断是哪个键按下，然后按照总体方案中的规划编写每个按键的功能程序，下面列出 4 个按键的功能描述和处理程序。

第 1 个键。系统由运行状态进入修改参数状态，需做以下工作。

1）停止倒计时。

2）将某一方向的红灯参数和绿灯参数调出来，送显示缓冲区。

3）第一个数码管闪烁，标志进入设置状态。

第 2 个键，加 1 键。按照表 10-1 分配的位标志和显示缓冲区单元，依次对四个数码管的闪烁标志位进行判断，对相应的显示缓冲区进行加 1 处理（0~9 变化）。程序结构如图 10-10 所示。

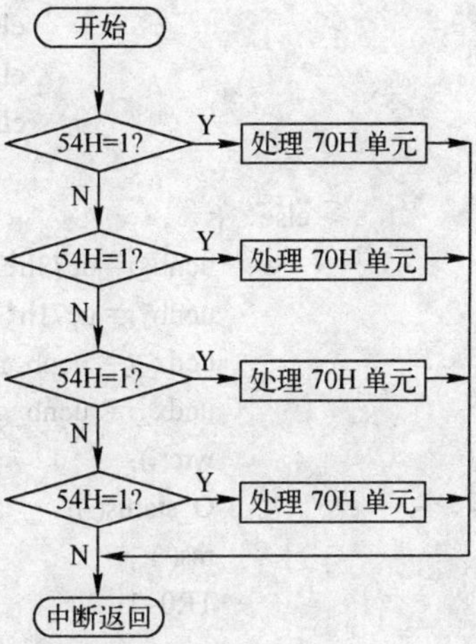

第 3 个键，移位键。使数码管闪烁依次移位，和第二键配合修改 4 个数码管上的数据。程序结构和第二个键一样，仅是处理内容不同，进行移位操作，框图略去。在编程时应注意，移到下一位闪烁时应将前面数码管的亮灭标志清 0，避免移位后熄灭。

第 4 个键，运行键。操作该键使系统重新进入指挥交通状态，需要做以下操作：

1）保存修改后的参数，并替换系统的原有参数。数码管上设置的只是一个方向的红绿灯参数，另一个方向可以通过计算求得：

一个方向的红灯数据 = 另一个方向的绿灯数据+2（黄灯数据）

两个方向的参数一起存放到 AT24C02 中（调用写子程序）。

2）设置初始系统状态（与初始化部分一样）。

3）使数码管不闪烁。

4）启动倒计时，进入指挥交通状态。

键盘的 C 语言程序如下：

图 10-10 加 1 键程序框图

```
    sbit   p10=P1^0;                        //定义位变量 p10 对应 P1.0 口
    sbit   p11=P1^1;                        //定义位变量 p11 对应 P1.1 口
    sbit   p12=P1^2;                        //定义位变量 p12 对应 P1.2 口
    sbit   p13=P1^3;                        //定义位变量 p13 对应 P1.3 口
```

```
//以上变量定义应在全局变量定义区，本例是为了和程序对应，便于对照
void inex0p( )interrupt  0                                //外中断 0 服务函数，键盘处理
{ p10=1; p11=1; p12=1; p13=1;                             //锁存器写入 1，置为输入口
  if（p10= =0）{                                          //键 1 处理程序
                 TR0=0;                                   //关闭定时器，停止倒计时
                 rcs( );                                  //调用读系统参数子程序
                 b54h=1; b55h=0; b56h=0; b57h=0;          //第一个闪烁，其余不闪烁
             }
      else   if（p11= =0）{                                //键 2 处理程序
                 if（b54h）{ uc70h++;    //加 1，0~9 变化
                           if（uc70h= =10）uc70h=0; }
                 if（b55h）{ uc71h++;    //加 1，0~9 变化
                           if（uc71h= =10）uc71h=0; }
                 if（b56h）{ uc72h++;    //加 1，0~9 变化
                           if（uc72h= =10）uc72h=0; }
                 if（b57h）{ uc73h++;    //加 1，0~9 变化
                           if（uc73h= =10）uc73h=0; }
             }
      else   if（p12= =0）{                                //键 3 处理程序
                 if（b54h）{ b54h=0; b55h=1; b50h=0; }
                 else   if（b55h）{ b55h=0; b56h=1; b51h=0; }
                 else   if（b56h）{ b56h=0; b57h=1; b52h=0; }
                 else   { b57h=0; b50h=1; b53h=0; }
             }
      else   {                                            //键 4 处理程序
             ucnb_r= uc73h*10+ uc72h;                     //取南北红灯参数
             ucnb_g= uc71h*10+ uc70h;                     //取南北绿灯参数
             ucdx_g= ucnb_r−2;                            //计算东西绿灯参数
             ucdx_r= ucnb_g+2;                            //计算东西红灯参数
             wrc( );                                      //保存参数
             O_status( );                                 //调系统初始状态设置子函数
             rcs( );                                      //调用读系统参数子函数
             TR0=1;                                       //重新开始倒计时
             }
}
```

6. AT24C02 操作程序

系统上电读参数、设置参数后保存参数都是对 AT24C02 进行读写操作，参阅下节太阳能热水器控制器。

上述系统主要为说明单片机应用中硬件和软件设计的步骤，系统进一步改进提高后可以作为实际的交通灯指挥控制系统，提出以下几点留给读者探讨和思考。

1）现有系统只考虑两个方向的直行。应该考虑转向和行人通道的控制。

2）特殊车辆通行的优先控制。能识别特殊车辆通过时的报警声强制转换通行方向。

3）监视设备的控制。记录闯红灯的车辆，记录设备与交通状态同步切换。

4）设置串行通信接口，与城市的交通控制中心联网，通过网络修改参数。与监视设

备，将路口的实况传输给指挥中心。

10.3 太阳能热水器控制器

10.3.1 系统控制要求和方案

图 10-11 为太阳能的一个给排水系统，上水时阀 F1 打开，其余的阀和龙头关闭，利用自来水的压力将水压入水箱。放水利用虹吸原理，在 F1、F2、F3 都关闭情况下，如果上下水管中有水，这时打开淋喷头，就可将水箱中的水源源不断地吸出，供洗浴。F2 功能是为了管道排空，防止冬天使用冻坏水管。

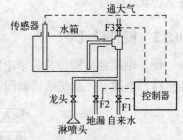

图 10-11 太阳能给排水系统

1. 系统要求

1）实时显示水箱的水位和水温。

2）缺水报警（声响提示），并自动上水，上水的水位可以设定。

3）管道排空功能。可以设定自动排空（上水后和用户使用后）、手动排空（用户使用后依据天气情况，手控制按钮操作）。

4）温控上水。水箱水温超过设定温度 5℃而此时水箱未满，自动进行上水，直到水温降到设定水温或水满时停止。

5）其他功能真空管保护、电磁阀保护、定时上水等。

2. 控制方案

1）上水、管道排空、正常用水可以通过对 F1、F2、F3 的组合控制实现。

上水：F1 打开，F2、F3 关闭（淋喷头也关闭）。

管道排空：F1 关闭，打开 F2、F3，管道中的水在大气压力下通过地漏排出。

用水：前提 F2、F3 关闭。如果没有设置排空，可直接打开淋喷头使用。如果管道已经排空，打开 F1 一段时间（根据水箱与洗漱间距离几秒到几十秒），在管道中上部分水，然后关闭 F1，打开淋喷头就可以使用了。

2）水位和水温的检测。系统对水位和水温检测的精度并不高，水位不连续显示，分 4 档即可，主要提示用户水箱中大约的水量。水温检测不用传统的 A/D 转换方式，用热敏电阻和 555 时基电路构成频率随温度变化的多谐振荡电路，用单片机的定时/计数器测出频率，从而换算出温度，降低控制器的成本。

3）水位和水温的显示。水位用 LED 二极管指示，水温不会超过 100 度，用两位的 LED 数码管显示。

4）操作的按键。设置参数、使用等通过按键的简单操作实现。设计由 4 个按键组成的独立式键盘接口电路。按键功能定义如下。

第一个键：〈功能〉键。按〈功能〉键，控制器能在显示、设定两种状态间切换。

第二个键："上水/加 1"。在显示状态，该键用于手动上水和止水，交替；在设定状态，该键用来修改参数。

第三个键："用水/排空"。在显示状态，交替进行用水和排空，"用水"，控制 F1 打开一段时间，水管中上部分水，以使淋喷头能放出水（虹吸）。"排空"，用水结束后，为防止水管冻坏，打开 F2、F3 一段时间，排掉水管中的水。在设定状态，按该键进入排空状态设定，在数码管上显示原来状态，同时排空指示灯闪烁，通过加 1 键修改，"0"手动排空，"1"自动排空。

第四个键："温度/水位"。在显示状态，该键不起作用。在设定状态，按该键交替进入"温度"设定和"水位"设定状态，有相应的指示灯闪烁，通过加 1 键修改参数。

5）参数的保存。在设定状态下，设置状态的改变自动保存原来设置的参数。参数存放在 AT24C02 中。

10.3.2 硬件设计

硬件电路包括键盘与显示电路、电磁阀驱动电路、水位检测电路、水温检测电路、存储器电路、电源等。系统结构如图 10-12 所示。

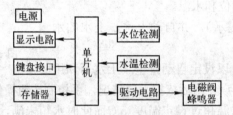

图 10-12 太阳能热水器控制器

本控制器采用 AT89S51 为核心部件，结合简单的外围电路，构成性价比高的具有实用功能的太阳能控制器。

1. 电源

电磁阀采用 24V 直流电磁阀，AT89S51 的电源是 5 V，采用市电通过变压器降压，整流滤波后，经三端集成稳压电路 7824、7805 得到系统的工作电源。电源电路是一非常成熟的电路，这里略去。

2. 键盘接口、显示电路、存储器电路

键盘接口、显示电路、存储器电路采用上节交通控制灯中类似的电路，图略去，资源分配如下。

显示电路：P1 口数码管段控制口，P2.0、P2.1、P2.2 数码管位控制口，其中第 3 个数码管由水位指示和系统设置时的状态灯构成。

键盘接口：P2.3~P2.6 作为 4 个按键的输入口，P3.2 作为按键中断触发输入口。

AT24C02 接口电路：P3.0 作为 SDA、P3.1 作为 SCK。

3. 水位检测电路

水位检测电路如图 10-13 所示。水位传感器可以自制，在绝缘棒上固定 5 个铜铆钉作为电极（0~4），最下部的电极作为公共端，其余 4 个依次表示水位，电极间相当于一个开关，在没有水时，开关开路，有水时水中的离子导电，开关短路（实际并不短路，电极间电阻约为十几千欧到几十千欧，与水质有关）。通电后就可以检测水位，在电极间加直流，电路简单，但电极容易结水垢，可以减缓结水垢，电路较复杂。交流电压通过 470kΩ电阻和水位开关（无水开路，有水十几千欧电阻）分压，无水水位开关上的压降大，经二极管半波整流后

滤波（10×10⁴pF 电容）送 P0.0~P0.3 口，检测到高电平，有水时水位开关上的压降很小，整流滤波后为低电平。

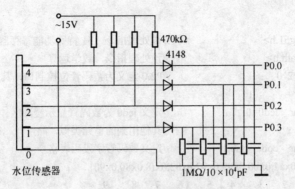

图 10-13　水位检测电路

图中 1MΩ的电阻起放电作用，电压高整流后，充大于放，送到 P0.0~P0.3 口为高电平，电压低，整流后放大于充，送到 P0.0~P0.3 口为低电平。检测的端口只能用 P0 口，内部开漏和 1MΩ电阻配合区分高、低电平。

4．水温检测电路

水温检测电路如图 10-14 所示。为 555 构成的多谐振荡电路，振荡器的频率为：

$$f=1.443/((Rt+2R_1))$$

R_1、C 固定，频率与 R_t 有关，R_t 为热敏电阻，阻值随温度变化，频率随温度变化，只要测出某一时刻的频率值，可计算出相应的温度。从上式可知，f 和 R_t 之间是非线性关系，需要软件进行处理。

定时/计数器 T0 用来测量频率，T_1 用来定时，采用例 6-6 的方法测量。

5．电磁阀及其驱动电路

图 10-15 为电磁阀和蜂鸣器的驱动电路，用单片机的 P0.4~P0.7 作为驱动口，这 4 位口应外接上拉电阻，和 P0.0~P0.3 的用法不同，注意区别。P0.4~P0.7 输出 0，电磁阀动作，蜂鸣器发声，输出 1 停止。

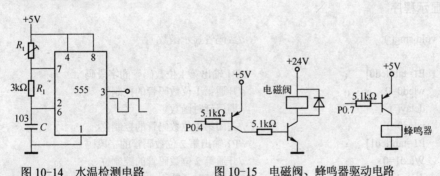

图 10-14　水温检测电路　　　图 10-15　电磁阀、蜂鸣器驱动电路

10.3.3　软件设计

1．软件总体设计

显示程序作为主程序，键盘采用中断控制扫描方式，水位和水温的测量采用定时测量

的方式，每 0.1s 测量一次，参数保存和读取设计为功能性的子程序。本程序用 C 语言编程。主函数的结构跟图 10-10 一样。程序如下（本例只给出 C 语言程序，汇编语言读者参照编写）：

```
#include  <reg51.h>              //预处理指令，51 特殊功能寄存器定义
#include  <math.h>               //预处理指令，数学运算
sbit  wled0=P2^0 ;               //P2.0 定义为数码管位控制口，其余用的 I/O 类似，以下略
......                  ;
unsigned  char  led0=0  ;        //定义 led0 为数码管显示缓冲区
      ......              ;       //其他用到的单元类似，略
unsigned  char  code  tab[]={    //定义数码管字段码表格
  0xc0,0xf9,0xa4,0xb0,0x99,0x92,0x82,0xf8,0x80,0x90}  ;
//  0   1   2   3   4   5   6   7   8   9
      ......              ;       //其他程序中用到的全局变量


void  main( )
{ TMOD=0X51 ;                    //T0 方式 1 定时，T1 方式 1 计数
  TH0=60；TL0=176;                //6M 晶振，0.1 秒初值
  TH1=0；TL1=0;                   //计数器初值为 0
  TR0=1；TR1=1;                   //T0 开始定时，T1 开始计数
  IT0=1;                         //外中断 0 设置为边沿触发
  ET0=1；EX0=1；EA=1;             //开通 T0 和外部中断 0 中断
    rcs( )    ;                  //读系统运行参数
  while(1)
  {
    WDTRST=0X1E  ;
    WDTRST=0XE1    ;             //看门狗启动、喂狗指令
    smg( ) ;                    //调数码管显示程序
  }
}
```

2. 显示程序

```
void smg( )                     //数码管显示函数
{
  P1=tab[led0]    ;             //P1 输出第 1 位数码管的字段码
  wled0=0     ;                 //开通第 1 位数码管的控制位
  delay( )       ;             //调用延时函数
  wled0=1      ;                //关闭第 1 位数码管的控制位
  P1=tab[led1]   ;             //P1 输出第 2 位数码管的字段码
  Wled1=0      ;                //开通第 2 位数码管的控制位
  delay( )     ;               //调用延时函数
  wled1=1      ;               //关闭第 2 位数码管的控制位
  P1=led2   ;                  //P1 输出状态灯信息(低 4 位水位指示灯、其余状态灯)
  wled2=0      ;               //开通第 3 位数码管的控制位
  delay( )      ;             //调用延时函数
```

```
    wled2=1        ;                    //关闭第 3 位数码管的控制位
    }
```

3．水位、水温检测

水位、水温的变化都是缓慢变化的量，测量的实时性要求也不要求太高，我们设计每0.1s 检测一次，用定时器 T0 反复产生定时来控制检测。

从多谐振荡器的频率公式可以看出，频率值与温度间是非线性关系，要准确测量温度，就需要事先测量出在不同温度条件下振荡器的频率，单片机测出的频率值与这些值比较，与谁接近，从而判断出温度值，这种方法调试难度较大。另外可以采用分段测量的方法解决，频率值和温度值在 0~100℃ 范围是非线性的，但在某一小段内可以近似线性，按照线性处理，这样只要测出这段温度范围的两端频率值，如果测量的频率在某段频率范围内，就可近似地求出温度值，本例每 10℃ 作为一小段，可以满足实际要求，这样只要事先测出 0℃、10℃、20℃、…、100℃ 的频率值，通过下面的式子计算出某段内的温度值：

$$t=T(f_1)+ 10\ (f-f_1)/(f_2-f_1)$$

假定热敏电阻是负温度系数的，则频率是随温度升高增大。f_1 和 f_2 分别是低端和高端的频率值，$T(f_1)$ 是低端的温度值。

T0 的中断服务函数如下：

```
void  inet0p( )  interrupt  1  using  1      //T0 中断服务函数
{ unsigned  int  x ;
   unsigned  char  ;                          //定义的局部变量
   TR0=0；TR1=0；                            //停止定时和计数
   TH0=60；TL0=176；                          //重装初值
     x =TH1*256+TL1                           //取 0.1s 内 T1 计数值
   TH1=0；TL1=0 ；                            //计数器清 0
   TR0=1；TR1=1 ；                            //启动下一轮的测量
    wdjs( )         ；                         //调温度计算函数
   P0=0x0f          ；                         //P0 低 4 位置为输入方式
    y =P0|0xf0       ；                         //读水位值，屏蔽高 4 位
    led2= (led2|0x0f)&y ；                     //水位信息送显示缓冲区低 4 位
   }
```

wdjs( ) 函数，先将频率值与固定点的值比较，判断落在那段范围内，根据前面介绍的公式计算出温度，留给读者练习。

4．键盘程序设计

```
void  inex0p( )  interrupt  0  using  2        //外中断 0 服务函数，键盘处理
{ unsigned  char  x ;                          //局部变量
   P2=P2|0X78 ；                              //P2.3~P2.6 置为输入口
   x=P2         ；                             //读键盘
   if ((x|0xf7)= =0){                          //p2.3 输入 0，第一个键按下
          key1=!key1 ；                        //状态取反，显示、设定两种状态间切换
          if(key1){                            //设定状态
               TR0=0；TR1=0；rcs( );          //停止测量，读参数
               }
```

```
              else {                                              //显示状态
                    wcs()；TR0=1；TR1=1；                        //保存参数，启动测量
                    }
              }
      else   if((x|0xef)= =0){                                    //p2.4 输入 0，第二个键按下
                    if(key1){//加 1 功能
                          jia_1()  ；                             //调加 1 处理函数
                          }
                    Else   {                                      //上水功能（手动上水和止水）
                           s_status=! s_status ；                 //上水状态取反
                           if(s_status){  s_watre()  ；  }        //执行上水处理
                           else       { t_water()  ；  }          //执行停水处理
                          }
                    }
      else   if((x|0xdf)= =0){                                    //p2.5 输入 0，第三个键按下
                    if(key1){                                     //排空状态设置
                         pk_s()  ；                               //调排空方式设定函数
                         }
                    Else   {//用水状态
                          using_s=! using_s  ；                   //用水状态取反
                          if (using_s){ u_w()   ；  }             //调用用水函数
                          else {   pk()  ； }                     //调用排空函数
                          }
                        }
      else   { //p2.6 输入 0，第四个键按下
             if(key1){//设定状态有效
                   wdu_shw=! wdu_shw  ；                          //温度水位设定状态取反
                   if (wdu_shw){ wdu_s()  ；  }                   //调温度设定函数
                   else { shw()  ；  }                           //调水位设定函数
                    }
                }
      }
```

键盘程序中用到的一些功能处理的函数，留给读者练习（参照控制方案分析中的思路）。

5．存储器读写设计

AT24C02 的读写在第 7 章都有汇编语言编写的子程序，在这里我们参照汇编语言的思路用 C 语言改写如下：

```
sbit   SDA=P3.0  ；                                              //P3.0 作为数据线
sbit   SCL=P3.1  ；                                              //P3.1 作为时钟线
void   start()                                                   //I²C 启动信号
{SCL=0 ；SDA=1 ；SCL=1 ；SDA=0 ；SCL=0 ；}
void   stop()                          //I²C 停止信号
{SCL=0 ；SDA=0 ；SCL=1 ；SDA=1 ；SCL=0 ；}
void   empty()                                                   //非应答信号
   {
```

```
            SDA=1；SCL=1；SCL=0；SDA=0；
        }
        void   writex(unsigned char   j)                        //向 AT24C02 中写数据
        {
            unsigned char   I，temp；
            temp=j；
            for (i=0；i<8；i++){
                if ((temp&0x80)!=0)
                {SDA=1；}
                else { SDA=0；}
                SCL=1；SCL=0；temp=temp<<1；
                            }
            SDA=1；SCL=1；
            while((SDA==1)&&(i<255)){i++；}
            SCL=0；SDA=0；
            }
        unsigned   char   readx( )                              ///从 AT24C02 读出数据
        {
            unsigned char I，j，k=0；
            SDA=1；
            for (i=0；i<8；i++){
                SCL=1；
                if (SDA==1)  j=1；
                else  j=0；
                k=(k<<1)|j；
                SCL=0；
                            }
                return(k)；
        }
        unsigned   char x24c02_read(unsigned char address)       //从存储器指定的地址中读出数据
        {unsigned char I；
        start( )；writex(0xa0)；
        writex(address)；
        start( )；writex(0xa1)；
        i=readx( )；empty( )；stop( )；
        return(i)；
        }
        void x24c02_write(unsigned char info1,unsigned char info2)   //向指定的单元中写入数据
        {start( )；
         writex(0xa0)；
         writex(0x00)；
         writex(info1)；
         writex(info2)；
            stop( )；
        }
```

从程序设计的角度看，C 语言的优势非常明显，在计算比较多，逻辑复杂情况下，更加

明显，本例中的键盘处理程序，虽然键功能比较复杂，但程序结构脉络清楚，便于理解。

本例中也可以进一步改进，提高系统的功能，例如：加热控制功能。冬天可以使用，定时加热、温控加热等。

10.4 习题

1. 简述单片机应用系统设计硬件设计的步骤。
2. 写出汇编语言程序的一般结构。
3. 单片机 C 语言程序结构包含哪几部分？
4. 简述用一个定时器设计多延时程序的思路。
5. 单片机应用中常用的抗干扰措施有哪些？
6. 简述"看门狗"的工作原理。
7. 图 10-5 是一个实用的外部看门狗电路，分析其工作原理。
8. C 语言程序设计中是如何处理单片机中断的？
9. 简述在 Keil C51 环境中软件设计的步骤。

附录 MCS-51系列单片机指令表

数据传送指令如表 A-1 所示。

表 A-1 数据传送指令

助 记 符	机 器 码	字 节 数	机器周期数
MOV A，Rn	E8~EF	1	1
MOV A，direct	E5 direct	2	1
MOV A，@Ri	E6~E7	1	1
MOV A，#data	74 data	2	1
MOV Rn，A	F8~FF	1	1
MOV Rn，direct	A8~AF direct	2	2
MOV Rn，#data	78~7F data	2	1
MOV direct，A	F5 direct	2	1
MOV direct，Rn	88~8F direct	2	2
MOV direct1，direct2	85 direct2 direct1	3	2
MOV direct，@Ri	86~87 direct	2	2
MOV direct，#data	75 direct data	3	2
MOV @Ri，A	F6~F7	1	1
MOV @Ri，direct	A6~A7 direct	2	2
MOV @Ri，#data	76~77 data	2	1
MOV DPTR，#data16	90 data$_{15-8}$ data$_{7-0}$	3	2
MOVC A，@A+DPTR	93	1	2
MOVC A，@A+PC	83	1	2
MOVX A，@Ri	E2~E3	1	2
MOVX A，@DPTR	E0	1	2
MOVX @Ri，A	F2~F3	1	2
MOVX @DPTR，A	F0	1	2
PUSH direct	C0 direct	2	2
POP direct	D0 direct	2	2
XCH A，Rn	C8~CF	1	1
XCH A，direct	C5 direct	2	1
XCH A，@Ri	C6~C7	1	1
XCHD A，@Ri	D6~D7	1	1

算术运算指令如表 A–2 所示。

表 A-2 算术运算指令

助 记 符	机 器 码	字 节 数	机器周期数
ADD A，Rn	28~2F	1	1
ADD A，direct	25 direct	2	1
ADD A，@Ri	26~27	1	1
ADD A，#data	24 data	2	1
ADDC A，Rn	38~3F	1	1
ADDC A，direct	35 direct	2	1
ADDC A，@Ri	36~37	1	1
ADDC A，#data	34 data	2	1
SUBB A，Rn	98~9F	1	1
SUBB A，direct	95 direct	2	1
SUBB A，@Ri	96~97	1	1
SUBB A，#data	94 data	2	1
INC A	04	1	1
INC Rn	08~0F	1	1
INC direct	05 direct	2	1
INC @Ri	16~17	1	1
INC DPTR	A3	1	2
DEC A	14	1	1
DEC Rn	18~1F	1	1
DEC direct	15 direct	2	1
DEC @Ri	16~17	1	1
MUL AB	A4	1	4
DIV AB	84	1	4
DA A	D4	1	1

逻辑运算指令如表 A–3 所示。

表 A-3 逻辑运算指令

助 记 符	机 器 码	字 节 数	机器周期数
ANL A，Rn	58~5F	1	1
ANL A，direct	55 direct	2	1
ANL A，@Ri	56~57	1	1
ANL A，#data	54 data	2	1
ANL direct，A	52 direct	2	1
ANL direct，#data	53 direct data	3	2
ORL A，Rn	48~5F	1	1
ORL A，direct	45 direct	2	1
ORL A，@Ri	46~47	1	1
ORL A，#data	44 data	2	1

助 记 符	机 器 码	字 节 数	机器周期数
ORL direct，A	42 direct	2	1
ORL direct，#data	43 direct data	3	2
XRL A，Rn	68~5F	1	1
XRL A，direct	65 direct	2	1
XRL A，@Ri	66~67	1	1
XRL A，#data	64 data	2	1
XRL direct，A	62 direct	2	1
XRL direct，#data	63 direct data	3	2
CLR A	E4	1	1
CPL A	F4	1	1
RL A	23	1	1
RLC A	33	1	1
RR A	03	1	1
RRC A	13	1	1
SWAP A	C4	1	1

位操作指令如表 A-4 所示。

表 A-4 位操作指令

助 记 符	机 器 码	字 节 数	机器周期数
CLR C	C3	1	1
CLR bit	C2 bit	2	1
SETB C	D3	1	1
SETB bit	D2 bit	2	1
CPL C	B3	1	1
CPL bit	B2 bit	2	1
ANL C，bit	82 bit	2	2
ANL C，/bit	B0 bit	2	2
ORL C，bit	72 bit	2	2
ORL C，/bit	A0 bit	2	2
MOV C，bit	A2 bit	2	1
MOV bit，C	92 bit	2	1
JC rel	40 rel	2	2
JNC rel	50 rel	2	2
JB bit，rel	20 bit rel	3	2
JNB bit，rel	30 bit rel	3	2
JBC bit，rel	10 bit rel	3	2

控制转移类指令如表 A-5 所示。

表 A-5 控制转移类指令

助记符	机器码	字节数	机器周期数
ACALL addr11	$a_{10}a_9a_8 10001$ a_{7-0}	2	2
LCALL addr16	12 a_{15-8} a_{7-0}	3	2
RET	22	1	2
RETI	32	1	2
AJMP addr11	$a_{10}a_9a_8 00001$ a_{7-0}	2	2
LJMP addr16	02 a_{15-8} a_{7-0}	3	2
SJMP rel	80 rel	2	2
JMP @A+DPTR	73	1	2
JZ rel	60 rel	2	2
JNZ rel	70 rel	2	2
CJNE A，direct，rel	B5 direct rel	3	2
CJNE A，# data，rel	B4 data rel	3	2
CJNE Rn，# data，rel	B8~BF data rel	3	2
CJNE @ Ri，# data，rel	B6~B7 data rel	3	2
DJNZ Rn，rel	D8~DF rel	2	2
DJNZ direct，rel	D5 direct rel	3	2
NOP	00	1	1

参 考 文 献

[1] 何立民. MCS-51 系列单片机应用系统设计[M]. 北京：北京航空航天大学出版社，1990.

[2] 何立民. 单片机应用技术选编[M]. 北京：北京航空航天大学出版社，1990.

[3] 张志良. 单片机原理与控制技术[M]. 2 版. 北京：机械工业出版社，2005.

[4] 孙育才，等. ATMEL 新型 AT89S52 系列单片机及其应用[M]. 北京：清华大学出版社，2005.

[5] 张毅刚，等. MCS-51 单片机应用设计[M]. 哈尔滨：哈尔滨工业大学出版社，1990.

[6] 张友德，等. 单片微型机原理、应用与实验[M]. 上海：复旦大学出版社，1992.

[7] 杨文龙. 单片机原理及应用[M]. 西安：西安电子科技大学出版社，1993.

[8] 徐仁贵. 微型计算机接口技术及应用[M]. 北京：机械工业出版社，1999.

[9] 张秀国. 单片机 C 语言程序设计[M]. 北京：北京大学出版社，2008.

[10] 徐江海. 单片机实用教程[M]. 北京：机械工业出版社，1997.